21世纪经济管理新形态教材·管理科学与工程系列

工程造价管理

王 华◎主 编
李 勇◎副主编

清华大学出版社
北 京

内 容 简 介

本书面向建筑项目的工程造价全过程管理能力的提升及工程造价专业人才的培养，突出强化工程造价专业人才管理特色知识体系，依据中华人民共和国住房和城乡建设部工程管理学科专业指导委员会制定的大纲要求进行编写。本书共分为10章，包括工程造价管理概述、工程造价费用构成及组价原理、建设项目决策阶段造价管理、建设项目设计阶段概算管理、工程定额与施工图预算管理、招标阶段的业主方工程造价管理、投标阶段承包方工程报价的编制、施工阶段工程价款结算管理、建设项目竣工决算及工程造价管理信息化。

本书既可作为高等院校工程管理、工程造价、土木工程及相关专业的教材或教学参考书，也可作为广大工程造价从业人员的学习参考书或培训教材。同时，本书的配套课件和章节后的习题答案等辅助内容，可为各高校教师提供便利。

图书在版编目(CIP)数据

工程造价管理 / 王华主编 . —北京：清华大学出版社，2023.2
21世纪经济管理新形态教材 . 管理科学与工程系列
ISBN 978-7-302-62795-1

Ⅰ . ①工…　Ⅱ . ①王…　Ⅲ . ①建筑造价管理－高等学校－教材　Ⅳ . ① TU723.31

中国国家版本馆 CIP 数据核字 (2023) 第 032164 号

责任编辑：付潭娇　刘志彬
封面设计：汉风唐韵
版式设计：方加青
责任校对：宋玉莲
责任印制：朱雨萌

出版发行：清华大学出版社
　　　　　网　　　址：http://www.tup.com.cn，http://www.wqbook.com
　　　　　地　　　址：北京清华大学学研大厦 A 座　　　　邮　　编：100084
　　　　　社 总 机：010-83470000　　　　邮　　购：010-62786544
　　　　　投稿与读者服务：010-62776969，c-service@tup.tsinghua.edu.cn
　　　　　质 量 反 馈：010-62772015，zhiliang@tup.tsinghua.edu.cn
印 装 者：三河市科茂嘉荣印务有限公司
经　　销：全国新华书店
开　　本：185mm×260mm　　　印　　张：18　　　字　　数：433千字
版　　次：2023 年 4 月第 1 版　　　印　　次：2023 年 4 月第 1 次印刷
定　　价：55.00 元

产品编号：094195-01

前　言

　　近年来，随着我国建筑业工程管理水平和管理效率的不断提升，社会对工程造价管理人才的培养提出了新的导向和更高的要求。一方面，工程量清单计价管理深刻影响了工程造价管理工作的招标、投标过程及工程结算等过程；另一方面，工程的概算、预算阶段的工程造价的工作内容和工作要领与工程量清单招投标阶段的工程造价的方法和知识要领显现出了本质的区别，需要在教学和教材中给予更加清晰的划分和讲授；此外，工程造价全过程管理的阶段性工作任务和工作方法需要在教学中更加有针对性和专业性，更加注重"工程造价管理"课程本身的知识体系的独立性和培养特色；同时，工程管理的信息化、可视化和云平台化，需要学生具有较为系统的认知，也需要在课程学习中更加明确地体现出新的发展趋势和动向。

　　由于本人从事多年本科及硕士研究生的工程造价管理、项目管理方向的教学和科研工作，所以每次在讲授"工程造价管理"课程的过程中，都深有感触，希望能够编写一本突出工程造价人才培养特色且能够清晰体现工程造价管理理论体系、管理方法的教材，从而让学生可以系统地学习相关知识；同时希望能够在教材中反映最新的工程造价行业的发展趋势和人才培养要求，通过配合有代表性的例题和案例，让学生有扎实的理论功底和专业认知，为学生成为工程造价领域的特色专业人才打下良好的基础。

　　本书的编写不是一蹴而就的，它虽然仅历时两年，却融合了编者多年的教学经验和对行业人才培养需求的反思。本书将工程造价管理理论与实践中的重点知识体系、典型专业案例和课程思政素质要求有机地结合起来，深入浅出；突出了工程造价管理课程和专业的核心知识架构和特色知识体系，系统展示了工程造价全过程管理中各阶段的工作重点、难点、独有的知识结构和素质要求，为培养宽口径、专业化的工程造价管理人才提供了助力和支持。

　　本书的编写得到了多位参编者的支持和参与，才能最终完整地呈现在读者面前。其中，沈阳工业大学的李勇老师参与编写了本书的第 3 章、第 6 章和第 10 章，沈阳工业大学的施惠斌老师参与编写了本书的第 10 章；天津商业大学的郝建新老师和上海财经大学的郑睿老师对本书的编写提出了宝贵的建议。编写本书期间，研究生沙皓月、邱洋及本科生伍小月、徐洋、孙浩翔协助做了大量的资料整理工作，在此表示感谢！

王　华

2022 年 7 月于沈阳

目　　录

第1章　工程造价管理概述 ……………………………………………………………… 1

　1.1　工程造价含义与构成 ……………………………………………………………… 1

　　1.1.1　工程造价基本含义 …………………………………………………………… 2

　　1.1.2　工程造价的内涵及管理特点 ………………………………………………… 2

　1.2　工程造价的管理特性 ……………………………………………………………… 3

　　1.2.1　工程造价的特性 ……………………………………………………………… 3

　　1.2.2　工程造价形成的各主要阶段 ………………………………………………… 4

　　1.2.3　工程造价的形成特点 ………………………………………………………… 6

　1.3　工程造价计价依据 ………………………………………………………………… 8

　　1.3.1　工程造价管理的相关法律法规体系 ………………………………………… 9

　　1.3.2　工程造价管理标准和规范 …………………………………………………… 9

　　1.3.3　工程定额 ……………………………………………………………………… 10

　　1.3.4　工程造价信息 ………………………………………………………………… 11

　1.4　工程造价管理机构与执业资格制度 ……………………………………………… 12

　　1.4.1　工程造价管理的机构体系 …………………………………………………… 12

　　1.4.2　工程造价行业的执业资格制度 ……………………………………………… 15

　本章思考题 ……………………………………………………………………………… 16

第2章　工程造价费用构成及组价原理 ……………………………………………… 17

　2.1　业主方建设项目工程造价构成 …………………………………………………… 17

　　2.1.1　业主方建设项目工程造价的费用构成 ……………………………………… 18

　　2.1.2　业主方建设项目工程造价的资产划分构成 ………………………………… 20

　2.2　承包方建筑安装工程造价构成 …………………………………………………… 20

　　2.2.1　承包方建设成本与工程造价的关系 ………………………………………… 20

　　2.2.2　按生产要素划分的建筑安装工程费用构成 ………………………………… 22

　　2.2.3　按清单组价划分的建筑安装工程费用构成 ………………………………… 30

　2.3　建筑安装工程造价的组价原则及组价程序 ……………………………………… 38

2.3.1 工程计量与工程计价 ·· 38

2.3.2 建筑安装工程概预算造价的组价 ···················· 39

2.3.3 工程量清单的组价 ·· 41

本章思考题 ··· 41

第3章　建设项目决策阶段造价管理 ································· 43

3.1 建设项目投资决策阶段概述 ·· 44

3.1.1 建设项目投资的主体 ·· 44

3.1.2 建设项目投资决策的流程 ·································· 45

3.2 建设工程项目总投资估算 ··· 47

3.2.1 建设项目投资估算概述 ····································· 47

3.2.2 建设项目总投资的内容 ····································· 48

3.2.3 建设项目投资估算的内容 ·································· 49

3.2.4 建设项目总投资估算的基本原则 ······················ 52

3.2.5 静态投资估算 ·· 53

3.2.6 动态投资估算 ·· 58

3.2.7 流动资金估算 ·· 59

3.3 建设项目投资估算文件的编制 ···································· 61

3.3.1 投资估算文件的编制内容 ·································· 61

3.3.2 投资估算表的编制 ·· 63

本章思考题 ··· 70

第4章　建设项目设计阶段概算管理 ································· 72

4.1 建设项目设计阶段的工程造价管理概述 ······················ 72

4.1.1 项目设计阶段工程造价的意义 ·························· 72

4.1.2 项目设计阶段工程造价管理的内容 ··················· 73

4.1.3 设计阶段造价控制的措施和方法 ······················ 74

4.2 建设项目设计方案技术经济比较 ································· 81

4.2.1 建设项目设计方案选择的经济分析方法 ············· 82

4.2.2 建设项目设计方案选择的技术指标分析 ············· 87

4.3 设计概算的编制 ·· 94

4.3.1 设计概算的含义 ··· 94

4.3.2 单位工程概算编制的内容 ·································· 97

4.3.3 单项工程综合设计概算的编制 ·························· 99

4.3.4 建设项目总概算的编制 ····································· 102

4.3.5 概算定额与概算指标综合应用 ·························· 104

本章思考题 ·· 112

第5章　工程定额与施工图预算管理 ·· 113

5.1　工程定额概述 ·· 113

  5.1.1　建筑工程定额概念及分类 ·· 113

  5.1.2　定额时间的构成 ·· 118

5.2　施工定额 ·· 122

  5.2.1　施工定额概述 ·· 122

  5.2.2　施工定额消耗量 ·· 124

  5.2.3　机械台班定额消耗量 ·· 125

  5.2.4　材料定额消耗量 ·· 127

5.3　预算定额 ·· 129

  5.3.1　预算定额消耗量 ·· 129

  5.3.2　预算定额基价 ·· 132

  5.3.3　预算定额单位估价表 ·· 135

5.4　施工图预算的主要方法 ·· 140

  5.4.1　施工图预算概述 ·· 140

  5.4.2　施工图预算的编制方法 ·· 144

本章思考题 ·· 147

第6章　招标阶段业主方工程造价管理 ·· 148

6.1　工程建设招投标市场概述 ·· 149

  6.1.1　国内工程招投标市场 ·· 149

  6.1.2　工程项目业主招标概述 ·· 150

6.2　业主方招标管理 ·· 153

  6.2.1　业主方招标的工程范围 ·· 153

  6.2.2　公开招标与邀请招标 ·· 155

  6.2.3　业主方公开招标程序管理 ·· 156

6.3　业主方工程量清单招标文件构成 ·· 160

  6.3.1　资格预审文件 ·· 160

  6.3.2　招标文件 ·· 162

6.4　业主方招标控制价的构成 ·· 164

  6.4.1　工程量清单概述 ·· 164

  6.4.2　招标控制价概述 ·· 165

  6.4.3　招标控制价的编制 ·· 168

6.5　业主方工程量清单招标的风险责任管理 ······································ 176

  6.5.1　业主方招标的合同计价模式 ·· 176

  6.5.2　工程量清单计价模式下的业主风险管理 ·································· 178

本章思考题 ·· 181

第7章　投标阶段承包方工程报价的编制 ……………………………………………… 182

　　7.1　承包方投标文件构成 ……………………………………………………………… 182

　　　　7.1.1　承包方工程项目投标文件构成 …………………………………………… 182

　　　　7.1.2　承包方投标报价的文件编制 ……………………………………………… 184

　　　　7.1.3　工程量清单表构成 ………………………………………………………… 185

　　　　7.1.4　工程量清单总价构成 ……………………………………………………… 185

　　7.2　分部分项工程量清单的编制 ……………………………………………………… 186

　　7.3　措施项目清单表的编制 …………………………………………………………… 194

　　7.4　其他项目清单的编制 ……………………………………………………………… 197

　　7.5　规费与税金清单 …………………………………………………………………… 200

　　本章思考题 ……………………………………………………………………………… 206

第8章　施工阶段工程价款结算管理 ……………………………………………………… 207

　　8.1　工程价款结算 ……………………………………………………………………… 207

　　　　8.1.1　工程价款结算的主要内容 ………………………………………………… 207

　　　　8.1.2　工程预付款的支付与返还 ………………………………………………… 209

　　8.2　工程进度款 ………………………………………………………………………… 212

　　　　8.2.1　工程进度款结算 …………………………………………………………… 212

　　　　8.2.2　工程价款的价差调整 ……………………………………………………… 218

　　　　8.2.3　工程竣工结算 ……………………………………………………………… 220

　　8.3　工程量清单价款结算 ……………………………………………………………… 225

　　　　8.3.1　工程量清单价款结算范围 ………………………………………………… 225

　　　　8.3.2　工程量清单价款结算一般规定 …………………………………………… 227

　　8.4　工程价款结算的索赔管理 ………………………………………………………… 235

　　　　8.4.1　工程索赔概述 ……………………………………………………………… 235

　　　　8.4.2　项目工期索赔管理 ………………………………………………………… 236

　　　　8.4.3　费用索赔管理 ……………………………………………………………… 238

　　本章思考题 ……………………………………………………………………………… 244

第9章　建设项目竣工决算 ………………………………………………………………… 246

　　9.1　竣工决算概述 ……………………………………………………………………… 247

　　　　9.1.1　竣工决算概念 ……………………………………………………………… 247

　　　　9.1.2　竣工决算编制的内容 ……………………………………………………… 249

　　9.2　建设项目竣工财务决算报表编制 ………………………………………………… 251

　　9.3　新增资产的确定 …………………………………………………………………… 258

　　　　9.3.1　新增流动资产范围 ………………………………………………………… 258

　　　　9.3.2　共同费用的分摊 …………………………………………………………… 260

　　本章思考题 ……………………………………………………………………………… 264

第 10 章　工程造价信息化管理 ·· 265

　　10.1　云计价概述 ··· 266

　　　　10.1.1　云计价平台概述 ··· 266

　　　　10.1.2　云计价平台的信息化造价管理 ··· 268

　　　　10.1.3　云计价平台的计价模式 ·· 270

　　10.2　BIM5D 信息化管理 ··· 271

　　　　10.2.1　BIM 定义及相关理论 ·· 271

　　　　10.2.2　BIM5D 下的成本管理应用 ·· 271

　　本章思考题 ·· 273

参考文献 ·· 274

第1章　工程造价管理概述

本章学习目标

1. 了解工程造价的主要特点；
2. 了解工程造价的两种含义；
3. 了解工程造价的计价依据；
4. 掌握工程造价管理的基本过程与管理特点；
5. 掌握工程造价各阶段的任务及相互关系。

引导案例

学习工程管理专业的大学生小张刚刚毕业走上工作岗位，公司对他十分重视，让他配合造价工作经验丰富的刘师傅的工作，并向刘师傅取经。经过一段时间的工作和磨练，小张对工程造价人员在建设项目经济管理乃至整个建筑业市场所扮演的角色有了更深刻的认识。

小张还记得刚刚到企业报到那天，安排工作的领导就语重心长地对他说："一个工程，既要实施好技术，又要管理好人员，更要把控好造价；顺利接下项目不容易；工程从施工到竣工验收的整个过程顺利地完成，并且管理地有条不紊，更不容易。但是，尽管如此，做到这里，一个工程也只相当于完成了一半！还有最为关键的环节，得靠工程造价人员事无巨细地准确进行造价工作，包括预算、结算、决算等环节，直到这些环节顺利完成后，才能最直观地体现出建设工程所产生的经济价值。"

随着工作经验和阅历的丰富，小张更加认识到工程造价对于一个工程的重要性。工程造价是一门对造价相关专业知识和实际动手操作技能都要求很高的专业，所以，必须要指派有相应工程造价专业知识和实际操作技能的工程造价人员到相关工作岗位担任这个重要角色。小张也常常感叹，造价人员在现代建设管理中真是充当了重要角色，他也为自己能够从事这样一项举足轻重的工作而感到自豪。

资料来源：作者根据毕业生交流资料改编而成。

1.1　工程造价含义与构成

根据中华人民共和国住房和城乡建设部（简称：住建部）发布的国家标准《工程造价术语标准》（GB/T 50875—2013），工程造价是指构成项目在建设期预计或实际支出的建设费用。

综合运用管理学、经济学和工程技术等方面的知识与技能，对工程造价进行预测、计划、控制、核算、分析和评价等工作过程被称为工程造价管理。

工程造价对于投资建设单位和承包商都有重要意义。从投资者的角度，工程造价意味着投资方在投资管理活动中，要支付与工程建造有关的全部费用，所有这些开支就构成了投资方工程造价。从承包商的角度，工程造价意味着工程承发包价格，即招投标价格。无论是投资建设单位还是承包商都要对建筑工程进行工程计价；投资建设单位提前测算工程造价不仅可以作为项目决策的依据，而且可以作为筹集资金、控制造价的依据；承包商管理工程造价，既为投标决策提供依据，也为投标报价和成本管理提供依据。

工程造价的控制作用一方面是对投资的控制，即在投资的各个阶段，根据对造价的多次性预算和评估，对造价进行全过程多层次的控制；另一方面，则是对以承包商为代表的商品和劳务供应企业的成本控制。

1.1.1　工程造价基本含义

工程造价根据不同的角度可以有两种含义：一种是从项目建设投资角度提出的建设项目工程造价，它是一个广义的概念；另一种是从工程交易或工程承包、设计范围角度提出的建筑安装工程造价，它是一个狭义的概念。

1. 工程造价的第一种含义

工程造价的第一种含义是从投资者或业主的角度来定义的，又称为建设项目工程造价。

建设项目工程造价是指投资者为建设某项工程预期开支或实际开支的全部固定资产投资费用，也就是一项工程通过建设形成相应的资产所需用一次性费用的总和。这一含义是从投资者或业主的角度来定义的。

工程造价的第一种含义表明，投资者选定一个投资项目，在进行设计、工程施工，直至竣工验收等一系列的投资管理活动活动中，投资者或业主要支付与工程建造有关的全部费用，所有的这些开支就构成了工程造价。

2. 工程造价的第二种含义

工程造价的第二种含义是从承包商、材料供应商、设计市场供给主体的角度来定义的，又称为建筑安装工程造价。

建筑安装工程造价是指为建设某项工程而在承包市场等交易活动中产生的工程建设交易价格，即形成的工程承发包价格，它是在建筑市场通过招标，被作为需求主体的投资者和作为供给主体的建筑承包商共同认可的价格。

建筑安装工程造价是工程成本概念的拓展，在量上涵盖工程成本，即不仅包括完成工程所耗费的人工、材料机械等直接性成本与间接性管理成本，而且包括为完成工程而缴纳的税金和应获取的利润。

1.1.2　工程造价的内涵及管理特点

1. 建设项目工程造价的内涵

建设项目工程造价作为一个广义的概念，是从业主/投资者的角度来定义的。从这个意义上来讲，建设投资、建设期利息与流动资金之和构成建设项目总投资。建设投资和建设期利息之和对应于固定资产投资，固定资产投资与建设项目工程造价在量上相等，即工程造价就是建设工程固定资产投资，此时工程造价包括建设项目投资所需要的建设投资、建设期利息。

建设投资包括工程费、工程建设其他费和预备费三部分。

工程费是指在建设期内直接用于工程建造、设备购置及其安装的建设投资，可以分为建筑安装工程费和设备及工器具购置费。

工程建设其他费是指在建设期内为项目建设或运营必须发生的但不包括在工程费中的费用，如建设单位管理费和勘察设计费等。

预备费是指在建设期内因各种不可预见因素的变化而预留的可能增加的费用，包括由于工程变更和隐蔽工程验收等产生的基本预备费和投资方为物价上涨等原因预留的价差预备费。

建设项目工程造价的基本构成包括用于购买工程项目所需的各种设备的费用，用于建筑施工和安装施工所需支出的工程费用，也包括工程建设其他费用，还包括用于建设单位自身进行项目筹建和项目管理所花费的费用，如建设期贷款利息。

2. 建筑安装工程造价的内涵

工程造价的另一种含义是从工程交易或工程承包角度提出的建筑安装工程造价，它是为完成承包商所承包的工程所需花费的工程费用，又被称为"建筑安装工程费用"。

按照费用构成要素划分，建筑安装工程费用包括人工费、材料费（包含工程设备费）、施工机具使用费（含仪器仪表使用费）、企业管理费、利润、规费和税金。

按照工程造价划分，建筑安装工程费用由分部分项工程费、措施项目费、其他项目费、规费和税金组成。按照费用构成要素划分的建筑安装工程费用构成与按照工程造价划分的建筑安装工程费用构成的关联如图 1.1 所示。

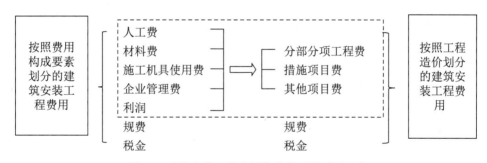

图 1.1　建筑安装工程费用构成的两种不同形式

1.2　工程造价的管理特性

建设项目生命期是指项目从投资设想开始，经过可行性研究和设计、建设、生产运营，直到项目报废为止的整个发展过程，包含建设项目从策划、选择、评估、决策、设计、施工到竣工验收、投入生产或交付使用的整个建设过程所经历的项目生命周期历程。

1.2.1　工程造价的特性

不同工程项目的产品差异决定了工程造价的个别性差异。

1. 大额性

任何一项建设工程，不仅实物形态庞大，而且造价高昂，需要投资几百万元、几千万元甚至上亿元的资金。工程造价的大额性关系多方面的经济利益，同时也会对社会宏观经济产生重大影响。

2. 单个性

任何一项工程都有特定的地理位置、用途、功能和规模；因此，对每一项工程的结构、造型、空间分割、设备配置和内外装饰都有具体的要求，所以工程内容和实物形态都具有个别性、差异性。工程内容和实物形态的个别差异性决定了工程造价的单个性。

3. 动态性

任何一项建设工程从决策到竣工交付使用，都有一个较长的建设期。在建设期内，往往由于不可控制因素，产生许多影响工程造价的动态因素，如设计变更、材料、设备价格、工资标准及取费费率的调整和贷款利率、汇率的变化，这些变化必然会影响工程造价的变动，所以直至竣工结算后才能最终确定工程实际造价。建设周期长，材料价格变动，工程变更，税率、人工费等都会造成工程造价变动，这体现了建设工程造价的动态性。

4. 阶段性

由于建设工程规模大、周期长、造价高，所以随着工程建设的进展需要在建设程序的各个阶段进行计价。在建设工程的各个阶段，工程造价分别使用投资估算、设计概算、施工图预算、中标价、承包合同价、工程结算、竣工结算等造价形态进行确定与控制。

1.2.2 工程造价形成的各主要阶段

1. 建设项目工程造价阶段划分

在建设工程的各个阶段，工程造价的确定与控制存在着既相互独立又相互关联的关系。在建设项目生命期中，工程造价形成的各主要阶段包括以下过程。

1）项目估算阶段

项目估算阶段形成工程价格的投资估算，估算包括从筹建至竣工验收的全部建设工程费用。项目投资估算是在项目建议书和可行性研究阶段获得的工程造价，是进行项目决策、筹集资金和合理控制造价的主要依据，投资估算的误差率应控制在允许的范围内。

2）设计概算阶段

在项目估算阶段对项目进行详细的可行性研究之后，以可行性研究报告中被批准的投资估算为目标，在设计阶段完成图样，并在此时获得更为准确的投资额的概算估计。设计概算就是在设计阶段，根据设计意图，通过编制设计概算文件，预先测算的工程造价。与投资估算相比，设计概算的准确性虽然有所提高，但仍受投资估算的控制。

地方行政管理部门审批工程建设年度预算资金依据的就是投资项目设计概算的额度。

3）施工图预算阶段

施工图预算是施工图设计阶段依据施工图样，通过编制预算文件预先测算的工程造价。施工图预算比设计概算更为详尽和准确，但要受设计概算工程造价的控制。施工图设计应以被批准的设计概算为控制目标，应用限额设计、价值工程等方法进行图样设计和设备、材料等的选用。

业主方在此阶段可以获得更为准确的施工图预算造价和发包工程的招标控制价。承包方根据招标方发布的投标最高限价即招标控制价，以发包工程的工程施工图设计文件为依据，结合工程施工的具体情况，如现场条件、市场价格、业主的特殊要求等，按照招标文件的规定，确定工程的投标报价。应注意投标报价的额度不能高于招标控制价。

承发包合同价是在工程发承包阶段通过签订合同所确定的价格，它是由投资工程的发包方和承包方根据市场行情，并通过招投标等方式达成一致的、共同认可的成交价格。但合同价并不等同于最终结算的实际工程造价。

4）工程施工阶段

在工程施工阶段，承包方以与业主方签订的工程合同价等为控制依据，通过工程计量与支付、控制工程变更等方法，按照承包人实际完成的工程量，严格确定施工阶段实际发生的工程费用；以合同价为基础，考虑物价上涨、工程变更等因素，合理确定工程进度款和结算款，控制工程实际费用的支出。

工程施工阶段的工程结算价款累计反映的是工程项目实际造价。工程结算包括施工过程中的中间结算和竣工验收阶段的竣工结算。工程结算需要按合同调价范围和调价方法对实际发生的工程量增减、设备和材料价差等进行调整后确定结算价格。

工程结算文件一般由承包单位编制，由发包单位审查，也可委托工程造价咨询机构进行审查。

5）竣工验收阶段

竣工决算是在工程竣工验收阶段，以实物数量和货币指标为计量单位，综合反映竣工项目从筹建开始到项目竣工交付使用为止的全部建设费用。工程竣工决算文件一般由建设单位编制，上报相关主管部门审查。

在此阶段，投资建设单位或业主方全面汇总工程建设中的全部实际费用，编制竣工决算，如实体现建设项目工程造价的投入、管理和控制情况，并总结经验，积累技术经济数据和资料，不断提高工程造价管理水平。

2. 工程实施各阶段的造价控制重点

工程造价在工程实施各阶段的控制重点主要体现在以下6个方面。

1）项目决策阶段

在项目投资决策阶段，最为重要的工程造价工作内容就是对项目投资估算工作的管理，这对项目的可行性分析有决定性作用，并且对该项目的经济效益和社会效益的分析有重要的影响。投资估算的控制重点在于将误差率控制在允许的范围内。

2）项目初步设计阶段

建设项目一般在初步设计阶段形成设计概算，但也有项目因为技术复杂和工艺流程复杂等情况需要更进一步的技术设计阶段，并在技术设计阶段才能形成设计修正概算。设计概算的前提是必须以投资建设项目的投资估算为控制目标，并在此基础上进行设计和设计概算。

在工程项目的设计阶段，最重要的是初步设计。因为初步设计活动包含了比施工图样及技术设计更为广泛的内容，因此，在进行初步设计时要注意选择合理的设计方法和工程造价控制手段。此阶段的造价控制方法有限额设计法和价值工程法。限额设计法是投资控制方法，在一定的情况下，它需要根据资金限额对设计图样和施工方法进行额度限定下的设计；而价值工程法则更加侧重于经济分析方面，它以通过提高项目质量、功能的方式来实现更高的经济效益。委托设计方可以借助这两种办法，对工程的设计方案进行合理的选择，从而加强工程整体造价控制。

3）施工图设计阶段

施工图设计阶段以设计概算为控制目标控制施工图设计，在此阶段产生施工图预算造价。根据建设项目的实际情况，施工图预算造价可采用三级预算编制形式或二级预算编制形式。当建设项目有多个单项工程时，应采用三级预算编制形式，三级预算编制形式由建设项目总预算、单项工程综合预算、单位工程预算组成；当建设项目只有一个单项工程时，应采用二级预算编制形式，二级预算编制形式由建设项目总预算和单位工程预算组成。

4）招标投标阶段

招标投标阶段应以施工图预算造价来控制建设项目承发包价格。此阶段需要编制招标工程的招标控制价，明确合同计价方式，初步确定工程的合同价。

5）工程施工阶段

在工程施工阶段，以工程合同价为控制造价的基础，进行工程结算。考虑物价上涨、工程变更等因素，需要合理确定进度款和结算款，控制工程实际费用的支出。

由于施工阶段是整个工程项目费用支出的主要阶段，因此施工阶段的造价管理是全过程控制的关键环节。为了做好施工阶段的成本控制，应该对施工图样、施工方案及施工组织等内容进行科学、严格的审核；获取准确的预算数据材料，通过将实际施工情况与既定施工方案进行对比，才能保证对施工阶段工程造价的精确控制。

6）竣工验收阶段

竣工是建设项目工程实施过程的尾期阶段，在工程竣工后需要及时做好竣工查验和验收。对于图样以外工程量的计算，需要及时核算并办理相关签证，以保证工程量统计的准确性。在工程项目整体竣工后，为了更大限度地降低成本，应该尽快完成工程项目的交付竣工决算工作，从而提升管理效率和改善成本控制。

综合来讲，工程造价的确定与控制存在着既相互独立又相互关联的关系，具体的控制关系如图 1.2 所示。

投资估算 ——控制——→ 设计概算 ——控制——→ 施工图预算 ——控制——→ 招标 ——控制——→ 结算

图 1.2　各阶段工程计价管理主要任务与相互关系

1.2.3　工程造价的形成特点

通常情况下，在一项工程中，工程建设基本上都要涉及大量的资金。工程造价关系多方面的经济利益，对社会宏观经济也可以产生重大影响。由于工程建设的特点，工程造价具有以下特点。

1. 单件性计价

任何一项建设工程都有特殊的用途，其功能、用途各不相同。因此，使得每一项工程的结构、造型、平面布置、设备配置和内外装饰都有不同的要求。工程内容和实物形态的个别差异性决定了工程造价的单个性。每项工程必须通过特殊的计价程序来确定各自项目的价格。

2. 多次性计价

建设工程具有规模大、周期长、造价高的特点。随着工程建设的进展，需要在建设程序的各个阶段进行计价，多次性计价的过程和依据如图 1.3 所示。

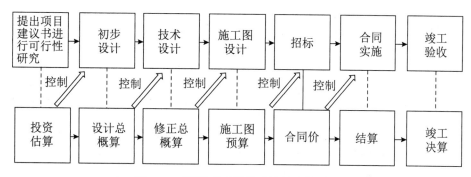

图 1.3 工程造价各阶段多次性计价过程

3. 组合性计价

由于建筑产品具有单件性、独特性、固定性、体积庞大等特点，计算工程价格需要分部组合计价。一般按照工程的难易程度，需要对建设项目的组成进行划分。建设项目的组成通常划分为建设项目、单项工程、单位工程、分部工程、分项工程 5 个级别。工程造价的获得是从局部到整体，分别计算分项工程、分部工程、单位工程、单项工程的费用后，汇总成为建设项目的工程造价。

1）建设项目

建设项目是指在一个总体设计或初步设计范围内，由一个或若干个单项工程组成，经济上实行统一核算，行政上有独立组织机构或组织形式，实行统一管理的工程项目。建设项目的特征是，每一个建设项目都编制有设计任务书和独立的总体设计。例如，建设某一家工厂或某一所学校，均可以称为建设项目。

2）单项工程

单项工程是指具有独立设计文件，能够独立存在的、完整的建筑安装工程整体，其特征是该单项工程建成后，可以独立进行生产或交付使用，如学校建设项目中的教学楼、图书馆、学生宿舍、职工住宅工程等。一个或若干个单项工程组成一个建设项目。

3）单位工程

单位工程是指具有独立的施工图样，可以独立地组织施工，但完工后不能独立交付使用的工程，如工厂中一个车间的土建工程、设备安装工程、电器安装工程、管道安装工程等。一个或若干个单位工程可组成单项工程。

4）分部工程

分部工程是按照单位工程的各个部分，由不同工种的工人，利用不同的工具、材料和机械完成的局部工程。分部工程往往是按照建筑物、构筑物的主要部位划分的，如土石方工程分部、混凝土和钢筋混凝土工程分部等。若干个分部工程可以组成单位工程。

5）分项工程

分项工程是将分部工程进一步划分为若干部分，如砖石工程中的砖基础工程、墙身、零星砖砌体等。一个或若干个分项工程可以组成分部工程。

一个建设项目往往含有多个单项工程，一个单项工程又由多个单位工程组成。与此相对应，工程造价也与多个层次相对应，即通常包括建设项目总造价、单项工程造价和单位工程造价，具体如图 1.4 所示。

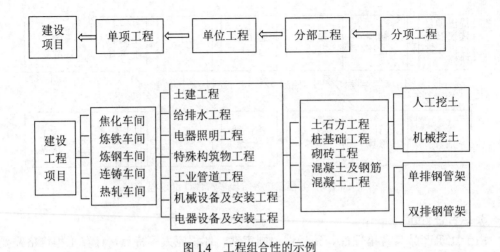

图 1.4　工程组合性的示例

建设项目组合性计价是一个逐步组合的过程，工程计价的分解过程如图 1.5 所示。

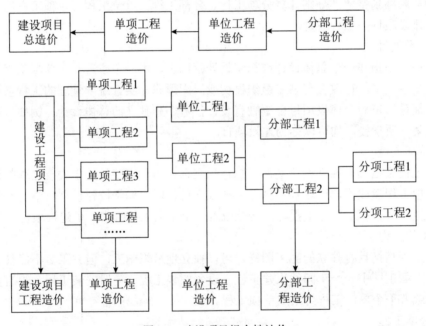

图 1.5　建设项目组合性计价

1.3　工程造价计价依据

由于影响工程造价的因素很多，每一项工程的造价都要根据工程的用途、类别、结构特征、建设标准、所在地区和坐落地点、市场价格信息及政府的产业政策、税收政策和金融政策等具体计算，因此就需要有确定上述各项因素相关的各种量化的定额或指标，以作为基础的计价依据。

工程造价的计价依据是据以计算造价的各类基础资料的总称。工程造价的计价依据涉及相关法律法规体系、工程造价管理标准规范、工程定额和工程计价信息4个主要部分，其中工程造价管理体系中的工程造价管理的标准体系、工程定额和工程计价信息是工程计价的主要依据。

1.3.1　工程造价管理的相关法律法规体系

按照我国工程计价依据的编制和管理权限的规定，目前我国已经形成了由国家、省（直辖市、自治区）和行业部门的法律法规、部门规章相关政策文件及标准、定额等相互支持、互为补充的工程计价依据体系。工程造价管理的相关法律法规体系如图1.6所示。

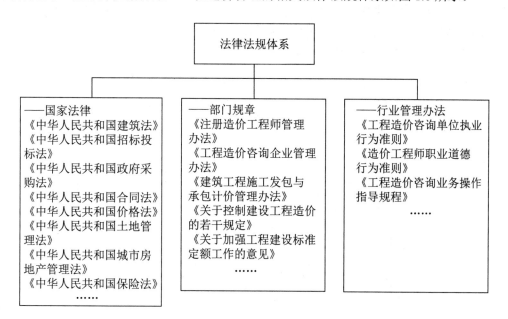

图 1.6　工程造价管理的相关法律法规体系

1.3.2　工程造价管理标准和规范

1. 工程计价的管理标准

工程造价管理标准泛指除应以法律、法规进行管理和规范的内容外，应以国家标准、行业标准进行规范的工程管理和工程造价咨询行为、质量的有关技术内容，如《工程造价术语标准》（GB/T 50875—2013）、《建设工程计价设备材料划分标准》（GB/T 50531—2009）等。

2. 工程造价管理规范

工程造价管理规范包括《建设工程造价咨询规范》（GBT51095）、《建设工程造价鉴定规范》（GB/T51262）、《建设工程工程量清单计价规范》（GB 50500—2013）等；同时也包括各专业部委发布的各类清单计价、工程量计算规范，如《矿山工程工程量计算规范》（GB50859）、《构筑物工程工程量计算规范》（GB50860）、《城市轨道交通工程工程量计算规范》（GB50861）、《水利工程工程量清单计价规范》（GB50501）等及各省市发布的工程工程量清单计价规范。

1.3.3　工程定额

工程定额主要是指国家、地方或行业主管部门及企业自身制定的各种定额，包括工程消耗量定额和工程计价定额等。工程计价定额主要是指工程定额中直接用于工程计价的定额或指标，按照定额应用的建设阶段不同，可划分为投资估算指标、概算定额和概算指标、预算定额等。工程计价定额的作用主要在于建设前期的造价预测及投资管控目标管理。在建设项目交易过程中，则更加依赖于市场价格信息进行计价。工程量清单招投标工程及签订施工合同的非招投标工程，需要将省级《建设工程费用定额》、省级《安装工程概、预算定额》、省级《市政工程概、预算定额》、《建筑工程建筑面积计算规范》等地方规范与国家发布的《建设工程工程量清单计价规范》（GB 50500—2013）同时配套执行。建设项目多次性计价及其定额的应用如图1.7所示。

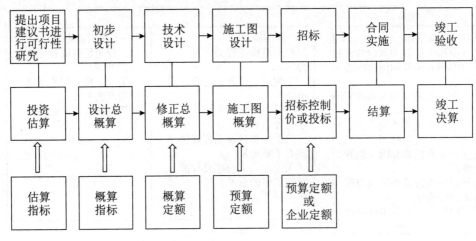

图 1.7　建设项目多次性计价及其定额的应用

工程定额主要包含施工定额、预算定额、概算定额、概算指标、投资估算指标等。

1. 施工定额

施工定额是完成一定计量单位的某一施工过程或基本施工工序所需消耗的人工、材料和施工机具台班数量标准。施工定额是施工企业组织生产和加强管理而在企业内部使用的一种定额，属于企业定额的性质。施工定额是以某一施工过程或基本工序作为研究对象，以生产产品数量与生产要素消耗的综合关系编制的定额。为了适应组织生产和管理的需要，施工定额的项目划分很细，是工程定额中分项最细、定额子目最多的一种定额，也是工程定额中的基础性的、计量性质的定额。

2. 预算定额

预算定额是在正常的施工条件下，完成一定计量单位的合格分项工程或结构构件产品所需消耗的人工、材料、施工机具台班数量及其费用标准。预算定额是一种计价性定额。从编制程序上看，预算定额是以施工定额为基础综合扩大编制的，同时也是编制概算定额的基础。

3. 概算定额

概算定额是完成单位合格扩大分项工程或扩大结构构件所需消耗的人工、材料和施工机具台班的数量及其费用标准，是一种计价性定额。概算定额是编制设计概算、确定建设项目投资额的依据。概算定额是在预算定额的基础上综合扩大而成的，概算定额的项目划分与初步设计的深度相适应，每一扩大分项概算定额都综合了数项预算定额。

4. 概算指标

概算指标是以单位工程为对象，反映一个规定计量单位建筑安装产品的经济指标。概算指标是概算定额的扩大与合并，其可以列出分部工程工程量及单位工程的造价，是一种计价性定额。

5. 投资估算指标

投资估算指标是以建设项目、单项工程、单位工程为对象，反映建设总投资及其各项费用构成的经济指标。它是在项目建议书和可行性研究阶段编制投资估算、计算投资需要量时使用的一种定额。它的概略程度与可行性研究阶段相适应。投资估算指标的编制基础是预算定额、概算定额等，是以预算定额、概算定额为基础的综合扩大。

1.3.4 工程造价信息

建设市场上的各类工程造价信息，包括管理的法规标准、定额制定及各类宏观指数、指标和人工价格、建筑材料价格、机械租赁等价格信息，对于促进市场形成竞争有序的环境是非常必要的；其能够为建设项目业主、承包商、投标报价咨询单位和其他专业人员提供专业信息平台，帮助用户快速实现跨地区、跨行业的投资估算、概预算造价编制和招投标报价。

工程造价管理机构根据市场情况提供准确、及时的建设工程市场价格参考，发布全国各地方、各专业造价管理机构提供的人工费、机械台班租赁等市场综合价格信息，全面、准确地提供全国和地方各专业建设投标报价现行的计价依据。因此，形成了工程造价信息网数据库，其主要内容如图 1.8 所示。

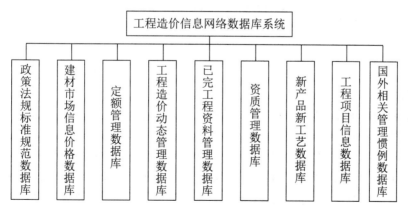

图 1.8　工程造价信息网数据库

工程造价的价格信息分为三个部分：第一部分是各级发布的各类型定额中显示的单位估价或基价信息；第二部分是市场信息价，是全省各地市造价站发布的近年来不同时期及最新的市场材料价格信息；第三部分是材料生产厂家的价格信息。不同的价格信息适用于用户的不同需要。

造价信息的内容组成如下。

1. 取费文件

取费是指对建筑工程费用的计算，即按照各省预算定额子目中的定额基价，参照取费标准依次乘以相关的费用系数得到措施费、安全文明施工费、企业管理费、规费、税金等项目费用的过程。全国各地方、各专业造价机构都会发布相应的取费文件、取费标准及概预算编制办法，并提供给建设市场。

2. 造价指数

工程造价指数是反映一定时期的价格变化对工程造价影响程度的一种指标。工程造价指数反映了报告期和基期相比的价格变动趋势，是调整工程造价价差的依据。工程造价指数可以分为各种单项价格指数，如设备、工器具价格指数，建筑安装工程造价指数，建设项目或单项工程造价指数。工程造价指数也可以根据造价资料的期限长短来分类，如分为时点造价指数、月指数、季指数和年指数，工程造价指数的划分如图1.9所示。

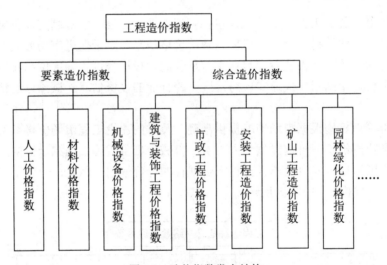

图1.9　造价指数发布结构

3. 造价指标

工程造价指标主要是指反映每平方米建筑面积的造价，包括总造价指标和费用构成指标，是对建筑、安装工程各分部分项费用及措施项目费用组成的分析，同时也包含了各专业人工费、材料费、机械费、企业管理费、利润等费用的构成及占工程造价的比例。造价指标亦称"单位平方米造价"，通常规定每单位平方米所需人工、材料、机械、管理费、利润和价差等全部费用。造价指标以金额表示，有总造价指标和分项工程造价指标。

1.4　工程造价管理机构与执业资格制度

1.4.1　工程造价管理的机构体系

工程造价管理的组织，是指为了实现工程造价管理目标而进行有效组织活动及与造价管理功能相关的有机群体。它是工程造价动态的组织活动过程和相对静态的造价管理部门的统一。

1. 住建部标准定额司

中华人民共和国住房和城乡建设部标准定额司是中华人民共和国住房和城乡建设部内设机构，是建设行业的国家主管机构。住建部标准定额司组织拟订工程建设国家标准、全国统一定额、建设项目评价方法、经济参数和建设标准、建设工期定额、公共服务设施（不含通信设施）建设标准；拟订工程造价管理的规章制度；拟订部管行业工程标准、经济定额和产品标准，指导产品质量认证工作；指导监督各类工程建设标准定额的实施；拟订工程造价咨询单位的资质标准并监督执行。

住建部标准定额司在全国范围内行使管理职能，其在工程造价管理工作方面承担的主要职责包括以下内容。

（1）组织制定工程造价管理有关法规、制度并组织贯彻实施。

（2）组织制定全国统一经济定额和制定、修订本部门经济定额。

（3）监督指导全国统一经济定额和本部门经济定额的实施。

（4）制定工程造价咨询企业的资质标准并监督执行，制定工程造价管理专业技术人员执业资格标准。负责全国工程造价咨询企业资质管理工作，审定全国甲级工程造价咨询企业的资质。

2. 省级造价管理站

省级造价管理站又称省级建设工程造价管理总站，是负责全省造价管理工作的专门机构，隶属各省（直辖市、自治区）建设厅管理。随着建设市场的繁荣发展，它的管理职能已经从定额管理发展成为全方位多层次的工程造价管理，涉及的工作包括本省（直辖市、自治区）概预算定额的编制、修订；工程造价信息和指数的测定和发布；造价从业人员和造价咨询单位管理及信息化管理和计算机软件的推广应用等。

省级建设工程造价管理总站的主要职能包括以下内容。

（1）贯彻执行国家建设工程造价管理方针、政策和法规，协助拟订本省（自治区、直辖市）工程造价、定额、计价方面的方针、政策和法规、规章及发展规划；指导全省（自治区、直辖市）建设工程造价管理机构的业务工作。

（2）负责本省（自治区、直辖市）建设工程造价标准规范、工程建设计价依据、建设项目经济评价方法和参数的编制、修订、解释等具体工作；负责建设工程造价管理和工程建设定额、计价的培训、解释、仲裁、管理工作；指导、监督和检查工程建设定额、计价的执行。

（3）负责工程造价信息发布和管理的具体工作。指导和推进全省（直辖市、自治区）建设工程造价信息化的建设，制定工程造价指数、指标，指导建设工程估算、概算、预算、招标控制价及投标报价的编制；收集建设市场人工、材料、机械台班价格，定期发布工程造价信息；补充计价依据。

（4）指导编制建设工程估算、概算、结算等工程造价文件，组织检查建设工程估算、概算、结算等工程造价文件编制的质量。

（5）负责省（自治区、直辖市）管和中央托管建设项目的初步设计概算审核工作。

（6）调解建设工程造价纠纷。

（7）参与工程造价咨询企业资质条件情况核查工作。

3. 市级造价管理站

市建设工程造价管理站直属各市建设委员会，是负责市建设工程造价管理工作的事业单位。通常站内设有建筑定额部、市政安装定额部、材料价格信息部、审价部等职能科室。市建设工程造价管理站的主要职能有以下几个方面。

（1）贯彻执行国家和省级有关建设工程造价管理的法律法规和方针政策，制定工程造价管理办法，并监督检查。

（2）编制本市建设工程人工、机械调整系数及材料价格，定期发布、制定建筑材料价格的调整办法；开展建筑工程技术经济分析，发布工程造价指数。

（3）负责本市造价执业人员的管理、施工企业取费证的管理和造价单位的资质初审。

（4）规范工程计价行为及从业人员的行为准则；负责全市工程计价从业人员资格的监督管理工作。

4. 行业协会管理系统

工程造价行业协会管理系统主要是指中国建设工程造价管理协会和地方建设工程造价管理协会，它是政府与企业间管理的桥梁和纽带。

1）国家建设工程造价管理协会

中国建设工程造价管理协会是由从事工程造价咨询服务与工程造价管理的单位及具有注册资格的造价工程师和资深专家组成的全国性的工程造价行业协会。

中国建设工程造价管理协会的业务范围包括以下内容。

（1）研究工程造价管理体制改革、行业发展、行业政策，向国务院建设行政主管部门提出建议。

（2）承担工程造价咨询行业和造价工程师执业资格及职业教育等具体工作，研究提出与工程造价有关的规章制度及工程造价咨询行业的资质标准、合同范本、职业道德规范等行业标准，并推动实施。

（3）代表我国造价工程师组织开展国际交流与合作。

（4）建立工程造价信息服务系统，编辑、出版有关工程造价方面的刊物和参考资料，组织交流和推广工程造价咨询先进经验。

（5）受理关于工程造价咨询执业违规的投诉，配合国务院建设行政主管部门进行处理。

（6）指导各专业委员会和地方造价管理协会的业务工作。

2）地方建设工程造价管理协会

地方建设工程造价管理协会的业务范围包括以下内容。

（1）研究各省（直辖市、自治区）工程造价的理论、方针、政策，向政府提出省（直辖市、自治区）内工程造价改革与发展的政策性建议，促进现代化管理技术在工程造价行业的运用与推广。

（2）接受政府部门委托，承担工程造价咨询业、工程造价软件业和工程造价专业人员的日常管理工作；建立省（自治区、直辖市）内工程造价咨询单位和造价工程师的信息数据。

（3）贯彻实施和监督工程造价咨询单位执业行为准则和造价工程师职业道德行为准则；受理工程造价咨询业中的执业违规的投诉。

（4）代表各省（自治区、直辖市）工程造价咨询业、造价工程师开展业务交流，推广工程造价咨询与管理方面的先进经验。

1.4.2　工程造价行业的执业资格制度

1. 造价工程师执业资格制度概述

为了加强建设工程造价专业技术人员的执业准入控制和管理，确保建设工程造价管理工作质量，我国推行的造价工程师执业资格制度是属于国家统一规划的专业技术人员执业资格制度，规定凡从事工程建设活动的建设、设计、施工、工程造价咨询、工程造价管理等单位和部门，必须在计价、评估、审查、控制及管理等岗位配备有造价工程师执业资格的专业技术人员。

造价工程师是经全国统一考试合格、取得造价工程师执业资格证书，并经注册从事建设工程造价业务活动的专业技术人员。我国在工程造价领域实施造价工程师执业资格制度。人力资源与社会保障部和住建部共同负责全国造价工程师执业资格制度的政策制定、组织协调、资格考试、注册登记和监督管理工作。

2. 造价工程师的资格获取

凡中华人民共和国公民，遵纪守法并具备下列条件之一者，均可申请参加造价工程师职业资格考试。

（1）工程造价专业大学专科毕业后，从事工程造价业务工作满4年；工程或工程经济类大学专科毕业后，从事工程造价业务工作满5年。

（2）工程造价专业大学本科毕业后，从事工程造价业务工作满3年；工程或工程经济类大学本科毕业后，从事工程造价业务工作满4年。

（3）获上述专业第二学士学位或研究生毕业，获硕士学位后，从事工程造价业务工作满2年。

（4）获上述专业博士学位后，从事工程造价业务工作满1年。

通过造价工程师职业资格考试的合格者，由省（自治区、直辖市）人事（职改）部门颁发人力资源与社会保障部统一印制、人力资源与社会保障部和住建部共同用印的中华人民共和国造价工程师职业资格证书，该证书在全国范围内有效。

3. 造价工程师的权利和义务

1）造价工程师的权利

造价工程师享有以下权利。

（1）有独立依法执行造价工程师岗位业务并参与工程项目经济管理的权利。

（2）有在所经办的工程造价成果文件上签字的权利；凡经造价工程师签字的工程造价文件需要修改时应经本人同意。

（3）有使用造价工程师名称的权利。

（4）有依法申请开办工程造价咨询单位的权利。

（5）造价工程师对违反国家有关法律法规的意见和决定有权提出劝告，拒绝执行后并有向上级或有关部门报告的权利。

2）造价工程师的义务

造价工程师需要承担的义务如下。

（1）必须熟悉并严格执行国家有关工程造价的法律法规和规定。

（2）恪守职业道德和行为规范，遵纪守法，秉公办事，对经办的工程造价文件质量负有经济和法律责任。

（3）及时掌握国内外新技术、新材料、新工艺的发展应用，为工程造价管理部门制订、修订工程定额提供依据。

（4）自觉接受继续教育，更新知识，积极参加职业培训，不断提高业务技术水平。

（5）不得参与与经办工程有关的其他单位事关本项工程的经营活动。

（6）严格保守执业中得知的技术和经济秘密。

本章思考题

一、名词

总投资；建设投资；建设项目工程造价；建筑安装工程造价；工程造价管理机构；工程造价信息；造价指数。

二、简答题

1. 工程造价的两个基本含义是什么？

2. 工程造价的三个特性是什么？

3. 怎样理解工程造价的组合性和动态性？

4. 工程造价的形成主要涉及哪些阶段？

5. 工程造价计价的主要依据有哪些？

6. 工程造价信息的构成是什么？

扩展阅读 1.1

学习工程造价
前景好

即测即练

第2章 工程造价费用构成及组价原理

本章学习目标

1. 了解现行建设单位的建设项目投资构成；
2. 了解承包方建筑安装工程造价构成；
3. 掌握业主方建设项目工程造价的费用构成与资产构成；
4. 掌握按生产要素划分的建筑安装工程费用构成内容；
5. 掌握按清单计价划分的建筑安装工程费用构成内容；
6. 掌握工程造价的组价原理。

引导案例

从工程管理专业毕业多年后，工作经验和阅历丰富的建设指挥部成员林又斌在年初担任了平潭县拓港公路项目业主代表，他一直在活动板房办公室中坚守岗位，配合施工承包方进行项目前期的土地征地拆迁工作。

林又斌根据指挥部"四下基层"的工作方针，不仅要为施工方提供施工保障，还要倾听施工方的诉求，有时他还和施工方管理者一起到工地检查安全生产。尤其是目前天气很热，为避免工人在施工时有不规范操作，管理者会检查纠正，以确保施工安全。

此时，林又斌来到承包方中铁四局拓港公路项目部书记王立山的办公室，与王立山沟通征地拆迁施工情况。王立山说："我们局承建拓港公路一期A标段，共2.8km，总投资1.1亿元。建设指挥部能够像这样在我们承包方项目部设立办公室，让指挥部成员进驻施工现场，零距离服务施工方，真是方便沟通和协商。业主方的指挥部进驻项目部，有力保障了我们的施工进度。"林又斌动情地回答道："平潭县正在开放开发建设中，我要和广大指挥干部一样，深入一线，不怕苦、不怕累，这是我们应该具有的时代担当精神。"

资料来源：http://cpc.people.com.cn/n/2013/0805/c87228-22440918.html。

2.1 业主方建设项目工程造价构成

我国现行的建设单位的建设项目投资分为生产性建设项目投资和非生产性建设项目投资。

1. 生产性建设项目

生产性建设项目是指直接用于物资生产或直接为物资生产服务的固定资产再生产性建设项目，包括工业、建筑业、农林水利、气象、交通运输、邮电业、商业和物资供应、地质资源勘探等部门中用于生产的房屋与其他建筑物的建造、机器设备的购置等。

生产性建设项目包括工业建设项目，如工矿企业建设项目中的生产车间、矿井、构筑物的建造、生产用机械设备的购置及安装等；还包括建筑业建设项目，即施工单位和勘探设计单位各项生产用工程建设项目，如办公室、仓库及施工和勘探设计用的设备、工具、器具的购置安装等；也包括农林、水利项目，即有关农林、水利、气象各项事业的生产用工程建设，如农场、牧场、水库、气象台、气象站的建设工程及办公用房、机械设备、工具、器具的购置等；此外，属于非流通性建设的运输邮电、商业和物资供应等方面的建设也被列为生产性建设。

生产性建设项目总投资包括建设投资、建设期借款利息和铺底流动资金 3 部分。

工程造价的主要构成部分是建设投资。根据国家发改委和住建部审定发行的《建设项目经济评价方法与参数（第三版）》的规定，建设投资包括工程费用、工程建设其他费用和预备费 3 部分。

2. 非生产性建设项目

非生产性建设项目是指直接用于满足人民物质和文化生活福利需要的建设，包括住宅建设、文教卫生建设、公用服务事业建设等建设项目。

非生产性建设项目总投资包括建设投资和建设期利息两部分。

非生产性建设项目总投资只有固定资产投资，不包括流动资产投资。其中，建设投资和建设期利息之和对应于固定资产投资，在量上通常被认为是建设项目的工程造价。

2.1.1 业主方建设项目工程造价的费用构成

建设项目总投资的费用构成主要包括固定资产投资与流动资金投资。固定资产投资主要包括建设投资和建设期借款利息。

建设项目总投资中的流动资金是指为进行正常生产运营，用于购买原材料、燃料、支付工资及其他运营费用等所需的周转资金。项目前期决策估算时计入全部流动资金，设计阶段进行设计概算用于计算"项目报批总投资"或"项目概算总投资"时计入铺底流动资金，在数量上一般铺底流动资金为全部投入流动资金的30%。铺底流动资金是指生产经营性建设项目为保证投产后正常的生产运营所需，并在项目资本金中筹措的自有流动资金。

建设单位的建设项目工程造价费用构成如图 2.1 所示。

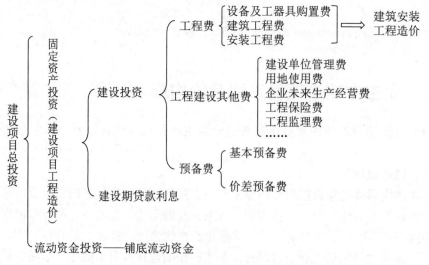

图 2.1　建设单位的生产性建设项目总投资构成

建设项目总投资费用构成主要包括以下几项。

1. 工程费

工程费主要是建设项目工程造价中完成建筑工程和安装工程所花费的费用及用于设备及工器具购置的费用。工程费通常通过承发包价格来确定。

建筑安装工程费是为完成土木工程建造和设备及其配套工程安装所需的全部费用，按专业工程类别分为建筑工程费和安装工程费。

设备及工器具费由项目建设涉及的设备购置费和工器具、生产家具购置费组成。设备购置费是建设阶段购置或自制的达到固定资产标准的设备、工器具、交通运输设备、生产家具等本身费用及其运杂费用。

2. 工程建设其他费

工程建设其他费是指从工程筹建起到工程竣工验收交付生产或使用为止的整个建设期间，除建筑安装工程费用和设备及工器具购置费用以外的，为保证工程建设顺利完成和交付使用后能够正常发挥效益或效能而发生的各项费用。工程建设其他费主要分为建设阶段发生的与建设单位管理费、土地购置或取得未来生产经营有关的不属于工程费用的其他相关费用，具体包括建设单管理费、可行性研究费、研究试验费、勘察设计费、环境影响评价费、场地准备和临时设施费、引进技术和引进设备费、工程保险费、联合试运转费等。

3. 预备费

除建筑安装工程费、工程建设其他费以外，在编制建设项目投资估算、设计总概算时，还应包括预备费、建设期贷款利息等。预备费是为建设阶段可能发生的各种不可预见因素和价格波动、汇率变动而预留的费用。

按我国现行规定，预备费包括基本预备费和价差预备费两种。

1）基本预备费

基本预备费是指因各种不可预见因素而可能增加的费用，是在投资估算或设计概算内难以预料的工程费用，费用内容包括在批准的初步设计概算范围内，技术设计、施工图设计及施工过程中所增加的工程费用，也包含设计变更、局部地基处理等增加的费用；还包括一般自然灾害造成的损失和预防自然灾害所采取的措施费用；也包括工程验收时为鉴定工程质量，对隐蔽工程进行必要的挖掘和修复的费用等。

基本预备费一般以建设项目的工程费和工程建设其他费之和为基础，将其乘以基本预备费率以进行计算。

2）价差预备费

价差预备费是指建设项目在建设期间，由于利息、汇率或价格等因素的变化而预留的费用。

价差预备费一般以各年度建设单位在项目建设期内投资的建设项目的工程费、工程建设其他费及基本预备费之和为基础，结合价差预备费率进行计算并汇总各年费用而获得。

4. 建设期贷款利息

建设期贷款利息是指在项目建设期内发生的支付银行贷款、外汇贷款等的借款利息和融资费用。

5. 流动资金

流动资金是指经营项目投产后,用于购买原材料、燃料、备品备件,保证生产经营和产品销售所需要的周转资金。

2.1.2 业主方建设项目工程造价的资产划分构成

业主方建设项目的工程造价投资构成按照资产划分可分为固定资产投资和流动资产投资两种。

1. 固定资产投资

固定资产投资在费用构成上包括建设投资、建设期利息和投资方向调节税。

按照资产法的形成分类,建设投资由固定资产费用、无形资产费用、其他资产费用和预备费4部分组成。

固定资产费用是指项目投资时将直接形成固定资产的建设投资,包括工程费用和工程建设其他费用中按规定将形成固定资产的费用,后者被称为固定资产其他费用,其主要包括建设单管理费、可行性研究费、研究试验费、勘察设计费、联合试运转费等。固定资产在使用中会逐渐磨损和贬值,使用价值逐步转移到产品中。这种伴随固定资产损耗而发生的价值转移被称为固定资产折旧。转移的价值以折旧的形式计入成本,并通过产品销售以货币的形式回到投资者手中。

无形资产费用是指将直接形成无形资产的建设投资,主要是特许经营权、土地使用权、采矿权、专利权、非专利技术、商标权和商誉等。被作为无形资产核算的费用,应按照项目规定期限分期摊销。

其他资产费用是指建设投资中除了形成固定资产和无形资产以外的部分,如生产准备费和开办费。生产准备费是指建设项目为保证正常生产(或营业、使用)而发生的人员培训费、提前进厂费及投产使用必备的生产办公、生产家具及工器具等购置费用。开办费是企业在筹建期间实际发生的费用,包括筹办人员的职工薪酬、办公费、培训费、差旅费、印刷费、注册登记费等。

2. 流动资产投资

流动资产投资是指项目投产前预先垫付,在投产后的经营过程中购买原材料、燃料动力、备品备件、支付工资和其他费用及被产品、半成品和其存货占用的周转资金。在生产经营活动中,流动资产以现金、各种存款、存货、应收及预付款项等流动资产形态出现。

流动资产在项目寿命期内,始终被占用并周而复始地流动;当寿命期结束时,它则全部退出生产与流通环节,以货币资金形式被回收。项目期的末尾会回收全部流动资产。

2.2 承包方建筑安装工程造价构成

2.2.1 承包方建设成本与工程造价的关系

1. 工程建设成本概述

成本是指为达到特定目的而发生的或应发生的价值牺牲,它可以用货币单位加以衡量。

相对于一般性的成本定义，这是一种广义的成本概念。

在管理领域，成本被具体定义为"成本是生产和销售一定种类与数量的产品，由于耗费资源而采用货币计量的经济价值。企业进行产品生产需要消耗生产资料和劳动力，这些消耗在成本中用货币计量，表现为材料费用、折旧费用、工资费用等。同时，为了管理生产所发生的费用，也应计入成本"。此时，管理生产经营活动所发生的费用也具有成本的性质。

工程建设成本是建设项目在建设过程中所耗费的物化劳动和活劳动的货币支出总和。工程建设成本是成本的一种具体形式，是在生产经营中为获取和完成工程所支付的一切代价，包括在项目施工现场所耗费的人工费、材料费、施工机械使用费、现场其他直接费及项目经理为组织工程施工所发生的管理费用之和。成本的发生范围局限在某一项目范围内，不包括利润和税金。

工程建设成本费用在同一个建设项目的寿命期中可能表现为不同的形式，即表现为投资估算价格、概算价格、预算价格、承包合同价格、结算价格、竣工决算价格等。

工程建设成本的管理和核算，可按建设项目、单项工程或单位工程分别进行，由建设单位负责工程建设成本的控制和核算。

建设单位在建设工程阶段或工程全部完工后，应及时核实和计算建设成本，并将设计概（预）算与实际成本对比，考核分析成本超支或节约的原因。

建设成本集中反映了进行基本建设活动的经济效果，是考核工程概（预）算执行情况、衡量建设单位工作好坏的一个重要的综合性指标。

业主方建设项目费用管理与承包方成本管理的关系如图 2.2 所示。

2. 承包方建筑安装工程成本与建筑安装工程造价的关系

对于承包商来说，建筑安装工程造价也就是承包商投标价格，包含工程承包成本和承包商应获得的利润及承包商需要交纳的税金。

承包方建筑安装工程价格是建设投资单位与承包方为发包工程项目而签订的工程承发包价格，是从工程交易或工程承包、设计范围角度提出的建筑安装工程造价，工程招标可以针对建筑工程、安装工程进行工程量清单招标，形成工程量清单计价形式的建筑安装工程造价。按成本的计入性质不同，承包商工程成本部分由直接成本和间接成本组成。

1）直接成本

直接成本又可以称为直接费，是指在施工过程中直接耗费的构成工程实体或有助于工程形成的各项支出，主要由直接工程费和措施费构成。

（1）直接工程费。直接工程费是构成工程实体的各种人工、材料和机械费用。

（2）措施费，即为完成工程项目实体施工，发生于该工程施工前和施工过程中辅助工程实体完工的非工程实体项目的费用，如安全文明施工费、脚手架工程、模板工程、超高施工增加费等。

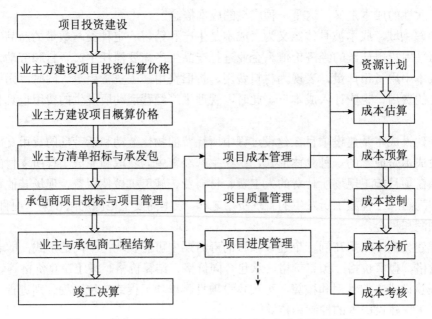

图 2.2　业主方建设项目费用管理与承包方成本管理的关系

2）间接成本

间接成本又可以称为间接费，是指企业的各项经理部为施工准备、组织和管理施工生产所发生的全部间接费支出，主要包含规费和企业管理费。

承包方建筑安装工程造价是工程成本概念的拓展。对于承包商来说，工程成本是指承包商的施工项目在施工中所发生的全部生产费用的总和。

工程造价在量上涵盖了工程成本，即工程造价在量上包含了直接成本与间接性管理费用及为完成工程交付而缴纳的税金和应获取的利润。承包方的建筑安装工程造价构成可以有两种表现，即按生产要素构成的建筑安装工程造价和按清单投标计价构成的建筑安装工程造价。同一建设项目的建筑安装工程费用的两种构成方式虽然有所差异，但是构成的数量本质是相同的。

2.2.2　按生产要素划分的建筑安装工程费用构成

按照费用构成要素划分，建筑安装工程费包括人工费、材料费（包含工程设备）、施工机具使用费（包括仪器仪表费）、企业管理费、利润、规费和税金 7 项费用，其具体构成如图 2.3 所示。

1. 人工费

人工费是指按工资总额构成规定，支付给从事建筑安装工程施工的生产工人和附属生产单位工人的各项费用。

1）人工费构成

人工费的内容包括以下 5 方面。

（1）计时工资或计件工资。计时工资或计件工资是指按计时工资标准和工作时间或对已做工作按计件单价支付给个人的劳动报酬。

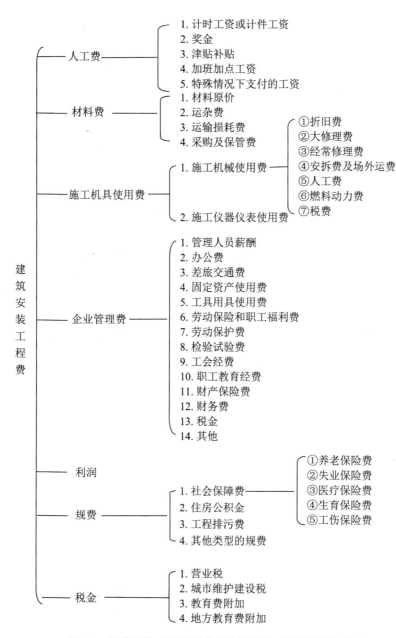

图2.3　按费用构成要素划分的建筑安装工程费用项目构成

（2）奖金。奖金是指对超额劳动和增收节支支付给个人的劳动报酬，如节约奖、劳动竞赛奖等。

（3）津贴补贴。津贴补贴是指为了补偿职工特殊或额外的劳动消耗和因其他特殊原因支付给个人的津贴及为了保证职工工资水平不受物价影响支付给个人的物价补贴，如流动施工津贴、特殊地区施工津贴、高温（寒冷）作业临时津贴、高空津贴等。

（4）加班加点工资。加班加点工资是指按规定支付的在法定节假日工作的加班工资和在法定日工作时间外延时工作的加点工资。

（5）特殊情况下支付的工资。特殊情况下支付的工资是指根据国家法律、法规和政策规定，因病、工伤、产假、计划生育假、婚丧假、事假、探亲假、定期休假、停工学习、执行国家或社会义务等原因按计时工资标准或计件工资标准的一定比例支付的工资。

2）人工费的计算

计算人工费的基本要素有两个，即人工工日消耗量和人工日工资单价。

（1）人工工日消耗量。人工工日消耗量是指在正常施工生产条件下，完成规定计量单位的建筑安装产品所消耗的生产工人的工日数量，它由分项工程所综合的各个工序劳动定额（包括基本用工和其他用工两部分）所组成。

（2）人工日工资单价。人工日工资单价是指直接从事建筑安装工程施工的生产工人在每个法定工作日的工资、津贴及奖金等。

人工费的计算公式为

$$人工费 = \sum（工日消耗量 \times 日工资单价）$$

2. 材料费

1）材料费构成

材料费是指施工过程中耗费的原材料、辅助材料、构配件、零件、半成品或成品、工程设备的费用。材料单价由各项费用分担，包括以下内容。

（1）材料原价。材料原价是指材料、工程设备的出厂价格或商家供应价格。

（2）运杂费。运杂费是指材料、工程设备自来源地运至工地仓库或指定堆放地点所发生的全部费用。

（3）运输损耗费。运输损耗费是指材料在运输装卸过程中不可避免的损耗费用。

（4）采购及保管费。采购及保管费是指组织采购、供应和保管材料、工程设备的过程中所需要的各项费用，包括采购费、仓储费、工地保管费、仓储损耗。

工程设备是指构成或计划构成永久工程一部分的机电设备、金属结构设备、仪器装置及其他类似的设备和装置。

2）材料费计算

计算材料费的基本要素是材料消耗量和材料单价。

（1）材料消耗量。材料消耗量是指在正常施工生产条件下，完成规定计量单位的建筑安装产品所消耗的各类材料的净用量和不可避免的损耗量。

（2）材料单价。材料单价是指建筑材料从其来源地运到施工工地仓库直至出库形成的综合平均价，由材料原价、运杂费、运输损耗费、采购及保管费组成。当采用一般计税方法时，材料单价中的材料原价、运杂费等均应扣除增值税进项税额。材料费的基本计算公式为

$$材料费 = \sum（材料消耗量 \times 材料单价）$$

$$材料单价 = [（材料原价 + 运杂费）\times [1 + 运输损耗率（\%）]] \times [1 + 采购保管费率（\%）]$$

3. 施工机具使用费

施工机具使用费是指施工作业所发生的施工机械、仪器仪表使用费或其租赁费。

1）施工机械台班单价的构成

施工机械台班单价是指折合到每台班的施工机械使用费。施工机械台班单价应由下列7项费用组成。

（1）折旧费。折旧费是指施工机械在规定的使用年限内，陆续收回其原值的费用。

（2）大修理费。大修理费是指施工机械按规定的大修理间隔台班进行必要的大修理，以恢复其正常功能所需的费用。

（3）经常修理费。经常修理费是指施工机械除大修理以外的各级保养和临时故障排除所需的费用，包括为保障机械正常运转所需替换设备与随机配备工具附具的摊销和维护费用，机械运转中的日常保养所需的润滑与擦拭的材料费用及机械停滞期间的维护和保养费用等。

（4）安拆费及场外运费。安拆费是指施工机械（大型机械除外）在现场进行安装与拆卸所需的人工、材料、机械和试运转费用及机械辅助设施的折旧、搭设、拆除等费用；场外运费是指施工机械整体或分体自停放地点运至施工现场或由一施工地点运至另一施工地点的运输、装卸、辅助材料及架线等费用。

（5）人工费。人工费是指机上司机（司炉）和其他操作人员的人工费。

（6）燃料动力费。燃料动力费是指施工机械在运转作业中所消耗的各种燃料费及水电费等。

（7）税费。税费是指施工机械按照国家规定应缴纳的车船使用税、保险费及年检费等。

2）施工机具使用费的计算

施工机具使用费包括施工机械使用费和施工仪器仪表使用费两部分。

$$施工机具使用费 = 施工机械使用费 + 施工仪器仪表使用费$$

（1）施工机械使用费。施工机械使用费包含施工机械作业发生的使用费或租赁费。构成施工机械使用费的基本要素是施工机械台班单价和施工机械台班消耗量。

施工机械使用费以施工机械台班耗用量乘以施工机械台班单价表示。

施工机械台班消耗量是指在正常施工生产条件下，完成规定计量单位的建筑安装产品所消耗的施工机械台班的数量。

$$施工机械使用费 = \sum（施工机械台班消耗量 \times 施工机械台班单价）$$

（2）施工仪器仪表使用费。施工仪器仪表使用费以施工仪器仪表台班耗用量与施工仪器仪表台班单价的乘积表示，施工仪器仪表台班单价由折旧费、维护费、校验费和动力费组成。

施工机具使用费也包含仪器仪表使用费。仪器仪表使用费是指工程施工所需使用的仪器仪表的摊销及维修费用。与施工机械使用费类似，它的基本计算公式为

$$仪器仪表使用费 = \sum（仪器仪表台班消耗量 \times 仪器仪表台班单价）$$

仪器仪表台班单价通常由折旧费、维护费、校验费和动力费组成。

$$
\begin{aligned}
施工机具使用费 = &\sum（施工机械台班消耗量 \times 施工机械台班单价）+ \\
&\sum（仪器仪表台班消耗量 \times 仪器仪表台班单价）
\end{aligned}
$$

4. 企业管理费

企业管理费是指建筑安装企业组织施工生产和经营管理所需的费用，包括管理人员薪酬、办公费、差旅交通费、固定资产使用费、非生产性固定资产使用费、工具用具使用费、劳动保护费、财务费、税金及其他管理性的费用。

1）企业管理费的构成

（1）管理人员薪酬。管理人员薪酬是指按规定支付给管理人员的计时工资、奖金、津贴补贴、加班加点工资及特殊情况下支付的工资等。

（2）办公费。办公费是指企业管理办公用的文具、纸张、账表、印刷、邮电、书报、办公软件、现场监控、会议、水电、烧水和集体取暖降温（包括现场临时宿舍取暖降温）等费用。

（3）差旅交通费。差旅交通费是指职工因公出差、调动工作的差旅费、住勤补助费，市内交通费和午餐补助费，职工探亲路费，劳动力招募费，职工退休、退职一次性路费，工伤人员就医路费，工地转移费及管理部门使用的交通工具的油料、燃料等费用。

（4）固定资产使用费。固定资产使用费是指管理和试验部门及附属生产单位使用的属于固定资产的房屋、设备、仪器等的折旧、大修、维修或租赁费。

（5）工具用具使用费。工具用具使用费是指企业施工生产和管理使用的不属于固定资产的工具、器具、家具、交通工具和检验、试验、测绘、消防用具等的购置、维修和摊销费。

（6）劳动保险和职工福利费。劳动保险和职工福利费是指由企业支付的职工退职金、按规定支付给离休干部的经费，如集体福利费、夏季防暑降温补贴、冬季取暖补贴、上下班交通补贴等。

（7）劳动保护费。劳动保护费是指企业按规定发放的劳动保护用品的支出，如工作服、手套、防暑降温饮料及在有碍身体健康的环境中施工的保健费用等。

（8）检验试验费。检验试验费是指施工企业按照有关标准规定，对建筑及材料、构件和建筑安装物进行一般鉴定、检查所发生的费用，包括自设试验室进行试验所耗用的材料等费用，不包括新结构、新材料的试验费，对构件做破坏性试验及其他特殊要求检验试验的费用和建设单位委托检测机构进行检测的费用。对此类检测发生的费用，由建设单位在工程建设其他费用中列支。但对施工企业提供的具有合格证明的材料进行检测不合格时，该检测费用由施工企业支付。

（9）工会经费。工会经费是指企业按《中华人民共和国工会法》规定的全部职工工资总额比例计提的工会经费。

（10）职工教育经费。职工教育经费是指按职工工资总额的规定比例计提，企业为职工进行专业技术和职业技能培训，专业技术人员继续教育、职工职业技能鉴定、职业资格认定及根据需要对职工进行各类文化教育所发生的费用。

（11）财产保险费。财产保险费是指施工管理用财产、车辆等的保险费用。

（12）财务费。财务费是指企业为施工生产筹集资金或提供预付款担保、履约担保、职工工资支付担保等所发生的各种费用。

（13）税金。税金是指企业按规定缴纳的房产税、非生产性车船使用税、土地使用税、印花税等各项税费。

（14）其他费用。其他费用包括技术转让费、技术开发费、投标费、业务招待费、绿化费、广告费、证费、法律顾问费、审计费、咨询费、保险费等。

2）企业管理费的计算

企业管理费一般采用取费基数乘以费率的方法计算。取费基数有 3 种，这 3 种取费基数分别以直接费为计算基础、以人工费和施工机具使用费合计为计算基础及以人工费为计算基础。

$$企业管理费 = 计算基数 \times 管理费费率（\%）$$

不同地区对管理费取费基数和比率都有不同要求，在实际操作中要根据地方规定及实际情况而定。清单计价管理费是在清单所在的分部工程的综合单价中计取，依据该分部分项工程所消耗的人工费、材料费和机械费数量按照不同的计算基础计取；定额计价法是按工程项目的类别划分一、二、三、四类后，依据单位工程内各分部分项工程费和措施费中的人工费、材料费、机械费数量分别按照不同的计费基础计取。企业管理费不同的计算基础算法如表 2.1 所示。

表 2.1 企业管理费不同的计算基础算法

计 算 基 础	管 理 费
直接费	（人工费＋材料费＋机械使用费）× 相应管理费率（%）
人工费和机械费合计	（人工费＋机械使用费）× 相应管理费率（%）
人工费	人工费 × 相应管理费率（%）

5. 利润

利润是指施工企业完成所承包工程获得的盈利。

利润由施工企业根据企业自身需求并结合建筑市场实际自主确定。工程造价管理机构在确定计价定额中的利润时，应以定额人工费、定额人工费与施工机具使用费之和或定额人工费、材料费和施工机具使用费之和3种情况作为计算基数。其费率根据历年积累的工程造价资料，并结合建筑市场实际、项目竞争情况、项目规模与难易程度等确定。以单位工程测算，利润率在税前建筑安装工程费的比重可按不低于5%且不高于7%的费率计算。不同的计算基础下的利润算法如表 2.2 所示。

表 2.2 不同的计算基础下的利润算法

计 算 基 础	利 润
直接费	（直接费＋间接管理费）× 相应利润率（%）
人工费和机械费合计	直接费中的人工费和机械费合计 × 相应利润率（%）
人工费	直接费中的人工费合计 × 相应利润率（%）

具体的计算方法如下。

（1）以直接费作为计算基数：

$$利润 = （直接费 + 间接管理费）\times 相应利润率（\%）$$

（2）以定额人工费作为计算基数：

$$利润 = 定额人工费 \times 相应利润率（\%）$$

（3）以定额人工费与施工机具使用费之和作为计算基数：

$$利润 = （定额人工费 + 施工机具使用费）\times 相应利润率（\%）$$

6. 规费

规费是指按国家法律、法规规定，由省级政府和省级有关权力部门规定必须缴纳或计取的费用。

1）社会保障费

社会保障费包括以下 5 个方面的内容。

（1）养老保险费。养老保险费是指企业按照规定标准为职工缴纳的基本养老保险费。

（2）失业保险费。失业保险费是指企业按照规定标准为职工缴纳的失业保险费。

（3）医疗保险费。医疗保险费是指企业按照规定标准为职工缴纳的基本医疗保险费。

（4）生育保险费。生育保险费是指企业按照规定标准为职工缴纳的生育保险费。

（5）工伤保险费。工伤保险费是指企业按照规定标准为职工缴纳的工伤保险费。

2）住房公积金

住房公积金是指企业按规定标准为职工缴纳的住房公积金。

3）工程排污费

工程排污费是指按规定缴纳的施工现场工程排污费。

4）其他类型的规费

其他类型的规费按实际发生计取。

规费的费用构成如图 2.4 所示。

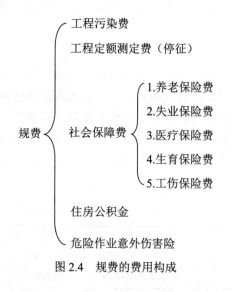

图 2.4　规费的费用构成

规费的计算可采用以"直接费""人工费和机械费合计"或"人工费"为计算基数。规费的计算公式为

$$规费 = 计算基数 \times 规费费率$$

规费一般按国家及有关部门规定的计算公式及费率标准执行。

社会保障费和住房公积金应以定额人工费为计算基础，根据工程所在地省、自治区直辖市或行业建设主管部门规定的费率计算。

$$社会保障费和住房公积金 = \sum（工程定额人工费 \times 社会保险费和住房公积金费率）$$

社会保障费和住房公积金费率可以根据每万元发承包价的生产工人人工费和管理人员工资含量与工程所在地规定的缴纳标准综合分析取定。

7. 税金

税金是指按国家税法规定的应计入建筑安装工程造价内的营业税、城市维护建设税、教育费附加及地方教育费附加。

1）营业税金及附加

（1）营业税。营业税的税额为营业额的3%。其计算公式为

$$营业税 = 营业额 \times 3\%$$

营业税有9个税目。交通运输业、建筑业、邮电通信业、文化体育业适用3%的税率；金融保险业、服务业、转让无形资产、销售不动产适用5%的税率；娱乐业适用5%～20%的税率。

营业额是指从事建筑、安装、修缮、装饰及其他工程作业收取的全部收入，还包括建筑、修缮、装饰工程所用的原材料及其他物资和动力的价款；当安装设备的价值作为安装工程产值时，亦包括所安装设备的价款。但建筑业的总承包人将工程分包或转包给他人的，其营业额中不包括付给分包或转包人的价款。

（2）城市维护建设税。城市维护建设税的纳税人的所在地为市区的，按营业税的7%征收；所在地为县、镇的，按营业税的5%征收；所在地为农村的，按营业税的1%征收。

$$城市维护建设税应纳税额 = 应纳营业税额 \times 适用税率$$

（3）教育费附加。教育费附加税额为应纳营业税额的3%。

$$教育费附加税应纳税额 = 应纳营业税额 \times 3\%$$

（4）地方教育费附加。地方教育费附加税额为应纳营业税额的2%。

$$地方教育附加税应纳税额 = 应纳营业税额 \times 2\%$$

将营业税及其附加的税金的税率汇总，如表2.3所示。

表2.3 营业税及其附加的税金税率

税　种	营　业　税	城市维护建设税			教育费附加/地方教育费附加
		市　区	县、镇	农　村	
计费基数	含税营业额	营业税			
税率	3%	7%	5%	1%	3%/2%

2）税金的综合税率

（1）纳税地点在市区的企业：

$$综合税率（\%） = \left[\frac{1}{1-3\%-（3\%\times7\%）-（3\%\times3\%）-（3\%\times2\%）} - 1 \right] \times 100\% = 3.48\%$$

（2）纳税地点在县、镇的企业：

$$综合税率（\%） = \left[\frac{1}{1-3\%-（3\%\times5\%）-（3\%\times3\%）-（3\%\times2\%）} - 1 \right] \times 100\% = 3.41\%$$

（3）纳税地点不在市区、县、镇的企业：

$$综合税率（\%） = \left[\frac{1}{1-3\%-（3\%\times1\%）-（3\%\times3\%）-（3\%\times2\%）} - 1 \right] \times 100\% = 3.28\%$$

如果纳税人所在地为市区的，综合计税系数为3.48%。

如果纳税人所在地为县、镇的，综合计税系数为3.41%。

如果纳税人所在地为农村的，综合计税系数为3.28%。

2）增值税

建筑安装工程费用中的税金如果以"营改增"形式来纳税，此时的税金就是增值税。增值税按税前造价乘以增值税税率确定。税前造价为人工费、材料费、施工机具使用费、企业管理费、利润和规费之和。

（1）采用一般计税方法时增值税的计算。当采用一般计税方法时，建筑业的增值税税率为9%。

$$增值税 = 税前造价 \times 9\%$$

税前造价为人工费、材料费、施工机具使用费、企业管理费、利润和规费之和，各费用项目均以不包含增值税可抵扣进项税额的价格计算。

（2）采用简易计税方法时增值税的计算。简易计税方法主要适用于以下3种情况。

①小规模纳税人发生应税行为时适用于简易计税方法计税。小规模纳税人通常是指纳入提供建筑服务的年应征增值税销售额未超过500万元，并且会计核算不健全，不能按规定报送有关税务资料的增值税纳税人。年应税销售额超过500万元但不经常发生应税行为的单位也可选择按照小规模纳税人计税。

②一般纳税人以清包工方式提供的建筑服务，可以选择应用简易计税方法计税。

③一般纳税人为甲供工程提供的建筑服务，可以选择应用简易计税方法计税。

当采用简易计税方法时，建筑业的增值税税率为3%，计算公式为

$$增值税 = 税前造价 \times 3\%$$

2.2.3 按清单组价划分的建筑安装工程费用构成

按照投标价形式和工程量清单计价组成，依据《建筑工程工程量清单计价规范》（GB 50500—2013）中的规定，承发包价格由分部分项工程费、措施项目费、其他项目费、规费和税金组成。工程量清单计价的建筑安装工程费用组成如图 2.5 所示。

1. 分部分项工程费

分部分项工程费是工程量清单计价中，各分部分项工程所需的直接费、企业管理费、利润和风险费的总和，也是完成一个规定计量单位的分部分项工程量清单项目所需的人工费、材料费、施工机械使用费和企业管理费、利润及一定范围内的风险费用。

综合单价是完成单位分部分项工程量所包括的人工费、材料费、施工机械使用费、企业管理费和利润及一定范围内的风险费用。

分部分项工程费通常用分部分项工程量乘以综合单价进行计算。

$$分部分项工程费 = \sum（分部分项工程量 \times 综合单价）$$

分部工程是单位工程的组成部分。按专业和建筑部位划分，一般工业与民用建筑工程的分部工程包括地基与基础工程、主体结构工程、装饰装修工程、屋面工程、给排水及采暖工程、电气工程、通风与空调工程等。分项工程是分部工程的组成部分，一般按主要工程、材料、施工工艺、设备类别等进行划分。例如，土方分部工程可以划分为多项分项工程，包括土方开挖工程、土方回填工程等。分项工程是工程项目施工生产活动的基础，也是计量工程用工、用料和机械台班消耗的基本单元，同时又是工程质量形成的直接过程。

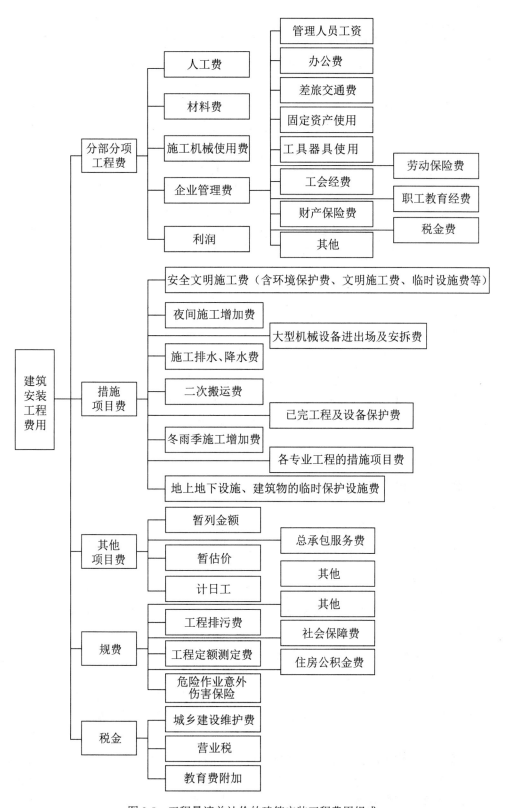

图 2.5 工程量清单计价的建筑安装工程费用组成

2. 措施项目费

措施项目费是指为完成建设工程施工而发生于该工程施工准备阶段和施工过程中的技术生活、安全、环境保护等方面的费用。措施项目费具体是工程量清单计价中，各项措施项目费的总和。

1）措施项目费的构成

各类专业工程的措施项目及其包含的内容与国家或行业规范的具体类别相关。

措施项目费一般可以归纳为以下主要项目。

（1）安全文明施工费。安全文明施工费的全称是安全防护、文明施工措施费，是指按照国家现行的建筑施工安全以及施工现场环境与卫生标准和有关规定，购置和更新施工防护用具及设施，改善安全生产条件和作业环境所需要的费用。

安全文明施工费是指在工程项目施工期间，施工单位为保证安全施工、文明施工和保护现场内外环境等所发生的措施项目费用，通常包括环境保护费、文明施工费、安全施工费、临时设施费等。

①环境保护费。环境保护费是指政府环保部门为了维护、治理和保护人类社会的自然环境而对有污染、损害、侵蚀环境的行为要求施工单位在施工现场为达到要求所支付的费用。

$$环境保护费 = 直接工程费 \times 环境保护费费率（\%）$$

②文明施工费。文明施工费是施工现场文明施工所需要的各项费用。

$$文明施工费 = 直接工程费 \times 文明施工费费率（\%）$$

③安全施工费。安全施工费是施工现场安全施工所需要的各项费用。

$$安全施工费 = 直接工程费 \times 安全施工费费率（\%）$$

④临时设施费。临时设施费是施工企业为进行建设工程施工所必须搭设的生活和生产用的临时建筑物、构筑物和其他临时设施费用，包括临时设施的搭设、维修、拆除、清理费或摊费等。

临时设施费由以下3部分组成：周转使用临建（如活动房屋）费用、一次性使用临建（如简易建筑）费用、其他临时设施（如临时管线）费用。

（2）夜间施工增加费。夜间施工增加费是指为了确保工期和工程质量，需要在夜间连续施工而发生的费用。此项费用包括夜餐补助费、照明设施摊销费和工作效率降低等费用。计算方法既可以按照规定的具体开支标准进行计算，也可以以直接费或人工费为基数乘以相适应的费率进行计算。

$$夜间施工增加费 = 计算基数 \times 夜间施工增加费费率（\%）$$

（3）非夜间施工照明费。非夜间施工照明费是指为了保证工程施工正常进行，在地下室等特殊施工部位施工时所采用的照明设备的安拆、维护及照明用电等费用。

（4）二次搬运费。二次搬运费是指因施工场地狭小等特殊情况而发生的二次搬运费用。

在一般施工工程中所使用的多种建材，包括成品和半成品构件，都应按施工组织设计要求，运送到施工现场指定的地点。但有些工地因施工场地狭小，或者因交通道路条件较差使运输车辆难以直接到达指定地点，需要通过小车或人力进行第二次或多次的转运所需的费用，称为材料的二次搬运费。

$$二次搬运费 = 直接工程费 × 二次搬运费费率（\%）$$
$$二次搬运费费率（\%）= 年平均二次搬运费开支额 ÷（全年建安产值 ×$$
$$直接工程费占总造价的比例（\%）)$$

（5）冬雨季施工增加费。冬雨季施工增加费是指为了保证冬雨季施工工程的质量，采取保温、防雨、防滑、排除雨雪所增加的材料、人工、设施费及工效差所增加的费用。冬雨季施工增加费曾经按在冬雨季施工的工作量乘以规定的费率计算，但是由于其计算繁杂，已经舍弃了该算法。现在以工程直接费或直接费中的人工费作为计算基数乘以相适应的费率进行计算。

$$冬雨季施工增加费 = 人工费 × 冬雨季施工增加费费率（\%）$$

（6）地上地下设施、建筑物的临时保护设施费，是指在工程施工过程中，对已建成的地上地下设施、建筑物进行的遮盖、封闭、隔离等必要保护措施所发生的费用。

（7）已完工程及设备保护费。已完工程是指已竣工的房屋和构筑物，包括已完工的房屋和构筑物的大修工程。已完工程及设备保护费是指工程竣工验收前，对已完工程及设备采取的覆盖、包裹、封闭、隔离等必要保护措施所发生的费用。

$$已完工程及设备保护费 = 计算基数 × 已完工程及设备保护费费率（\%）$$

（8）脚手架费。脚手架是为了保证各施工过程顺利进行而搭设的工作平台。按搭设的位置可分为外脚手架、里脚手架；按材料不同可分为木脚手架、竹脚手架、钢管脚手架；按构造形式可分为立杆式脚手架、桥式脚手架、门式脚手架、悬吊式脚手架、挂式脚手架等。脚手架费是指施工需要的各种脚手架搭、拆、运输费用及脚手架购置费的摊销（或租赁）费用，通常包括施工时可能发生的场内、场外材料搬运费用，搭、拆脚手架，斜道、上料平台费用，安全网的铺设费用，拆除脚手架后材料的堆放费用。

（9）混凝土模板及支架（撑）费，是指混凝土在施工过程中需要的各种钢模板、木模板、支架等的支拆、运输费用及模板、支架的摊销（或租赁）费用，内容由以下各项组成：

①混凝土在施工过程中需要的各种模板制作费用；
②模板安装、拆除、整理堆放及场内外运输费用；
③清理模板黏结物及模内杂物、刷隔离剂等费用。

（10）垂直运输费。垂直运输费是建筑行业里的一个专项收费项目，指在工程的承包中，由建设单位支付给施工单位的一项费用。它的计算方法向上是由正负零减去正一楼算起，直至楼顶的提升高度。向下是由正负零减去2米算起，直至地下室底部。它的费用标准，根据地区和施工项目的不同会有差别。

垂直运输费包括现场所用材料、机具从地面运至相应高度及职工人员上下工作面等发生的运输费用。建筑物的垂直运输，按照建筑物的建筑面积计算。对于檐口高度在3.6米以内的单层建筑，不计算其垂直运输费用。

（11）超高施工增加费。对于高层和多层（六层以上）建筑物，即檐高超过20米的单层工业厂房，应计取其超出一般高度的费用。超高费分为建筑工程和安装工程两类。超高施工增加费的内容包括人工降效费，垂直运输机械增加费及降效费，脚手架增加费，施工电梯费，安全措施增加费（不包括临街建筑的水平挡板措施费），施工用水加压费，通信联络、建筑物垃圾清理和排污等费用。

（12）大型机械设备进出场及安拆费。大型机械设备进出场及安拆费是指机械整体或分体自停放场地运至施工现场或由一个施工地点运至另一个施工地点，所发生的机械进出场运输和转移费用及机械在施工现场进行安装、拆卸所需的人工费、材料费、机具费、试运转费和安装所需的辅助设施的费用。大型机械设备进出场及安拆费由安拆费和进出场费组成。

①安拆费包括施工机械、设备在现场进行安装、拆卸所需的人工费、材料费、机具费和试运转费及机械辅助设施的折旧、搭设、拆除等费用。

②进出场费包括施工机械、设备整体或分体自停放场地运至施工现场或由一个施工地点运至另一个施工地点所发生的运输、装卸、辅助材料等费用。

大型机械的安拆费计入措施费，中小型机械的安拆费计入施工机械使用费。

大型机械和小型机械的分类按照地方规定取费。一般的大型机械为塔吊、打桩机、压桩机、潜水钻孔机、碾搅拌站、施工电梯、喷粉桩或深层搅拌钻机等，以上这些要计入大型机械安拆费；履带式推土机、起重机、挖掘机、柴油打桩机、塔吊、压路机、碾搅拌站、压桩机、施工电梯、潜水钻孔机、喷粉桩或深层搅拌钻机、轮筋钻机等这些要计入大型机械场外运输费；这些费用要计入措施费。其他机械属于一般机械，其安拆费及场外运输费包含在直接工程费中，属于施工机械使用费。

（13）施工排水、降水费。施工排水、降水费是指将施工期间有碍施工作业和影响工程质量的水排到施工场地以外，以及时防止在地下水位较高的地区开挖深基坑时出现基坑浸水、地基承载力下降的问题，在动水压力作用下还可能引起流沙、管涌和边坡失稳等现象，因而必须采取有效的降水和排水措施而产生的费用。施工排水费是指为确保工程在正常条件下施工，采取各种排水措施所发生的费用。施工排水主要是地表水的排出，包括基坑、基槽的积水（地下水的涌入、雨水积聚等）。施工降水费用是指为确保工程在正常条件下施工，采取各种降水措施所发生的费用。施工降水主要是指基础工作面在地下水位以下，为了施工而采取的降水措施。

（14）其他。根据项目的专业特点和所在地区不同，可能会出现其他的措施项目，如工程定位复测费和特殊地区施工增加费等。

2）措施项目费的分类计算

措施项目费按照是否宜于精确计量可分为应予计量的措施项目费和不予计量的措施项目费两类。

措施项目费的内容构成如图2.6所示。

（1）应予计量的措施项目费。应予计量的措施项目费包括脚手架费、混凝土模板及支架（撑）费、垂直运输费、超高施工增加费、大型机械设备进出场费及安拆费、施工排水费、降水费等。应予计量的措施项目费的计算与分部分项工程的计算方法基本相同，计算公式为

$$措施项目费 = \sum (措施项目工程量 \times 综合单价)$$

（2）不予计量的措施项目费。不予计量的措施项目费，主要是安全文明施工费、夜间施工增加费、非夜间施工照明费、二次搬运费、冬雨季施工增加费、地上地下设施和建筑物的临时保护设施费、已完工程及设备保护费等。对于不予计量的措施项目费，通常用计算基数乘以费率的方法予以计算。

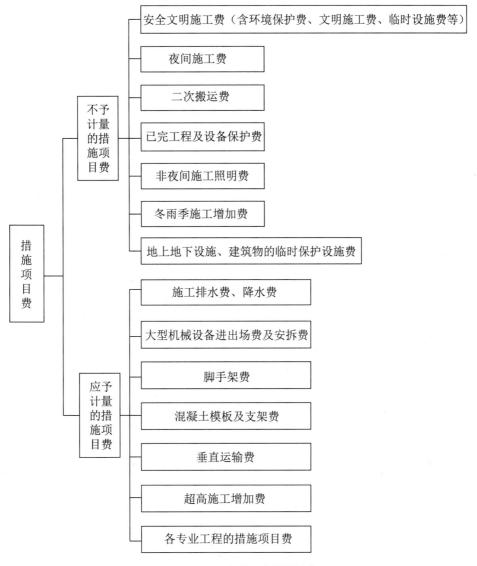

图 2.6　工程量清单计价的措施费用

其中，安全文明施工费的计算公式为

$$安全文明施工费 = 计算基数 \times 安全文明施工费费率（\%）$$

计算基数应为定额直接工程费（定额分部分项工程费 + 定额中可以计量的措施项目费）、定额人工费或定额人工费与施工机具使用费之和。

其余不予计量的措施项目费如夜间施工增加费、非夜间施工照明费、二次搬运费、冬雨季施工增加费、地上地下设施和建筑物的临时保护设施费、已完工程及设备保护费等的计算公式为

$$其余不予计量措施项目费 = 计算基数 \times 措施项目费费率（\%）$$

计算基数一般应为定额人工费或定额人工费与定额施工机具使用费之和，这里的定额人工费和定额施工机具使用费是分部分项工程费与可以计量的措施项目费中的定额人工费和定额施工机具使用费，其费率由工程造价管理机构根据各专业工程特点和调查资

料综合分析后确定。

3. 其他项目费

其他项目费主要有暂列金额、暂估价、计日工、总承包服务费等。

1) 暂列金额

暂列金额是业主方的备用金，这是由业主的咨询工程师事先确定并填入招标文件中的金额，它是指建设单位在工程量清单中暂定并包括在工程合同价款中的一笔款项，可用于施工合同签订时尚未确定或不可预见的所需材料、工程设备、服务的采购和施工中可能发生的工程变更、合同约定调整因素出现时的工程价款调整及发生的索赔、现场签证确认等的费用。此处提出的工程量变更主要是指由于工程量清单漏项、有误而引起的工程量的增加和由于施工中的设计变更而引起的标准提高或工程量的增加等。采用工程量清单计价的工程，其暂列金额按招标文件编制，列入其他项目费。

暂列金额由建设单位根据工程特点，按有关计价规定估算，在施工过程中由建设单位掌握使用；扣除合同价款调整后如有余额，需要归还给建设单位。

暂列金额一般可按税前造价的 5% 计算，不得超过估算总造价的 20%。

暂列金额应由监理人报发包人批准后，指令全部或部分地使用，或者根本不予使用。对于经发包人批准的每一笔暂列金额，监理人有权向承包人发出实施工程或提供材料、工程设备或服务的指令。这些指令应由承包人完成，监理人应根据变更的条款约定，对合同价格进行相应调整。当监理人提出要求时，承包人应提供有关暂列金额支出的所有报价单、发票、凭证和账单或收据。

一般情况下，设计图样详细的工程可适当降低暂列金额；复杂工程的暂列金额可适当提高；暂列金额的估算要考虑工程环境条件。如果项目施工完成后，没有变更增加人材机调增加等费用，那么暂列金额的费用由建设单位收回；如果有以上费用增加，则从暂列金额的费用中调拨。若变更费用没有超出暂列金额，则按实际变更费用由暂列金额填补；若变更费用超出暂列金额，则需由建设单位向上级主管部门申请下拨资金，暂列金额一般多用于政府出资工程。

2) 暂估价

暂估价是指发包人在工程量清单中给定的，在合同中将必然发生的、但暂时不能确定价格的材料、工程设备和专业工程以暂估价的形式确定下来，并在实际履行合同的过程中及时根据合同中所约定的程序和方式来确定适用暂估价的实际价格。暂估价分为材料、工程设备和专业工程 3 部分，前两部分计入综合单价，最终进入分部分项工程费；而暂估价的专业工程按工程量清单中列出的金额填写，最终计入其他项目费。材料暂估价在其他项目清单中只列项不计价，在明细表中列出暂估价材料名称和单价，而该部分费用不用计入其他项目清单与计价汇总表，其费用应计入分部分项工程费相应的部分，即暂估价材料单价以正常组价形式计算综合单价。暂估价在分部分项工程量清单与计价表中列项，待结算时暂估价材料单价正式确认后进行主材价格调价差。如果它在其他项目清单中也计价，就会出现工程总价中被重复计算的错误。

暂估价主要是材料和分包工程的暂估单价，主要针对建筑市场在长期内价格幅度变化比较大的材料和分包工程，为防止承包商施工时向建设单位索赔材料价格等上涨引起的纠纷，由建设单位指定暂估价格，承包商均以此价格为准进行报价。暂估价部分在竣工结算时会根据市场实际价格进行调整。

其中，材料、工程设备暂估单价根据工程造价信息或参照市场价格估算，计入分部分项工程或可计量措施项目的综合单价；专业工程暂估价分不同专业，按有关规定估算，在施工中按照合同约定再加以调整。

3）计日工

计日工是指在施工过程中，施工单位完成建设单位提出的工程合同范围以外的零星项目或工作，按照合同中约定的单价计价形成的费用，以完成零星工作所消耗的人工工时、材料数量、机械台班进行计量，并按照计日工表中填报的适用项目的综合单价进行计价支付。计日工适用的所谓零星工作一般是指合同约定之外的或因变更而产生的、工程量清单中没有相应项目的额外工作。计日工往往是不能列入或无法列入分部分项工程清单或措施项目清单中的零星费用，不能计入分项分部工程费或措施项目费，只能计入其他项目费，分项分部工程费里的人工不在此列。由于在工序完成中不能重复计价，故计日工通常用于工程量清单中没有合适细目的零星附加工作或变更工作。

计日工在投标过程中按合同中约定的综合单价计价，但是在施工过程结算时，计日工由建设单位和施工单位按施工过程中形成的有效签证来计价和结算。计日工明细表由总则、计日工劳务、计日工材料、计日工施工机械及计日工汇总表5个方面的内容组成。相应的表格有4个，即计日工劳务单价表、计日工材料单价表、计日工施工机械单价表及计日工汇总表。计日工费由人工、材料、机械及其小计和总计组成，人工、材料、机械按综合单价形式计算价格。

4）总承包服务费

总承包服务费是指总承包人为配合、协调建设单位进行专业工程发包，对建设单位自行采购的材料、工程设备等进行保管及施工现场管理、竣工资料汇总整理等服务所需的费用。总承包服务费由建设单位根据总包范围和有关计价规定编制，由承包商自主报价，在施工过程中按签约合同价执行。

总承包服务费应根据下列规定计取。

（1）招标人仅要求对分包的专业工程进行总承包管理和协调时，按分包的专业工程估算造价的1.5%计算。

（2）招标人要求对分包的专业工程进行总承包管理和协调，并同时要求提供配合服务时，根据招标文件列出的配合服务内容和提出的要求，按分包的专业工程估算造价的3%～5%计算。

（3）招标人自行供应材料、工程设备的，按招标人供应材料工程设备价值的1%计算。

总承包服务费应依据建设单位在发布的清单中列出的分包专业工程内容和供应材料设备情况，按照建设单位提出的协调、配合与服务要求和施工现场管理需要，由施工承包企业自主确定。当分包工程不与总承包工程同时施工时，总承包单位不提供相应服务，不得收取总承包服务费；虽在同一现场同时施工，总承包单位未向分包单位提供服务的或由总承包单位分包给其他施工单位的，不应收取总承包服务费。

在编制竣工结算时，总承包服务费应依据合同约定的金额计算；发、承包双方依据合同约定对总承包服务费进行了调整的，应按调整后的金额计算。

总承包服务费包括下列工作内容：

①作为总包单位现场配合、交叉施工影响而增加的现场经费；

②各分包工程的工期、质量、安全的管理与协调;

③各分包工程竣工资料的归档工作;

④分包单位现场施工的用水、用电费用,提供部分不适宜重新设置的、且分包单位必须利用总包单位已有临时设施及共用的设施(如仓库、办公室、道路、围墙、堆场、垂直运输、外墙脚手架等);

⑤修复或完成由于分包单位协调不到位造成的工程缺陷;

⑥垃圾清运费。

4. 规费和税金

规费和税金的构成和计算与按费用构成要素划分的建筑安装工程费用项目的组成部分是基本相同的。

2.3 建筑安装工程造价的组价原则及组价程序

2.3.1 工程计量与工程计价

工程造价的形成过程可分为工程计量和工程计价两个重要环节。

1. 工程计量

工程实物量是计价的基础。工程量的计算就是按照工程项目的划分和工程量计算规则,就不同的设计文件对工程实物量进行计算,根据不同的计价方法选择不同的计算规则。目前,工程量计算规则包括两大类:一类是包括各类工程定额规定的计算规则;另一类是工程量清单各专业工程量计算规范附录中规定的计算规则。

在设计阶段和编制工程概预算时,主要按照工程定额进行项目划分与计量;在编制和审核工程量清单时主要按照清单工程量计算规范规定的清单项目编码进行项目划分与计量。

进行工程计量之前,应在熟悉建筑工程的建筑施工图、结构施工图、水电等工作的基础上,针对工作重点和工作难点及时联系设计方或建设方进行技术交底和问询。

工程计量首先针对单位工程基本构造单元来划分工程项目。工程造价的计算由分部分项工程组合而成,这一特征和建设项目的组合性有关。工程计价的基本原理是项目的分解和价格的组合,即将建设项目自上而下细分至最基础的构造单元,采用适当的计量单位计算其工程量,结合当时当地的工程单价,首先计算各基本构造单元的价格,再对费用按照类别进行组合汇总出相应工程造价。其计算过程和计算顺序是:分部分项工程单价→单位工程造价→单项工程造价→建设项目总造价。

2. 工程计价

进行工程计价之前,应熟悉建设单位的合同和要求及下发的工程图样,掌握合同中关于计价的一些约定,减少工程计价中的数据错误,有条件的最好要去施工现场考察测量,以免出现图样表达错漏或措施项目缺漏等问题,这更利于工程计量和组价的准确性。同时应根据工程类别的不同,选取相对应的工程类别标准及建设工程项目当地的营业税等基本信息;选取本省或自治区、直辖市等建筑工程定额消耗量标准,套用定额子目,最后根据工程要求,调整取费以获得造价。

工程组价包括工程单价的确定和总价的计算。

工程单价是指完成单位工程基本分部分项工程构造单元的工程量所需要的基本费用。工程单价包括工料单价和综合单价。

1）工料单价的构成

工料单价是建筑安装工程费计算中的一种计价方法，常用于工程概算和预算阶段，是以分部分项工程量乘以以人工、材料、机械费分摊构成的单价后，合计为直接工程费，直接工程费以人工、材料、机械的消耗量及其相应价格确定。

工料单价仅包括人工、材料、机具使用费，直接工程费是各分部分项工程的工程量与相应工料单价价格的乘积汇总之和。

2）综合单价的构成

综合单价是建筑安装工程费计算中的另一种计价方法，常用于工程招投标阶段的工程量清单单价计价方法中。综合单价除包括人工、材料、机具使用费外，还包括可能分摊在分部分项工程基本构造单元上的管理费、利润和一定的风险。根据我国现行有关规定，综合单价又可以分成清单综合单价（不完全综合单价）与全费用综合单价（完全综合单价）两种。

清单综合单价中除包括人工、材料、机具使用费外，还包括企业管理费、利润和风险因素；风险费用隐含于已标价工程量清单综合单价中，是用于化解发、承包双方在工程合同中约定的风险内容和范围的费用。

全费用综合单价中除包括人工、材料、机具使用费外，还包括企业管理费、利润、规费和税金。

我国现行的《建设工程工程量清单计价规范》（GB 50500—2013）中规定的清单综合单价属于不完全综合单价，只有把规费和税金计入不完全综合单价后，才形成完全综合单价。

综合单价中的企业管理费和利润根据国家、地区、行业定额或企业定额消耗量和相应生产要素的市场价格及定额或市场的取费费率来确定。

2.3.2 建筑安装工程概预算造价的组价

工程建设项目可分解为单项工程、单位工程、分部工程和分项工程，建设项目的组合性决定了工程造价计价的过程是一个逐步组合的过程。在确定工程建设项目的设计概算和施工图预算阶段，则需按工程构成的分部组合由下而上地计价。要先计算各单位工程的概（预）算，再计算各单项工程的综合概（预）算，最后汇总成建设项目的总概（预）算。而且单位工程的工程量和施工图预算一般是按分部工程、分项工程采用相应的定额单价、费用标准进行计算，这就是采用对工程建设项目由大到小进行逐级分解，再按其构成的分部由小到大逐步组合计算出总的项目工程造价的方法。建筑安装工程造价计算时应根据预算文件资料进行，按工种如土建、给水、排水、采暖、通风、电气照明、煤气设施等计算各专业的单位工程的造价，再按规定的程序或办法逐级汇总形成相应的单项工程造价。

在概算阶段或施工图预算阶段获得建筑安装单位工程造价时，需要根据拟建建筑工程的设计图样、建筑工程概算定额或预算定额、费用定额（即间接费定额）、建筑材料预算价格及与其配套使用的有关规定等，预先计算和确定项目所需全部费用的技术经济文件。

根据工程建设阶段划分的不同、建筑安装单位工程造价包含初步设计概算造价和施工图预算造价。

在建筑工程概算或预算阶段，是依据工料单价法来进行单位工程造价的组价的。对于建筑安装单位工程造价的获得，根据计算程序的不同，工料单价法又分为工料单价法和实物量法两种方法。

1. 工料单价法

工料单价法的应用首先依据相应计价定额的工程量计算规则计算工程量，其次依据定额的人、材、机消耗量和概算定额或预算定额发布的单价，将分项工程量乘以对应分项工程定额单价后的合计汇总可得分部分项工程人、材、机费合计，再加上措施工程费，作为直接费汇总后，然后根据规定的费率提取计算方法计取企业管理费、利润、规费和税金，将上述费用汇总后得到该单位工程的概算造价或施工图预算造价。

工料单价法中的单价一般采用地区统一单位估价表中的各分项工程工料单价（或称定额基价）。

$$单位工程人、材、机费 = \sum (人工工日消耗量 \times 定额人工工日单价) +$$
$$\sum (各种材料消耗量 \times 定额材料单价) +$$
$$\sum (各种施工机械消耗量 \times 定额施工机械台班单价)$$
$$建筑安装工程造价 = \sum (分部分项工程量 \times 分部分项工程工料单价) + 措施费 +$$
$$企业管理费 + 利润 + 规费 + 税金$$
$$单项工程造价 = \sum 单位工程造价$$
$$建设项目总造价 = \sum 单项工程造价 + 其他建设费 + 预备费 + 建设期利息 + 铺底流动资金$$

2. 实物量法

实物量法是依据图样和相应计价定额的项目划分，按照建筑工程定额工程量计算规则，先计算出分部分项工程量，然后套用消耗量定额计算人、材、机等要素的消耗量，再根据各要素的市场实际价格及各项费率汇总形成相应工程造价的方法。

用实物量法编制单位工程施工图预算，就是根据施工图计算的各分项工程量分别乘以地区定额中人工、材料、施工机具台班的定额消耗量，分类汇总得出该单位工程所需的全部人工、材料、施工机具台班消耗数量，然后再乘以当时当地市场人工工日单价、各种材料单价、施工机械台班单价、施工仪器仪表台班单价，最后求出相应的人工费、材料费、机具使用费。

$$单位工程人、材、机费 = \sum (人工工日消耗量 \times 市场人工工日单价) +$$
$$\sum (各种材料消耗量 \times 市场材料单价) +$$
$$\sum (各种施工机械消耗量 \times 市场施工机械台班单价)$$
$$单位工程预算造价 = 工程直接费 + 措施费 + 企业管理费 + 规费 + 利润 + 税金$$
$$单项工程造价 = \sum 单位工程造价$$
$$建设项目总造价 = \sum 单项工程造价工程 + 其他建设费 + 预备费 + 建设期利息 + 铺底流动资金$$

3. 工料单价法与实物量法的区别与联系

实物量法与工料单价法的相同之处在于二者都是先求出单位工程直接费，然后在直接费的基础上计算企业管理费、利润、规费和税金；在企业管理费、利润、规费和税金等费用的计取上方法也相同；二者在分项工程的工程量计量中结果也是一致的。

实物量法与工料单价法的不同之处在于工程单价的取定，前者是取自市场信息价格，后者是取自定额单位估价表中的基价。工料单价法直接用工程量乘以定额工料单价（或称定额基价）就得出了直接费；而实物量法是用工程量与定额消耗量和当时当地的单价相乘来得出直接费；实物量法采用的是当时当地的各类人工、材料、机械的实际单价，而工料单价法采用的是定额基价。

2.3.3 工程量清单的组价

如果说工料单价法常用于概预算组价过程中，那么综合单价法常用于招投标阶段招标控制价的取得过程中。

工程量清单组价的基础是综合单价法的采用。首先，依据相应工程量清单计量规范规定的工程量计算规则计算工程量，并依据相应的工程量清单计价依据确定综合单价；其次，用工程量乘以综合单价并汇总，即可得出分部分项工程及应予计量的单价措施项目费；最后，再按相应的办法计算不予计量的总价措施项目费、其他项目费、规费和税金，汇总后形成相应工程造价。

工程量清单计价的基本原理可以描述为：按照工程量清单计价规范规定，在各相应专业工程工程量计算规范规定的清单项目设置和工程量计算规则的基础上，针对具体工程的设计图样和施工组织设计计算出各个清单项目的工程量，根据规定的方法计算出综合单价，并汇总各清单合价得出工程总价。

$$分部分项工程费 = \sum (分部分项工程量 \times 相应分部分项工程综合单价)$$
$$措施项目费 = \sum (应予计量的措施项目费 + 不予计量的综合取费措施项目费)$$
$$应予计量的措施项目费 = \sum (应予计量的措施项目工程量 \times 相应综合单价)$$
$$其他项目费 = 暂列金额 + 暂估价 + 计日工 + 总承包服务费$$
$$单位工程造价 = 分部分项工程费 + 措施项目费 + 其他项目费 + 规费 + 税金$$
$$单项工程造价 = \sum 单位工程造价$$
$$建设项目总造价 = \sum 单项工程造价$$

工程量清单计价活动涵盖工程招标、合同管理及竣工交付的全过程，涉及编制招标工程量清单、编制招标控制价、投标报价、工程计量与价款支付、合同价款的调整、工程结算和工程计价纠纷处理等活动过程。

本章思考题 --

一、名词解释

工程成本；直接成本；间接成本；工料单价；综合单价；工料单价法；实物量法；工程计量；工程计价；工程组价。

二、简答题

1. 业主方的总投资是怎样构成的？
2. 建设投资的构成包含哪些主要部分？
3. 承包方建筑安装工程造价构成有哪两种主要形式？
4. 按生产要素划分的建筑安装工程费用构成是什么？

5. 按清单组价划分的建筑安装工程费用构成是什么？

6. 工料单价法的组价过程是什么？

7. 工程量清单计价的组价过程是什么？

扩展阅读 2.1

案例分析

即测即练

第3章 建设项目决策阶段造价管理

本章学习目标 --

1. 了解在投资决策阶段国内两大建设项目的投资主体；
2. 了解建设项目投资决策不同类型的审批制度；
3. 掌握建设项目总投资构成；
4. 掌握静态投资和动态投资的估算方法；
5. 掌握建设项目投资估算文件的编制。

引导案例

四川省云阳县发展和改革委员会对县域内金都产业园道路城市支路工程项目可行性研究报告进行审批，该项目的建设单位为重庆宝兰实业有限公司。对于该公司的《关于审批云阳县金都产业园道路城市支路工程可行性研究报告的请示》，经研究，有关事项批复如下。

（1）项目名称：云阳县金都产业园道路城市支路工程。

（2）项目业主：重庆宝兰实业有限公司。

（3）项目代码：1405-300235-04-01-309288。

（4）建设地址：云阳县串东街道梁家咀。

（5）主要建设内容及规模：主要建设内容为道路工程，工程道路全长6315.502 m，道路等级为城市支路，双向2车道，设计车速为50km/h，标准路幅宽度为18m；双向4车道，设计车速为20km/h，标准路幅宽为21m。

（6）总投资及资金来源：项目总投资为13 936.60万元，其中工程建设费为8277.78万元，工程建设其他费为4945万元，基本预备费为713.82万元。资金来源为业主自筹。

（7）建设工期：24个月。

（8）招标方案核准：招标范围为与工程建设有关的重要设备、重要材料等的采购，招标方式为公开招标，招标组织形式为委托招标。招标公告在指定媒介公开发布。

重庆宝兰实业有限公司应该根据本批复，进一步深化初步设计等前期工作，按基本建设程序完善相关建设手续，积极落实建设资金，在项目初步设计审批后，及时将投资概算上报云阳县发展和改革委员会审批。

资料来源：https://www.yunyang.gov.cn/bm_257/xfzggw/zwgk_62088/jczfxxgk/jczwgk/zdjsxm/pzjgxx/zftzxmkxxyj bgsp/202210/t20221017_11196414.html.

3.1 建设项目投资决策阶段概述

3.1.1 建设项目投资的主体

投资主体是指在工程建设项目中对投资方向、投资数额有决策权有足够的投资资金来源，对其投资所形成的资产享有所有权和支配权，并能自主或委托他人进行经营的主体。在我国主要的投资主体有中央政府、地方政府、企业、个人等。从不同决策主体的角度划分，当前主要有两大参与项目投资决策的主体，即政府和企业。不同的主体形成了两类主要的投资建设项目，即政府投资项目和企业投资项目。

1. 项目投资决策的类型

1）政府投资项目

政府投资的主要是针对市场不能有效配置资源的公共基础设施、社会公益服务、农业农村、重大科技进步、生态环境保护和修复、国家安全、社会管理等公共领域的项目，以非经营性项目为主。

政府投资项目决策，是指政府相关投资管理部门为了经济社会发展、满足社会公共需求和国家经济安全、促进经济社会可持续发展，充分考虑政府投资范围和政府投资目标后决定是否进行建设项目投资的判断。

2）企业投资项目

企业投资项目以经营性项目为主，是指包括国有企业、民营企业或混合所有制企业等根据个体战略和规划、资源条件及在市场竞争中的需求，为了获得经济社会效益、可持续发展能力，依法依规自主决策投资的项目。

对于部分非经营性项目或公益项目而言，政府可以采取政府和社会资本合作（public private partnership，PPP）等特许经营方式吸收企业投资。

2. 政府投资项目与企业投资项目的区别

政府投资项目与企业投资项目决策的区别，主要体现在 4 个方面。

1）投资主体和资金来源不同

政府投资项目的投资主体是政府有关投资管理部门，政府投资的资金来源是政府性资金；企业投资项目的投资主体是企业，包括国有企业、民营企业或混合所有制企业及外商投资企业。

2）决策过程不同

政府投资项目要求编制项目建议书和项目可行性研究报告。项目建议书的批复一般称为立项。项目立项后，可纳入政府投资年度计划，以作为编制可行性研究报告的依据，政府投资主管部门以可行性研究报告的结论作为是否进行投资决策的依据。

项目建议书和项目可行性研究报告的批复是政府投资主管部门立项和决策的标志。项目决策后，可正式转入实施准备阶段。

企业投资项目只要求编制项目可行性研究报告。对于需要由政府核准的企业投资项目，可根据企业可行性研究的结论，按照政府核准要求编制项目申请报告。

3）决策和管理模式不同

国家针对投资主体、资金来源不同的建设项目实行分类管理。凡是用政府资金的项目一律实行审批管理；对于不使用政府资金而由企业投资建设的项目，一律不再实行审批制管理。

政府投资项目实行项目审批制，包括审批项目建议书、项目可行性研究报告、初步设计；同时应严格控制概算审批工作。对经济社会发展、社会公众利益有重大影响或投资规模较大的项目，要在咨询机构评估、专家论证、公众参与、风险评估等科学论证的基础上，严格审批项目建议书、可行性研究报告、初步设计，并加强政府投资在事中和事后的监管。

企业投资项目实行核准制或备案制。项目经核准或备案后，转入实施阶段。

政府仅对极少数企业投资的关系国家安全和生态安全，涉及全国重大生产力布局、战略性资源开发和重大公共利益等的项目进行核准。

此外，对于不实行核准制的企业投资项目，由企业自行决策，实行政府备案。备案机关通过投资项目在线审批监管平台或政务服务大厅提供备案服务。

企业投资项目是否实施核准制或备案制，需要依据国务院颁发的《政府核准的投资项目目录》，有区别地进行相应的项目策划与决策程序。

3.1.2 建设项目投资决策的流程

1. 审批制项目流程

政府投资项目的审批制决策程序如图 3.1 所示。

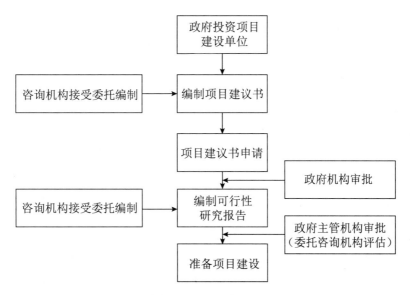

图 3.1 政府投资项目的审批制决策程序

政府投资项目的审批制决策过程如下。

1）编制项目建议书

首先，政府投资项目需要编制项目建议书（初步可行性研究报告），对项目建设的必要性、功能定位和建设内容、拟建地点、拟建规模、投资估算及资金筹措、经济效益和社会效益等进行初步分析。

2）项目建议书的受理与审批

中央预算内投资 3000 万元及以上项目及跨地区、跨部门、跨领域统筹项目，由国家发展和改革委审批，其中特别重大项目由国务院审批；其余项目按照隶属关系，由中央有关部门审批后抄送国家发展和改革委。批复项目建议书即项目立项，审批部门在受理项目建议书后委托入选的工程咨询机构进行评估。

立项的项目建议书可作为编制和审批项目可行性研究报告的重要依据。

3）编制项目可行性研究报告

可行性研究报告是对项目在技术和经济上的可行性及社会效益、节能、资源综合利用、生态环境影响及资金风险等方面进行的全面分析论证，在编制格式、内容和深度上应达到规定要求。

4）项目可行性研究报告的受理与审批

由项目投资单位将项目可行性研究报告编制完成，向原项目审批立项部门申报可行性研究报告，项目审批部门按规定时限委托相应工程咨询机构进行项目评估。特别重大的项目还应实行专家评议制度。

对于项目单位缺乏相关专业技术人员和建设管理经验的直接政府投资项目，项目审批部门在批复可行性研究报告时要求执行代理建设制度（简称"代建制"）。代建制通过招标方式选择具备工程管理经验和能力的机构，令其作为项目管理单位负责组织项目的建设实施。

2. 核准制项目的建设流程

符合要求的企业投资项目必须实行核准制。核准制项目仅需向政府提交项目申请书或项目申请报告，不再需要像政府投资项目那样必须批准项目建议书、可行性研究报告和开工报告程序。政府对企业提交的项目申请报告，主要从维护经济安全、合理开发利用资源、保护生态环境、优化重大布局、保障公共利益等方面进行核准。

实行企业投资核准制项目的核准程序一般有以下过程。

1）编制项目申请报告

由项目申请单位自主编制或选择具备相应资信或能力的工程咨询机构编制项目申请报告。

2）报送项目申请报告

项目申请报告仅适用于企业投资建设并实行政府核准制的项目，即列入《政府核准的投资项目目录》的企业投资建设项目，其作用是根据政府关注的公共管理要求，主要从维护经济安全、合理开发利用资源、保护生态环境、优化重大布局、保障公众利益、防止出现垄断等方面进行核准。项目申请报告是对政府关注的项目的外部影响、涉及公共利益的有关问题所进行的论证说明，以获得政府投资主管部门的核准及行政许可。

政府投资项目和实行备案制的企业投资项目，均不需要编制项目申请报告。

由地方政府核准的企业投资项目，应按照地方政府的有关规定，向相应的项目核准机关报送项目申请报告。

由国家发展和改革委员会、国务院行业管理部门核准的地方企业投资项目，应由项目所在地的省级政府发展和改革部门、行业管理部门提出初审意见后，分别向国家发展和改革委员会、国务院行业管理部门报送项目申请报告。

属于国家发展和改革委员会核准权限的项目且项目所在地的省级政府规定由省级政府行业管理部门初审的，应当由省级政府发展改革部门与其联合报送；应当由国务院核准的企业投资项目，由国家发展和改革委员会审核后报送国务院核准。

3）项目受理与项目核准

核准机关在受理项目申请报告后，对项目进行审查，主要审查其是否危害经济安全、社会安全、生态安全等国家安全；是否符合相关发展的建设规划、技术标准和产业政策；是否合理开发并有效利用资源；是否对重大公共利益产生不利影响。

核准机关对项目予以核准的，应当向企业出具核准文件。

3. 备案制项目的决策程序

企业投资项目备案制是指企业投资建设而不使用政府性资金的非重大项目和非限制类项目，按照属地原则向地方政府投资主管部门备案后，依法办理环境保护、土地使用、资金利用、安全生产、城市规划等许可手续。其后，企业即可自行组织建设。除不符合法律法规有关规定、产业政策禁止发展之外，地方政府投资主管部门应当对企业报送备案的项目予以备案。按照《国务院关于投资体制改革的决定》及《政府核准的投资项目目录》以外的企业投资项目，一律实行备案管理。备案制项目由企业自主决策，但需向有关政府部门提交备案申请，履行备案手续后方可办理其他手续。实行备案制的企业投资项目，按照属地原则，应由企业对备案项目信息的真实性负责。

3.2 建设工程项目总投资估算

3.2.1 建设项目投资估算概述

1. 投资估算的含义

投资估算是指在项目投资决策过程中，依据现有的资料和特定的方法，对建设项目的投资数额进行的估计。在项目建议书、可行性研究阶段应进行投资估算。投资估算是依据特定的方法，估算项目从筹建、施工直至建成投产所需的全部建设资金总额并测算建设期各年资金使用计划的过程。投资估算是项目建设前期编制项目建议书和可行性研究报告的重要组成部分，是进行建设项目设计经济评价和投资决策的基础。投资估算的准确与否不仅会影响项目建议书和可行性研究工作的质量和经济评价结果，而且也直接关系下一阶段设计概算和施工图预算和编制，对建设项目资金筹措方案也有直接的影响。因此，全面准确地估算建设项目的工程造价，是可行性研究乃至整个决策阶段造价管理的重要任务。

2. 投资估算的作用

（1）项目建议书阶段的投资估算，是项目主管部门审批项目建议书的依据之一，并对项目的规划、规模起参考作用。建设项目规划和项目建议书阶段的投资估算是审批项目建议书的依据，也是判断项目是否需要进入下一阶段工作的依据，此时对投资估算精度的要求为误差控制在 ±30% 以内。

（2）项目可行性研究阶段的投资估算，是项目投资决策的重要依据，也是研究、分析、计算项目投资经济效果的重要条件。

初步可行性研究阶段的投资估算是初步明确项目方案,进行项目技术经济论证的依据,同时也是判断是否进行详细可行性研究的依据,此时对投资估算精度的要求为误差控制在±20%以内。

详细可行性研究阶段的投资估算尤为重要,它是对项目进行较详细的技术经济分析、决定项目是否可行、并比选出最佳投资方案的依据,此阶段的投资估算经审查批准后,即是工程设计任务书中规定的项目投资限额,对工程设计概算起控制作用。即项目投资限额作为建设项目投资的最高限额,一般不得随意突破,要求设计者在投资估算限额范围内确定设计方案,以便控制项目建设的各项标准。

详细可行性研究投资估算精度的要求为误差控制在±10%以内。

(3)项目投资估算是项目建设方案选择的重要依据,是项目投资决策的重要依据。

(4)项目投资估算可作为建设项目资金筹措及制订建设贷款计划的依据,建设单位可根据批准的项目投资估算额,进行资金筹措和向银行申请贷款。

(5)项目投资估算是核算建设项目固定资产投资需要额和编制固定资产投资计划的重要依据。

3.2.2　建设项目总投资的内容

建设项目总投资是为完成工程项目建设并达到使用要求或生产条件,在建设期内预计或实际投入的全部费用总和。建设项目总投资是指项目建设期内用于项目的建设投资、建设期贷款利息、固定资产投资方向调节税和流动资金的总和。通常把建设投资和建设期贷款利息、固定资产投资方向调节税的总和称为建设项目工程造价。

按概算法分类,建设投资包括工程费用、工程建设其他费用和预备费3部分。工程费用是指建设期内直接用于工程建造、设备购置及其安装的建设投资,可以分为设备及工器具购置费和建筑安装工程费用;工程建设其他费用是指在建设项目从立项到交付使用为止的整个建设期间,除建筑设备及工器具购置费和安装工程费用以外,为保证项目建设顺利完成和交付使用后能够正常发挥作用而发生的各项费用的总和。预备费是在建设期内因各种不可预见因素的变化而预留的可能增加的费用,包括基本预备费和价差预备费。

1. 建设投资

建设投资由工程费用(建筑工程费、设备购置费、安装工程费)、工程建设其他费用和预备费(基本预备费和价差预备费)组成,其中建筑工程费和安装工程费又统称为建筑安装工程费。

2. 建设期贷款利息

建设期贷款利息是金融机构的贷款利息和为筹集资金而发生的融资费用。

3. 固定资产投资方向调节税

固定资产投资方向调节税是指国家为贯彻产业政策、引导投资方向、调整投资结构而征收的投资方向调整税金。

4. 流动资金

流动资金是指经营项目投产后,用于购买原材料、燃料、备品备件,保证生产经营和产品销售所需要的周转资金。

建设项目总投资由建设投资、建设期贷款利息、固定资产投资方向调节税和流动资金组成。

其中，建设投资是指建设单位在项目建设期与筹建期间所花费的全部费用。建设投资构成可按概算法分类或按形成资产法分类。

按概算法分类，建设投资由建筑工程费、设备及工器具购置费、安装工程费、工程建设其他费用、基本预备费、价差预备费构成。

按形成资产法分类，建设投资由形成固定资产的费用、形成无形资产的费用、形成其他资产的费用和预备费4部分组成。形成的固定资产原值可用于计算折旧费，形成的无形资产和其他资产原值可用于计算摊销费。建设期利息应计入固定资产原值。

流动资金是伴随固定资产投资而发生的长期占用的流动资产投资。

$$流动资金 = 流动资产 - 流动负债$$

式中，流动资产主要考虑现金、应收账款和存货；流动负债主要考虑应付账款。

因此，流动资金的概念，实际上就是财务中的营运资金。

建设项目总投资、建设项目工程造价、建设投资之间的关系可以表述如下：

$$建设项目总投资 = 建设投资 + 建设期贷款利息 + 固定资产投资方向调节税 + 流动资金$$
$$建设投资 = 工程费（建筑工程费、安装工程费、设备购置费）+ 工程建设其他费用 + 预备费$$
$$预备费 = 基本预备费 + 价差预备费$$

3.2.3　建设项目投资估算的内容

1. 建筑安装工程费

建筑安装工程费估算主要包括对直接费、间接费、利润和税金的估算。

1）直接费

直接费是与间接费相对应的概念，它是指在建设工程施工过程中，直接耗用于建设工程产品的各项费用的总和。直接费包括直接工程费和措施费。

（1）直接工程费。直接工程费包括分部分项工程形成工程实体本身的人工费、材料费、施工机械使用费。

直接工程费属于直接费的范围，但它是与措施费相对应的。直接工程费是形成工程实体本身的费用，而措施费是确保能按要求形成这个实体的各项措施费用。直接工程费与措施费同属于直接费，都是直接耗用于建设工程产品的各项费用，但前者形成了实体本身，可以被看见，如主体、装修等；但后者不形成实体。比如临时宿舍完工后要被拆除掉，它不是工程实体本身，它只是措施费的一种，它本身显然无法形成建筑物本身，设立它的目的却是形成工程实体的保证。直接工程费是指在建筑安装过程中直接消耗在工程项目上的活劳动和物化劳动。

（2）措施费。措施费又称为其他直接费，是为完成建设工程施工，发生于该工程施工前和施工过程中的非实体工程施工费用。

2）间接费

间接费由规费、企业管理费组成。

（1）规费。规费费率的计算分3种情况：①以直接费为计算基础；②以直接费中的人工费和机械费合计为计算基础；③以直接费中的人工费为计算基础。

（2）企业管理费。企业管理费的计算也包含 3 种情况：①以直接费为计算基础；②以人工费和机械费合计为计算基础；③以人工费为计算基础。

3）利润

利润是指企业完成承包工程所获得的盈利。利润的获得与计算基数和利润率相关。

$$利润 = 计算基数 \times 利润率（\%）$$

当利润的计算基数为直接费时，则

$$利润 = （直接费 + 间接费） \times 利润率（\%）$$

当利润的计算基数为"人工费 + 机械费"时，则

$$利润 = （人工费 + 机械费） \times 利润率（\%）$$

或

$$利润 = [\sum 分部分项工程（人工费 + 机械费） + \\ \sum 措施项目（人工费 + 机械费）] \times 利润率（\%）$$

当利润的计算基数为人工费时，计算基数应为分部分项工程费合计中的人工费合计加上措施费合计中的人工费合计。

$$利润 = [\sum 分部分项工程人工费 + \sum 措施项目人工费] \times 利润率（\%）$$

施工企业根据企业自身需求自主确定利润率。施工企业在确定利润率时应根据历年工程造价积累的资料，并结合建筑市场的实际来确定。

4）税金

建筑安装工程税金是指国家依照法律条例规定，向从事建筑安装工程的生产经营者征收的财政收入。住房城乡建设部及财政部关于印发《建筑安装工程费用项目组成》的通知（建标〔2013〕44 号）中规定：税金是指国家税法规定的应计入建筑安装工程造价内的营业税、城市维护建设税、教育费附加以及地方教育附加。

$$税金 = （直接费 + 间接费 + 利润） \times 适用税率（\%）$$

2. 工程建设其他费用

工程建设其他费用是指建设期发生的与土地使用权取得、整个工程项目建设管理及未来生产经营有关的，除工程费用、预备费、建设期利息、流动资金以外的费用。

工程建设其他费用，按其内容大体可分为 3 类。第一类是指土地使用费；第二类是指与工程建设有关的其他费用；第三类是指与未来企业生产经营有关的其他费用。

1）土地使用费

与项目建设土地管理相关的费用包括土地征用及迁移补偿费、建设单位租用建设项目土地使用权在建设期支付的租地费用等及土地征用费或土地使用权出让金，应按国家有关规定逐项计算，而后加总得出。

（1）土地征用及迁移补偿费。土地征用及迁移补偿费是指建设项目通过划拨方式取得无限期的土地使用权，依照《中华人民共和国土地管理法》等规定所支付的费用，其总和一般不得超过被征土地年产值的 30 倍。土地年产值则按照该地被征用的前 3 年的平均产量和国家规定的价格计算。其内容主要包括以下方面。

①土地补偿费。土地补偿费一般是耕地被征用的前 3 年的平均产值的 6 ～ 10 倍。

②青苗补偿费和房屋等附着物补偿费。此费用一般是耕地被征用土地上的房屋、水井、树木等附着物补偿费。

③安置补助费。安置补助费是指每个需要安置的农业人口的安置补助费用，为该耕地

被征用的前 3 年的平均年产值的 4 ～ 6 倍。每公顷被征用耕地的安置补助费，最高不得超过被征用的前 3 年的平均年产值的 15 倍。

④补缴的耕地占用税或城镇土地使用税、土地登记费及征地管理费等。此费用一般是县市土地管理机构从征地费中提取土地管理费的比率，按征地工作量的大小，视不同情况，在 1% ～ 4% 幅度内提取。

⑤征地动迁费等费用。征地动迁费等费用是征用土地上的房屋及附属构筑物、城市公共设施等拆除、迁建补偿费、搬迁运输费，企业单位因搬迁造成的减产、停工损失补贴费，拆迁管理费等。

（2）土地使用权出让金。土地使用权出让金是通过土地使用权出让方式，取得有限期的土地使用权，依照《中华人民共和国城镇土地使用权出让和转让暂行条例》规定，支付的土地使用权出让金额。

在有偿出让和转让土地时，政府对地价不作统一规定，一般来说居住用地土地使用权出让年限为 70 年；工业用地为 50 年；教育、科技、文化、卫生、体育用地为 50 年；商业、旅游、娱乐用地为 40 年；综合或其他用地为 50 年。

2）与工程建设有关的其他费用

与工程建设有关的其他费用包括建设单位管理费、勘察设计费、研究试验费、建设单位临时设施费、工程监理费、工程保险费、引进技术和进口设备其他费用、特殊设备安全监督检查费用等。

建设单位管理费、勘察设计费、研究试验费需要按有关规定计算；工程监理费需要按工程建设监理收费标准计算，即按所占监理工程概算或预算的百分比计算。

3）与未来企业生产经营有关的其他费用

与未来企业生产经营有关的其他费用主要包括联合试运转费、生产准备费、办公和生活家具购置费等。

（1）联合试运转费，一般根据项目工艺设备购置费的百分比计算。

（2）生产准备费，根据需要培训的人数及培训时间，按生产准备费指标进行估算。

（3）办公和生活家具购置费，可根据设计定员人数乘以综合指标计算，一般为 600 元 / 人 ～ 800 元 / 人。

3. 预备费

1）基本预备费

基本预备费是指在初步设计及概算阶段难以预料的工程费用，费用内容包括以下几方面。

（1）在批准的初步设计范围内，技术设计、施工图设计及施工过程中所增加的工程费用，设计变更、局部地基处理等增加的费用。

（2）一般自然灾害造成的损失和预防自然灾害所采取的措施费用。实行工程保险的工程项目费用应适当降低。

（3）竣工验收时为鉴定工程质量对隐蔽工程进行必要的挖掘和修复费用。

2）价差预备费

价差预备费的内容包括人工、设备、材料、施工机械的价差费，建筑安装工程费及工程建设其他费用调整，利率、汇率调整等增加的费用。

4. 建设期利息

在建设投资分年计划的基础上对具有债务融资的项目应估算建设期利息。建设期利息系指筹措债务资金时在建设期内发生并按规定允许在投产后计入固定资产原值的利息，即资本化利息。

建设期利息包括银行借款和其他债务资金的利息及其他融资费用。其他融资费用是指某些债务融资中发生的手续费、承诺费、管理费、信贷保险费等融资费用，一般情况下应将其单独计算并计入建设期利息。

5. 流动资金

流动资金的估算方法有扩大指标估算法和分项详细估算法两种。

1）扩大指标估算法

此方法通过参照同类企业的流动资金占营业收入、经营成本的比例或单位产量占用营运资金的数额来估算流动资金。

流动资金 = 各种费用基数 × 相应的流动资金所占比例（或占营运资金的数额）

式中，各种费用基数是指年营业收入、年经营成本或年产量等。

2）分项详细估算法

分项详细估算法是指根据生产经营所需各项定额流动资金的主要项目分别进行估算，进而加以汇总并得出流动资金需要量的一种方法。此方法中的流动资金是流动资产与流动负债的差值。

3.2.4 建设项目总投资估算的基本原则

1. 总投资估算的主要阶段

根据投资估算的不同阶段，主要分为项目建议书阶段及可行性研究阶段的投资估算。可行性研究阶段投资估算的编制，一般包含静态投资部分估算、动态投资部分估算，其主要包括以下步骤。

（1）分别估算各单项工程所需的建筑工程费、设备及工器具购置费、安装工程费。在汇总各单项工程费用的基础上，估算工程建设其他费用和基本预备费，完成工程项目静态投资部分的估算。

（2）在静态投资部分的基础上，估算价差预备费和建设期利息，完成工程项目动态投资部分的估算。

（3）估算流动资金。

（4）估算建设项目总投资。

建设项目投资估算的编制流程如图 3.2 所示。

2. 静态投资部分估算

静态投资包括安装工程费、建筑工程费、设备及工器具购置费、工程建设其他费用、基本预备费等。静态投资是有一定时间性的，应统一按某一确定的时间即估算基准期来计算，特别是遇到估算时间距开工时间较远的项目，一定要以开工前一年为基准年，按照近年的价格指数将编制的静态投资进行适当调整，否则就会失去基准作用，影响投资估算的准确性。

静态总投资 = 安装工程费 + 建筑工程费 + 设备及工器具购置费 + 工程建设其他费 +

基本预备费

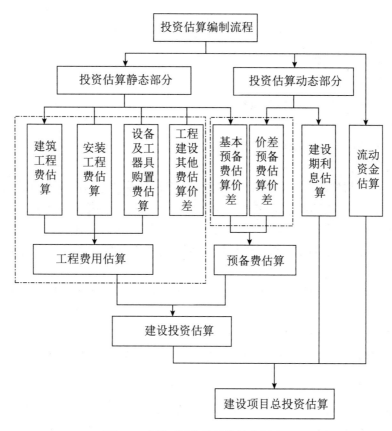

图 3.2　建设项目投资估算的编制流程

3. 动态投资部分估算

动态投资是指为完成一个工程项目的建设，预计投资需要量的总和。它除了包括静态投资所含内容之外，还包括建设期贷款利息、投资方向调节税、价差预备费等。动态投资适应了市场价格运行机制的要求，使投资的计划、估算、控制更加符合实际。

$$动态总投资＝价差预备费＋投资方向调节税＋建设期贷款利息$$

3.2.5　静态投资估算

静态投资是动态投资的计算基础。静态投资的估算，因民用项目与工业生产项目的出发点及具体方法不同而有显著的区别。一般情况下，工业生产项目的投资估算从设备费用入手，而民用项目往往从建筑工程投资估算入手。

1. 简单估算法

建设项目静态投资可以采用简单估算方法，其主要包括生产能力指数法和系数估算法等。

这 3 种估算方法的估算精度相对不高，主要适用于投资机会研究和项目可行性研究阶段。在项目可行性研究阶段应采用投资分类估算法和投资估算指标法。

1）生产能力指数法

生产能力指数法又称指数估算法，它是根据已建成的类似项目的生产能力和投资额来粗略估算拟建项目投资额的方法。其计算公式为

$$C_A = C_B \left(\frac{Q_A}{Q_B} \right)^X \times f$$

式中：X——生产能力指数；

$\qquad C_A$——拟建项目投资额；

$\qquad C_B$——已建成的类似项目投资额；

$\qquad Q_A$——拟建项目生产能力；

$\qquad Q_B$——已建成的类似项目生产能力；

$\qquad f$——年平均工程造价指数。

上式表明造价与规模（或容量）呈非线性关系，且单位造价随工程规模（或容量）的增大而减小。在正常情况下，$0 \leqslant X \leqslant 1$。在不同生产率水平的国家和不同性质的项目中，$X$的取值是不相同的。例如，对于化工项目，目前各国取值大多介于 0.6～0.7 之间。

若已建成的类似项目的生产规模与拟建项目的生产规模相差不大，且 Q_A 与 Q_B 的比值在 0.5～2 之间，则指数 X 的取值近似为 1。

若已建成的类似项目的生产规模与拟建项目的生产规模相差不大于 50 倍，且拟建项目生产规模的扩大仅靠增大设备规模来达到时，则 X 的取值约在 0.6～0.7；若是靠增加相同规格设备的数量达到时，则 X 的取值约在 0.8～0.9。

生产能力指数法主要应用于拟建装置或项目与用来参考的已知装置或项目的规模不同的场合。

［**例题 3.1**］ 已知建设年产 30 万吨乙烯装置的投资额为 6000 万元，现有一年产 70 万吨的乙烯装置，工作条件与此装置配套，试估算该装置的投资额为多少万元？（$X=0.6$，$f=1.2$）

解析：

根据公式 $C_A = C_B \left(\dfrac{Q_A}{Q_B} \right)^X \times f$ 有

投资额 $=6000 \times$（70/30）$\times 0.6 \times 1.2 = 11.97$（万元）

生产能力指数法的精确度误差可控制在 ±20% 以内。尽管估价误差仍较大，但这种估价方法不需要详细的工程设计资料，只要有工艺流程及规模数据就可以应用。

2）系数估算法

系数估算法也称因子估算法，它是以拟建项目的主体工程费或主要设备费为基数，以其他工程费与主体工程费的百分比为系数估算项目总投资的方法。这种方法简单易行，但是精度较低，一般用于项目建议书阶段。系数估算法的种类很多，常用的方法有设备系数法和主体专业系数法，其中朗格系数法是世行项目投资估算常用的方法。

（1）设备系数法。设备系数法以拟建项目的设备费为基数，根据已建成的同类项目的建筑安装费和其他工程费等与设备价值的百分比，求出拟建项目建筑安装工程费和其他工程费，进而求出建设项目总投资。

其计算公式如下：

$$C = E（1 + f_1 P_1 + f_2 P_2 + f_3 P_3 + \cdots）+ I$$

式中：C——拟建项目投资额；

      E——拟建项目设备费；

      P_1，P_2，P_3，…——已建项目中的建筑安装费及其他工程费等与设备费的比例；

      f_1，f_2，f_3，…——因时间因素引起的定额、价格、费用标准等变化的综合调整系数；

      I——拟建项目的其他费用。

（2）主体专业系数法。主体专业系数法以拟建项目中投资比重较大，并与生产能力直接相关的工艺设备投资为基数，根据已建同类项目的有关统计资料，计算出拟建项目各专业工程（总图、土建、采暖、给排水、管道、电气、自控等）与工艺设备投资的百分比，据此求出拟建项目各专业投资，然后加总即为项目总投资。

其计算公式如下：

$$C=E\left(1+f_1 P'_1+f_2 P'_2+f_3 P'_3+\cdots\right)+I$$

式中：C——拟建项目投资额；

      E——拟建项目设备费；

      P'_1，P'_2，P'_3，…——已建项目中各专业工程费用与设备投资的比重；

      f_1，f_2，f_3，…——因时间因素引起的定额、价格、费用标准等变化的综合调整系数；

      I——拟建项目的其他费用。

［例题3.2］ 某新建项目设备投资为 10 000 万元，根据统计得到的已建同类项目的数据情况，一般建筑工程占设备投资的 28.5%，安装工程占设备投资的 9.5%，其他工程费用占设备投资的 7.8%。该项目其他费用估计为 800 万元，试估算该项目的投资额为多少万元？（调整系数 $f=1$）

解析：

$$C=E\left(1+f_1 P_1+f_2 P_2+f_3 P_3+\cdots\right)+I$$
$$=10\,000\times\left(1+28.5\%+9.5\%+7.8\%\right)+800=15\,380\ (\text{万元})$$

（3）朗格系数法。这种方法是以设备费为基数，再令其乘以适当系数来推算项目的建设费用。这种方法是世行项目投资估算常采用的方法。该方法的基本原理是将总成本费用中的直接成本和间接成本分别计算，再汇总为项目建设的总成本费用。其计算公式为

$$C=E\left(1+\sum K_i\right)K_c$$

式中：

C——总建设费用；

E——主要设备费；

K_i——管线、仪表、建筑物等各项费用的估算系数；

K_c——管理费、合同费、应急费等各项费用的估算系数。

总建设费用与设备费用之比为朗格系数 K_L。即：

$$K_L=\left(1+\sum K_i\right)K_c$$

2. 投资分类详细估算法

投资分类详细估算法常用于可行性研究阶段的建设项目总投资估算。这种方法是把建设项目划分为建筑工程、设备安装工程、设备及工器具购置费及其他基本建设费等费用项

目或单位工程，再根据各种具体的投资估算指标，进行各项费用项目或单位工程投资的估算，在此基础上，可汇总成每一单项工程的投资。另外再估算工程建设其他费用及预备费，即可求得建设项目总投资。

1）建筑工程费用估算

建筑工程费用是指为建造永久性建筑物和构筑物所需要的费用，一般采用单位建筑工程投资估算法、单位实物工程量投资估算法、概算指标投资估算法等方法进行估算。

（1）单位建筑工程投资估算法。单位建筑工程投资估算法以单位建筑工程量投资乘以建筑工程总量来计算建筑工程费用。一般工业与民用建筑以单位建筑面积（m²）的投资，工业窑炉砌筑以单位容积（m³）的投资，水库以水坝单位长度（m）的投资，铁路路基以单位长度（km）的投资，矿上掘进以单位长度（m）的投资，乘以相应的建筑工程量来计算建筑工程费。

（2）单位实物工程量投资估算法。单位实物工程量投资估算法以单位实物工程量的投资乘以实物工程总量来计算建筑工程费用。土石方工程按每立方米投资，矿井巷道衬砌工程按每延米投资，路面铺设工程按每平方米投资，乘以相应的实物工程总量来计算建筑工程费。

（3）概算指标投资估算法。对于没有估算指标且建筑工程费占总投资比例较大的项目，可采用概算指标投资估算法。采用此种方法，应具有较为详细的工程资料、建筑材料价格和工程费用指标，其投入的实践和工作量大。

2）安装工程费估算

安装工程费通常按行业或专门机构发布的安装工程定额、取费标准和指标估算投资。具体可按安装费率、每吨设备安装费或单位安装实物工程量的费用估算，即

$$安装工程费 = 设备原价 \times 安装费率$$
$$安装工程费 = 设备吨位 \times 每吨安装费$$
$$安装工程费 = 安装工程实物量 \times 安装费用指标$$

使用指标估算法应根据不同地区、年代而进行调整。因为地区、年代不同，设备与材料的价格均有差异，在有关部门颁布定额或材料价差系数（物价指数）时，可以据其调整。

3）设备购置费估算

设备购置费根据项目主要设备表及价格、费用资料编制，工器具购置费按设备费的一定比例计取。对于价值高的设备应按单台（套）估算购置费，对于价值较小的设备可按类估算，国内设备和进口设备应分别估算。设备购置费是指为建设项目购置或自制的达到固定资产标准的各种国产或进口设备、工具、器具的购置费用。它由设备原价和设备运杂费构成。

$$设备购置费 = 设备原价 + 设备运杂费$$

在上式中，设备原价是指国产设备或进口设备的原价；设备运杂费是指除设备原价之外的关于设备采购、运输、途中包装及仓库保管等方面的支出费用的总和。

（1）国产设备的估算。国产设备原价一般指的是设备制造厂的交货价或订货合同价。它一般根据生产厂或供应商的询价、报价、合同价确定或采用一定的方法计算确定。国产设备原价分为国产标准设备原价和国产非标准设备原价。

国产标准设备是指按照主管部门颁布的标准图纸和技术要求，由我国设备生产厂批量

生产的，符合国家质量检测标准的设备。国产标准设备原价有两种，即带有备件的原价和不带有备件的原价。在计算时，一般采用带有备件的原价。

国产非标准设备是指国家尚无定型标准，各设备生产厂不可能在工艺过程中采用批量生产，只能按一次订货，并需要根据具体的设计图纸制造的设备。

非标准设备原价按成本计算估价法，非标准设备的原价由以下各项组成。

非标准设备原价 ={［（材料费＋加工费＋辅助材料费）×（1+专用工具费率）×
（1+废品损失费率）+外购配套件费］×（1+包装费率）-
外购配套件费 }×（1+利润率）+销项税金+非标准设备设计费+
外购配套件费

[**例题3.3**] 某工厂采购一台国产非标准设备，制造厂生产该台设备所用材料费为20万元，加工费为2万元，辅助材料费为4000元，专用工具费费率为1.5%，废品损失费率为10%，外购配套件费为5万元，包装费费率为1%，利润率为7%，增值税率为17%，非标准设备设计费为2万元，求该国产非标准设备的原价。

解析：

专用工具费 =（20+2+0.4）×1.5%=0.336（万元）

废品损失费 =（20+2+0.4+0.336）×10%=2.274（万元）

包装费 =（22.4+0.336+2.274+5）×1%=0.300（万元）

利润 =（22.4+0.336+2.274+0.3）×7%=1.772（万元）

销项税金 =（22.4+0.336+2.274+5+0.3+1.772）×17%=5.454（万元）

该国产非标准设备的原价 =22.4+0.336+2.274+0.300+1.772+5.454+2+5=39.536（万元）

（2）进口设备的估算：

进口设备购置费 =∑（设备数量 × 设备单价）

设备单价 = 设备抵岸价 + 设备国内运杂费

设备抵岸价 = 设备到岸价 + 进口设备从属费用

设备到岸价 = 离岸价 + 国际运费 + 运输保险费

进口设备从属费用 = 外贸手续费 + 关税 + 消费税 + 增值税

4）工程建设其他费用估算

工程建设其他费用是指从工程筹建起到工程竣工验收交付使用止的整个建设期间，除建筑安装工程费用和设备及工、器具购置费用以外的为保证工程建设顺利完成和交付使用后能够正常发挥效用而发生的各项费用。工程建设其他费用主要包括建设管理费（含建设单位管理费、工程监理费、工程质量监督费）、建设用地费、可行性研究费、研究试验费、勘察设计费、环境影响评价费、劳动安全卫生评价费、场地准备及临时设施费、引进技术和引进设备其他费、工程保险费、联合试运转费、特殊设备安全监督检验费、市政公用设施费、专利及专有技术使用费、生产准备及开办费（含人员培训费及提前进厂费，为保证初期正常生产、营业或使用所必需的生产办公、生活家具用具购置费，为保证初期正常生产、营业或使用所必需的第一套不够固定资产标准的生产工具、器具、用具购置费）。

工程建设其他费用估算中一般是利用工程建设其他费用按各项费用科目的费率或取费

标准来进行估算。工程建设其他费用的计算应结合拟建项目的具体情况，有合同或协议明确的费用按合同或协议列入；无合同或协议不明确的费用，应根据国家和各行业部门、工程所在地地方政府的有关工程建设其他费用定额和计算办法估算。

5）基本预备费估算

基本预备费是按设备及工器具购置费、建筑安装工程费用和工程建设其他费用 3 者之和为计取基础，乘以基本预备费费率进行计算。

基本预备费 ＝（设备及工器具购置费 ＋ 建筑安装工程费用 ＋ 工程建设其他费用）× 基本预备费费率

基本预备费费率的取值应执行国家及部门的有关规定，按国家及部门规定一般估算时费率取 8% ～ 10%；总概算中费率取 5% ～ 8%；总预算中费率取 3% ～ 5%。

3.2.6 动态投资估算

1. 价差预备费

通常，价差预备费以建筑工程费、设备及工器具购置费、安装工程费、工程建设其他费用、基本预备费 5 项之和为计算基数。价差预备费的计算公式如下：

$$PF = \sum_{t=1}^{n} I_t \left[(1+f)^t - 1 \right]$$

式中：

PF——价差预备费；

I_t——第 t 年的建筑工程费、设备及工器具购置费、安装工程费、工程建设其他费用、基本预备费 5 项费用之和；

f——建设期价格上涨指数；

n——建设期。

[例题 3.4] 某项目的投资建设期为 3 年，第一年投资额是 1000 万元，且每年以 15% 的速度增长，预计该项目年均投资价格上涨率为 5%，则该项目建设期间价差预备费是多少万元？

解析：

首先计算出各年投资额：

$I_1 = 1000$（万元）；$I_2 = 1000 \times (1+15\%) = 1150$（万元）；$I_3 = 1000 \times (1+15\%)^2 = 1322.5$（万元）。

再套用公式计算各年的价差预备费：

$PF_1 = 1000 \times \left[(1+5\%) - 1 \right] = 50$（万元）

$PF_2 = 1150 \times \left[(1+5\%)^2 - 1 \right] = 117.88$（万元）

$PF_3 = 1322.5 \times \left[(1+5\%)^3 - 1 \right] = 208.46$（万元）

$PF = 50 + 117.88 + 208.46 = 376.34$（万元）

2. 建设期利息估算

对有多种借款资金来源，每笔借款的年利率各不相同的项目，既可分别计算每笔借款的利息，也可先计算出各笔借款加权平均的年利率，并以加权平均利率计算全部借款的利息。

计算建设期利息，为了简化计算，通常假定借款均在每年的年中支用，借款当年按半年计息，其余各年份按全年计息。当采用复利方式计息时，

各年应计利息=（年初借款本息累计+本年借款额/2）× 有效年利率（%）

［例题 3.5］某新建项目，建设期为 4 年，分年均衡进行贷款，第一年贷款 1 000 万元，以后各年贷款均为 500 万元，年贷款利率为 6%。建设期内利息只计息不支付，则该项目建设期贷款利息为多少万元？

解析：

建设期利息的计算可按当年借款在年中支用考虑，即单年贷款按半年计息。

第一年贷款利息：1000×6%×1/2=30（万元）

第二年贷款利息：（1000+30）×6%+500×6%×1/2=76.8（万元）

第三年贷款利息：（1030+500+76.8）×6%+500×6%×1/2=111.408（万元）

第四年贷款利息：（1030+2500+76.8+111.408）×6%+500×6%×1/2=148.092 48（万元）

项目建设期贷款利息：30+76.8+111.408+148.092 48=366.30（万元）

3.2.7 流动资金估算

1. 流动资金的概念

流动资金是指项目建成后在企业生产过程中处于生产和流通领域、供周转使用的资金。流动资产的构成要素一般包括存货、库存现金、应收账款和预付账款；流动负债的构成要素一般只考虑应付账款和预收账款。流动资金等于流动资产与流动负债的差额。

投产第一年所需的流动资金应在项目投产前安排。为了简化计算，在项目评价中流动资金可从投产第一年开始安排。

2. 流动资金的估算方法

按行业或前期研究阶段的不同，流动资金估算可选用扩大指标估算法或分项详细估算法。

1）扩大指标估算法

扩大指标估算法通过参照同类企业流动资金占营业收入或经营成本的比例或单位产量占用营运资金的数额来估算流动资金。在项目建议书阶段一般可采用扩大指标估算法，某些行业在可行性研究阶段也可采用此方法。

（1）销售收入资金率法：

流动资金需要量=项目年销售收入 × 销售收入资金率

一般加工工业项目多采用此法进行流动资金估算。

（2）总成本（或经营成本）资金率法：

流动资金需要量=项目年总成本（或经营成本）× 总成本（或经营成本）资金率

一般采掘项目多采用此法进行流动资金估算。

（3）固定资产价值资金率法：

流动资金需要量=固定资产价值 × 固定资产价值资金率

某些特定的项目（如火力发电厂、港口项目等）可采用此法进行流动资金估算。

（4）单位产量资金率法：

流动资金需要量=达产期年产量 × 单位产量资金率

某些特定的项目（如煤矿项目）可采用此法进行流动资金估算。

2）分项详细估算法

分项详细估算法通过利用流动资产与流动负债来估算项目占用的流动资金。一般先对流动资产和流动负债的主要构成要素进行分项估算，进而估算流动资金。一般项目的流动资金宜采用分项详细估算法。

分项详细估算法对流动资产和流动负债的主要构成要素即存货、现金、应收账款、预付账款及应付账款和预收账款等几项内容分期进行估算，计算公式为

$$流动资金 = 流动资产 - 流动负债$$

$$流动资产 = 应收账款 + 预付账款 + 存货 + 现金$$

$$流动负债 = 应付账款 + 预收账款$$

$$流动资金本年增加额 = 本年流动资金 - 上年流动资金$$

（1）流动资产估算。

①周转次数。各类流动资产和流动负债的最低周转天数参照同类企业的平均周转天数并结合项目特点确定，或者按部门（行业）规定，在确定最低周转天数时应考虑储存天数、在途天数，并考虑适当的保险系数。

$$周转次数 = 360/ 最低需要周转天数$$

②现金。项目流动资金中的现金是指为维持正常生产运营必须预留的货币资金，计算公式为

$$现金 = （年工资及福利费用 - 年其他费用）/ 周转次数$$

$$年其他费用 = 制造费用 + 管理费用 + 财务费用 + 销售费用 - 以上 4 项包括的工资及福利、$$
$$折旧费、维简费、摊销费、修理费和利息支出$$

③存货。存货是指企业在日常生产经营过程中持有的以备出售或仍然处在生产过程或在生产或提供劳务过程中将被消耗的材料或物料等，包括各类材料、商品、在产品、半成品和产成品等。为简化计算，在项目评价中仅考虑外购原材料、燃料、其他材料、在产品和产成品，并分项进行计算。

存货估算包括各种外购原材料、燃料、包装物、低值易耗品、在产品、外购商品、协作配件、自制半成品和产成品。

计算公式如下：

$$存货 = 外购原材料、燃料 + 其他材料 + 在产品 + 产成品$$

$$外购原材料、燃料 = 年外购原材料燃料费用 / 周转次数$$

$$在产品 = （年外购原材料、燃料及动力费 + 年工资及福利费 + 年修理费 + 年其他制造费用）$$
$$/ 在产品周转次数$$

$$产成品 = （年经营成本 - 年营业费用）/ 产成品周转次数$$

其他制造费用是指在制造费用中扣除生产单位管理人员工资及福利费、折旧费、修理费后的部分。

④应收及预付账款估算。应收账款是指企业对外销售商品、提供劳务尚未收回的资金，计算公式为

$$应收账款 = 年经营成本 / 应收账款周转次数$$

预付账款是指企业为购买各类材料、半成品或服务所预先支付的款项，计算公式为

预付账款＝外购商品或服务年费用金额／预付账款周转次数

（2）流动负债估算。流动负债是指需要在 1 年（含 1 年）或超过 1 年的一个营业周期内偿还的债务，包括短期借款、应付票据、应付账款、预收账款、应付工资、应付福利费、应付股利、应交税金、其他暂收应付款项、预提费用和 1 年内到期的长期借款等。在项目评价中，流动负债的估算可以只考虑应付账款和预收账款两项。

应付账款＝（年外购原材料燃料动力及其他备品备件费用）／周转次数

预收账款＝预收的营业收入年金额／预收账款周转次数

3.3 建设项目投资估算文件的编制

3.3.1 投资估算文件的编制内容

1. 投资估算编制的内容

投资估算文件一般由封面、签署页、编制说明、总投资估算表、单项工程估算表、主要技术经济指标等内容组成。按照编制估算的工程对象划分，投资估算可分为建设项目投资估算、单项工程投资估算和单位工程投资估算等。对投资有重大影响的单位工程或分部分项工程的投资估算，应另附主要单位工程或分部分项工程投资估算表。

1）总投资估算

总投资估算包括汇总单项工程估算、工程建设其他费用估算、基本预备费估算、价差预备费估算、建设期利息估算等。

2）单项工程投资估算

在单项工程投资估算中，应按建设项目划分的各个单项工程分别计算组成工程费用的建筑工程费、设备及工器具购置费和安装工程费。

2. 投资估算指标

投资估算指标是确定和控制建设项目全过程各项投资支出的技术经济指标。工程建设投资估算指标是编制建设项目建议书、可行性研究报告等前期工作阶段投资估算的依据，也可以作为编制固定资产长远规划投资额的参考。投资估算指标为完成项目建设的投资估算提供依据和手段，它在固定资产的形成过程中起到投资预测、投资控制、投资效益分析的作用，是合理确定项目投资的基础。投资估算指标的正确制定对于提高投资估算的准确度及对建设项目的合理评估、正确决策具有重要意义。

投资估算指标因行业不同而各异，一般可分为建设项目综合指标、单项工程指标和单位工程指标 3 个层次。投资估算指标的表现形式及表示方法如表 3.1 所示。

表 3.1 投资估算指标

内　　容	表 现 形 式	表 示 方 法
建设项目综合指标	从立项到竣工验收交付的全部投资额 建设项目总投资=单项工程投资+工程建设其他费+预备费+建设期利息+铺底流动资金	以项目的综合生产能力单位投资表示或以使用功能表示，如元/t、元/km

内　容	表　现　形　式	表　示　方　法
单项工程指标	独立发挥生产能力或使用效益的单项工程内的全部投资额 工程费用=建筑工程费+安装工程费+设备及工器具购置费	以单项工程生产能力单位投资表示，如元/t、元/m²
单位工程指标	能独立设计、施工的工程项目的费用，即建筑安装工程费	区别不同专业，以元/m²表示

1）建设项目综合指标

建设项目综合指标是指按规定应列入建设项目总投资的从立项筹建开始至竣工验收交付使用为止的全部投资额，包括单项工程投资、工程建设其他费用和预备费等。

2）单项工程指标

单项工程指标是指按规定应列入能独立发挥生产能力或使用效益的单项工程内的全部投资额，包括建筑工程费、安装工程费、设备、工器具及生产家具购置费和其他费用。单项工程的划分原则如下。

（1）主要生产设施。主要生产设施是指直接参加生产产品的工程项目，包括生产车间和生产装置。

（2）辅助生产设施。辅助生产设施是指为主要生产车间服务的工程项目，包括集中控制室、中央实验室、机修、电修、仪器仪表修理及木工（模）等车间，原材料、半成品、成品及危险品等仓库。

（3）公用工程。公用工程包括给排水系统（给排水泵房、水塔、水池及全厂给排水管网）、供热系统（锅炉房及水处理设施、全厂热力管网）、供电及通信系统（变配电所、开关所及全厂输电、电信线路）及热电站、热力站、煤气站、空压站、冷冻站、冷却塔和全厂管网等。

（4）环境保护工程。环境保护工程包括废气、废渣、废水等处理和综合利用设施及全厂性绿化。

（5）总图运输工程。总图运输工程包括厂区防洪、围墙大门、传达及收发室、汽车库、消防车库、厂区道路、桥涵、厂区码头及厂区大型土石方工程。

（6）厂区服务设施。厂区服务设施包括厂部办公室、厂区食堂、医务室、浴室、哺乳室、自行车棚等。

（7）生活福利设施。生活福利设施包括职工医院、住宅、生活区食堂、俱乐部、托儿所、幼儿园、子弟学校、商业服务点及与之配套的设施。

（8）厂外工程。厂外工程包括水源工程、厂外输电、输水、排水、通信、输油等管线及公路、铁路专用线等。

3）单位工程指标

单位工程指标是指按规定应列入能独立设计、施工的工程项目的费用，即建筑安装工程费用。

（1）建筑工程费用估算。建筑工程费用估算主要采用单位实物工程量投资估算法。

$$单位工程费 = 单位实物工程量的工程费 \times 工程实物总量$$

建筑工程费用估算的单位表示如表 3.2 所示。

表 3.2　建筑工程费用估算的单位表示

项　目	内　容
建筑工程费用估算单位表示	工业与民用建筑物以"m²"或"m³"为单位，构筑物以"延长米""m²""m³"或"座"为单位
	大型土方、总平面竖向布置、道路及场地铺砌、室外综合管网和线路、围墙大门等，分别以"m³""m²""延长米"或"座"为单位
	矿山井巷开拓、露天剥离工程、坝体堆砌等，分别以"m³""延长米"为单位
	公路、铁路、桥梁、隧道、涵洞设施等，分别以"公里"（铁路、公路）、"100平方米桥面（桥梁）""100平方米断面（隧道）""道（涵洞）"为单位

（2）安装工程费估算。安装工程费根据设备的专业属性估算，如表 3.3 所示。

表 3.3　安装工程费估算的单位表示

项　目	内　容
工艺设备	安装工程费=设备原价×设备安装费费率（%） 安装工程费=设备吨重×单位重量（吨）安装费指标
工艺非标准件、金属结构、管道	安装工程费=重量总量×单位重量安装费用指标
工业炉窑砌筑和保温工程	安装工程费=重量（体积、面积）总量×单位重量（m³、m²）安装费指标
电气设备及自控仪表	安装工程费=设备工程量×单位工程量安装费指标

3.3.2　投资估算表的编制

1. 总投资估算表的编制

项目建议书阶段的投资估算一般只要求编制总投资估算表。

与可行性研究报告统一装订的投资估算文件应包括编制说明、有关附表等。一般需要编制建设投资估算表、流动资金估算表、建设期利息估算表、单项工程投资估算汇总表、总投资估算汇总表和分年度总投资估算表等。

总投资估算表的编制形式如表 3.4 所示。

表 3.4　项目总投资估算汇总表

人民币单位：万元

序　号	费 用 名 称	投 资 额		估算说明
		合　计	其中：外汇	
1	建设投资			
1.1	建设投资静态部分			
1.1.1	建筑工程费			
1.1.2	设备及工器具购置费			
1.1.3	安装工程费			
1.1.4	工程建设其他费用			

序　号	费用名称	投资额		估算说明
		合　计	其中：外汇	
1.1.5	基本预备费			
1.2	建设投资动态部分			
1.2.1	价差预备费			
2	建设期利息			
3	流动资金			
	项目总投资（1+2+3）			

2. 建设投资估算表的编制

建设投资是项目总投资的重要组成部分，也是建设项目的基础财务数据。按照费用归集形式，建设投资可按概算法或按形成资产法分类。

1）概算法

按照概算法分类，建设投资由工程费用、工程建设其他费用和预备费3部分构成。其中，工程费用又由建筑工程费、设备及工器具购置费（含工器具及生产家具购置费）和安装工程费构成；工程建设其他费用内容较多，随行业和项目的不同而有所区别；预备费包括基本预备费和价差预备费。

按照概算法编制的建设投资估算表，如表3.5所示。

表 3.5　建设投资估算表（概算法）

人民币单位：万元

序　号	工程或费用名称	估算价值					技术经济指标	
		建筑工程费	设备购置费	安装工程费	工程建设其他费用	合　计	其中：外币	比例 /%
1	工程费用							
1.1	主体工程							
1.1.1	×××							
	……							
1.2	辅助工程							
1.2.1	×××							
	……							
1.3	公用工程							
1.3.1	×××							
	……							
1.4	服务性工程							
1.4.1	×××							
	……							
1.5	厂外工程							

续表

| 序　号 | 工程或费用名称 | 估算价值 | | | | | 技术经济指标 | |
		建筑工程费	设备购置费	安装工程费	工程建设其他费用	合　计	其中：外币	比例/%
1.5.1	×××							
	……							
1.6	×××							
2	工程建设其他费用							
2.1	×××							
	……							
3	预备费							
3.1	基本预备费							
3.2	价差预备费							
4	建设投资合计							
	比例/%							

2）形成资产法

按照形成资产法分类，建设投资由形成的固定资产费用、形成的无形资产费用、形成的其他资产费用和预备费 4 部分组成。

（1）固定资产费用。项目投产时将直接形成固定资产的建设投资，包括工程费用和工程建设其他费用中按规定将形成固定资产的费用，后者被称为固定资产其他费用，主要包括建设管理费、技术服务费、场地准备及临时设施费、工程保险费、联合试运转费、特殊设备安全监督检验费和市政公用设施费等。构成固定资产原值的费用包括以下内容。

①工程费用。工程费用包括建筑工程费、设备购置费和安装工程费。

②工程建设其他费用。工程建设其他费用主要形成固定资产其他费用，包括建设管理费、建设用地费、可行性研究费、研究试验费、勘察设计费、环境影响评价费、劳动安全卫生评价费、场地准备及临时设施费、引进技术和引进设备其他费、工程保险费、联合试运转费、特殊设备安全监督检验费、市政公用设施费等。

③预备费。预备费包括基本预备费和价差预备费。

④建设期利息。

（2）无形资产费用。无形资产是直接形成无形资产的建设投资部分，此部分主要包括专利权、非专利技术、商标权、土地使用权和商誉等所需的费用。

（3）其他资产费用。其他资产费用是指建设投资中除形成固定资产和无形资产以外的部分，如生产准备费等。

形成其他资产，构成其他资产原值的费用主要包括生产准备费、开办费、出国人员费、来华人员费、图样资料翻译复制费、样品样机购置费和农业开荒费等。

按形成资产法编制的建设投资估算表如表 3.6 所示。

表3.6　建设投资估算表（形成资产法）

人民币单位：万元

序　号	工程或费用名称	估算价值/万元					技术经济指标	
		建筑工程费	设备购置费	安装工程费	工程建设其他费用	合　计	其中：外币	比例/%
1	固定资产费用							
1.1	工程费用							
1.1.1	×××							
1.1.2	×××							
1.1.3	×××							
	……							
1.2	固定资产其他费用							
1.2.1	×××							
	……							
2	无形资产费用							
2.1	×××							
	……							
3	其他资产费用							
3.1	×××							
	……							
4	预备费							
4.1	基本预备费							
4.2	价差预备费							
5	建设投资合计							
	比例/%							

3. 流动资金估算表的编制

各项流动资金估算的依据是详细估算法估算的结果，流动资金估算表的构成如表3.7所示。

表3.7　流动资金估算表

人民币单位：万元

序　号	项　　目	最低周转天数	周转次数	计　算　期					
				1	2	3	4	……	n
1	流动资产								
1.1	应收账款								
1.2	存货								
1.2.1	原材料								
1.2.2	×××								
	……								
1.2.3	燃料								

序　号	项　　目	最低周转天数	周转次数	计　算　期					
				1	2	3	4	……	*n*
	×××								
	……								
1.2.4	在产品								
1.2.5	产成品								
1.3	现金								
1.4	预付账款								
2	流动负债								
2.1	应付账款								
2.2	预收账款								
3	流动资金（1-2）								
4	流动资金当期增加额								

4. 投资估算汇总表的编制

投资估算指标法是把建设项目划分成为建筑工程、设备安装工程、设备购置费等，再根据具体的投资估算指标，进行各项费用项目或单项工程的投资估算，在此基础上，汇总成每一单项工程的投资。在可行性研究阶段根据各种投资估算指标，进行各单位工程或单项工程投资的估算。

单项工程投资估算应最后按建设项目划分的建筑工程费、设备及工器具购置费和安装工程费，形成单项工程投资估算汇总表，如表 3.8 所示。

表 3.8　单项工程投资估算汇总表

人民币单位：万元

序号	工程和费用名称	估算价值 / 万元					技术经济指标				
		建筑工程费	设备及工器具购置费	安装工程费		其他费用	合计	单位	数量	单位价值	比例/%
				安装费	主材费						
一	工程费用										
（一）	主要生产系统										
1	××× 车间										
	一般土建及装修										
	给排水										
	采暖										
	通风空调										
	照明										
	工艺设备及安装										
	工艺金属结构										
	工艺管道										
	工艺筑炉及保温										

续表

序号	工程和费用名称	估算价值 / 万元					技术经济指标				
		建筑工程费	设备及工器具购置费	安装工程费		其他费用	合计	单位	数量	单位价值	比例/%
				安装费	主材费						
	工艺非标准件										
	变配电设备及安装										
	仪表设备及安装										
	小计										
2	×××仓库										
（二）	辅助生产设施										
	……										

5. 项目总投资估算汇总表的编制

汇总建设项目各单项投资估算内容，可编制项目总投资估算汇总表。总投资估算表中的工程费用需要分解到主要单项工程；总投资估算表中的工程建设其他费用需要分项计算。

项目总投资估算汇总表如表 3.9 所示。

表 3.9　项目总投资估算汇总表

人民币单位：万元

序　号	费用名称	投 资 额		估算说明
		合　计	其中：外汇	
1	建设投资			
1.1	建设投资静态部分			
1.1.1	建筑工程费			
1.1.2	设备及工器具购置费			
1.1.3	安装工程费			
1.1.4	工程建设其他费用			
1.1.5	基本预备费			
1.2	建设投资动态部分			
1.2.1	涨价预备费			
2	建设期利息			
3	流动资金			
	项目总投资（1+2+3）			

［例题 3.6］ 某企业拟建年产 10 万吨的炼钢厂，根据可行性研究报告提供的主厂房工艺设备清单和询价资料估算出该项目主厂房设备投资约为 3600 万元。已建类似项目资料：与设备投资有关的各专业工程投资系数如表 3.10 所示，与主厂房投资有关的辅助工程及附属设施投资系数如表 3.11 所示。

扩展阅读 3.1

案例分析思路

表 3.10　与设备投资有关的各专业工程投资系数

加 热 炉	汽 化 冷 却	余 热 锅 炉	自动化仪表	起 重 设 备	供电与传动	建 安 工 程
0.12	0.01	0.04	0.02	0.09	0.18	0.40

表 3.11　与主厂房投资有关的辅助工程及附属设施投资系数

动 力 系 统	机 修 系 统	总图运输系统	行政及生活福利设施工程	工程建设其他费
0.30	0.12	0.20	0.30	0.20

本项目的资金来源为自有资金和贷款,贷款总额为 8000 万元,贷款利率为 8%,按年计息。建设期 3 年,第 1 年投入 30%,第 2 年投入 50%,第 3 年投入 20%,预计建设期的物价上涨率为 3%,基本预备费费率为 5%,投资方向调节税税率为 0。

问题:

(1)试用系数估算法估算本项目主厂房投资和项目建设的工程费与工程建设其他费。

(2)估算本项目的静态投资和建设期利息。

(3)若固定资产投资资金率为 6%,使用扩大指标估算法估算本项目的流动资金,并估算本项目的总投资。

(4)编制固定资产投资估算表。

解析:

问题(1):

主厂房投资 $=3600\times(1+12\%+1\%+4\%+2\%+9\%+18\%+40\%)=3600\times(1+0.86)=6696$(万元)

其中,建安工程投资 $=3600\times0.4=1440$(万元)

其中,设备购置投资 $=3600\times(1+12\%+1\%+4\%+2\%+9\%+18\%)=5256$(万元)

工程费与工程建设其他费 $=6696\times(1+30\%+12\%+20\%+30\%+20\%)=6696\times(1+1.12)=$ 14 195.52(万元)

问题(2):

基本预备费 $=11\,495.52\times5\%=709.78$(万元)

由此得,静态投资 $=14\,195.52+709.78=14\,905.30$(万元)

建设期各年的静态投资额如下:

第 1 年 14 905.3$\times$30%=4471.59(万元)

第 2 年 14 905.3$\times$50%=7452.65(万元)

第 3 年 14 905.3$\times$20%=2981.06(万元)

价差预备费的计算如下:

价差预备费 $=4471.59\times[(1+3\%)-1]+7452.65\times[(1+3\%)^2-1]+2981.06\times$ $[(1+3\%)^3-1]=134.15+453.87+276.42=864.44$(万元)

由此得,价差预备费 $=709.78+864.44=1574.22$(万元)

投资方向调节税实际没有发生。

建设期各年的贷款利息如下:

第 1 年贷款利息　$(0+8000\times30\%/2)\times8\%=96$(万元)

第 2 年贷款利息　$(96+8000\times30\%+8000\times50\%/2)\times8\%=359.68$(万元)

第 3 年贷款利息　（2400+96+4000+359.68）+（8000×20%/2）×8%=612.45（万元）

建设期贷款利息总计为

96+359.68+612.45=1068.13（万元）

问题（3）：

固定资产投资 = 建设投资 + 建设期利息 =14 195.52+1574.22+0+1068.13=16 837.87（万元）

流动资金 =16 837.87×6%=1010.27（万元）

所以拟建项目总投资为

16 837.87 +1010.27=17 848.14（万元）

问题（4）：

固定资产投资估算表如表 3.12 所示。

表 3.12　固定资产投资估算表（概算法）　　　　人民币单位：万元

序　号	工程费用名称	系　数	建筑安装工程费	设备购置费	工程建设其他费	合　　计	占总投资比例 /%
1	工程费		7600.32	5256.00		12 856.32	81.53
1.1	主机房		1440.00	5256.00		6696.00	
1.2	动力系统	0.30	2008.80			2008.80	
1.3	机修系统	0.12	803.52			803.52	
1.4	总图运输系统	0.20	1339.20			1339.20	
1.5	行政 / 生活福利设施	0.30	2008.80			2008.80	
2	工程建设其他费	0.20			1339.22	1339.20	8.40
	（1）+（2）					14 195.52	
3	预备费				1574.22	1574.22	9.98
3.1	基本预备费				709.78	709.78	
3.2	涨价预备费				864.44	864.44	
4	投资方向调节税				0	0	
5	建设期贷款利息				1068.13	1574.22	
固定资产投资估算			7600.32	5256.00	3981.55	16 837.87	100

本章思考题

一、名词解释

静态投资；动态投资；简单估算法；投资分类详细估算法；概算法；形成资产法；建设项目综合指标；单项工程估算指标；单位工程估算指标；系数估算法。

二、简答题

1.建设项目总投资测算的内容与方法是什么？

2.建设投资的构成与测算包括什么内容？

3. 建设项目预备费与建设期利息测算的主要方法是什么？

4. 建设投资估算有哪两种主要方法？

5. 流动资金估算有哪两种主要方法？

6. 简单估算法和投资分类详细估算法的区别和联系分别是什么？

7. 概算法和形成资产法的区别和联系分别是什么？

扩展阅读3.2

案例分析

即测即练

第4章 建设项目设计阶段概算管理

本章学习目标

1. 了解工程项目设计阶段的造价工作内容；
2. 了解设计阶段造价控制的措施和方法；了解限额设计的概念及价值工程；
3. 了解设计方案的评价方法和途径；
4. 掌握设计方案的经济分析比较方法及技术指标评价；
5. 掌握设计方案的技术指标评价；
6. 掌握设计概算的含义及三级概算的内容；
7. 掌握设计概算的编制方法。

引导案例

　　小李是工程造价专业大三的学生，平时学习成绩在班上名列前茅，还荣获过"学习乐观分子""优秀同学干部""优秀同学"等称号。

　　在学习"工程造价"专业课程的这段时间里，小李感到课程内容中涉及的技术和知识面很广，不仅要在课堂上学习理论知识，而且要跟上老师的课程设计和软件教学进度，还应该在条件允许的情况下进行课外实践。

　　小李对于"工程造价"课程很感兴趣，他还利用课余的时间加强学习。小李平常留意搜索与预算、清单计价有关现行的文件规定及工程的计算规则等，并且加强学习工程量计算的技巧等业务知识，还努力学习计算机工程预算软件以提高课程理论与实践结合的能力。小李认为学好"工程造价"课程，需要知识面广，因为课程涉及施工技术、材料、设备、软件等多方面的内容，所以更需要认真的学习态度和细心、谨慎的性格。

　　小李说："我做的这些都源于自身对"工程造价"课程的喜爱。我认为做任何事情都要有兴趣，特别是学习，没兴趣就学不好。我认为对专业课的学习不仅应当多阅读课外资料，而且要进行专业现场实习和实践。所谓'学海无边'，学习不应只停留在课堂上，还应不断关心最新技术和管理工具，这样才能学好专业知识。"

　　资料来源：作者根据毕业生交流资料改编而成。

4.1 建设项目设计阶段的工程造价管理概述

4.1.1 项目设计阶段工程造价的意义

　　工程项目设计是影响整个工程投资的重要环节，设计图样基本上确定了建筑工程的设计标准、结构、材料选型及设备方案，因此设计阶段的造价控制是控制项目投资的根本所在。通过设计阶段科学的造价管理可以有效地控制项目的总投资额，并获得令投资方满意的设计方案。而根据我国的建筑工程实践研究发现，我国在设计阶段的投入费用占总投资额的比率并不高，但是其对工程造价的影响却很大。从某种意义上来说，如果设计阶段的工程造价控制合理，那么整个工程的投资就会更加有效。一方面，在设计阶段进行工程造价的计价分析可以使造价构成更合理，可提高资金利用效率；另一方面，在设计阶段进行工程造价的计价分析可以提高投资控制效率，使控制工作更主动；此外，在设计阶段控制工程造价便于技术与经济相结合，便控制工程造价效果更为显著。设计阶段的投资影响情况具体如图 4.1 所示。

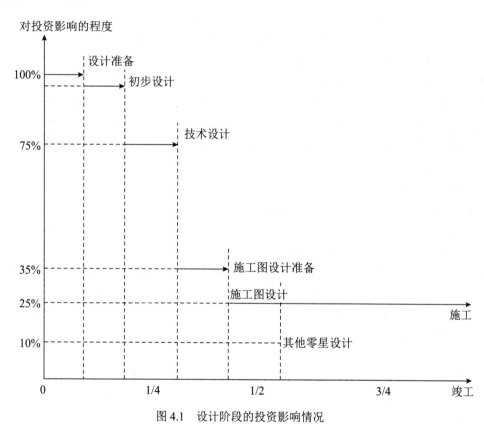

图 4.1　设计阶段的投资影响情况

4.1.2　项目设计阶段工程造价管理的内容

一般可将工业项目与民用建设工程项目的设计分为两个阶段：初步设计阶段、施工图设计阶段；对于技术复杂而又缺乏设计经验的项目，则可分三个设计阶段：初步设计阶段、技术设计阶段、施工图设计阶段。

1. 初步设计阶段

初步设计是最终成果的前身，一般将工程设计在没有最终定稿之前的设计都统称为初步设计。初步设计文件共由四个部分组成，即设计说明书、主要设备和材料、工程概算书和设计图样。初步设计的具体图纸和文件包括建筑总平面图、各层平面图、剖面图、立面图等。文件须装订成 A3 文本图册，并加盖建设方、设计方、报建人、注册建筑师、注册结构工程师的图章。

2. 技术设计阶段

技术设计是根据已经得到批准的初步设计而编制的更精确、更完备、更具体的文件和图样。初步设计是按照设计任务书的内容，对设计的工程项目提出基本的技术决策，确定基本的技术经济指标，并拟出工程概算文件和图样的过程。技术设计要确定初步设计中所采取的工艺过程、建筑物和构筑物、校正设备的选择及其数量的误差，确定建设规模和技术经济指标，并做出修正概算的文件和图样。技术设计是工程项目复杂产品设计工作中最重要的一个阶段，产品结构的合理性、工艺性、经济性、可靠性等，都取决于这一阶段的设计。

技术设计的目的是在已批准的技术任务书的基础上，完成产品的主要计算和主要零部件的设计，包括完成设计过程中必须的试验研究，制作产品设计计算书，画出产品总体尺寸图、产品主要零部件图并校准；运用价值工程，对产品中造价高的、结构复杂的、体积笨重的、数量多的主要零部件的结构、材质精度等选择方案进行成本与功能关系的分析，并编制技术经济分析报告；然后提出特殊元件、外购件、材料清单，并对技术任务书中的某些内容进行审查和修正，对产品进行可靠性、可维修性分析。

技术设计应经过设计总工程师审批，然后转入下一个设计阶段。

3. 施工图设计阶段

施工图设计是在初步设计、技术设计这两个阶段之后，为了把设计意图更具体、更确切地表达出来，而绘成的能据以进行施工的蓝图。其任务是在初步设计或技术设计的基础上，把许多比较粗略的尺寸进行调整和完善；把各部分的构造做法进一步考虑并予以确定；解决各工种之间的矛盾；并编制出一套完整的、能据以施工的图样和文件。施工图设计是工程设计的一个阶段，这一阶段的工作主要是关于施工图的设计及制作，以及通过设计好的图样把设计者的意图和全部设计结果表达出来。它是设计和施工工作开展的桥梁。对于工业项目来说，施工图设计还包括建设项目各分部工程的详图和零部件、结构件明细表，以及验收标准方法等。

民用工程的施工图设计应形成所有专业的设计图样，包含图样目录、说明和必要的设备、材料表及按照要求编制的工程预算书。施工图设计文件，应满足设备材料采购、非标准设备制作和施工的需要。

总体来讲，施工图的设计内容包括建筑平面图、立面图、剖面图、建筑详图、结构布置图和结构详图等，以及各种设备的标准型号、规格和各种非标准设备的施工图，还包括在施工图设计阶段编制的施工图预算，具体过程如图 4.2 所示。

4.1.3 设计阶段造价控制的措施和方法

设计阶段的工程造价管理与控制是技术与经济的有效结合；技术措施对投资的影响程度体现为多方案的对比选择、审查初步设计等，择优选出最佳的设计方案；经济措施对投资的影响程度体现为动态比较造价的投资效果，合理掌控项目的资金投入。技术与经济相结合是设计阶段控制建筑工程造价最有效的手段。

设计阶段造价控制的措施和方法主要包括限额设计和价值工程。

1. 限额设计

限额设计要求在设计过程中按照设计任务书批准的投资估算额进行初步设计，按照初步设计概算造价限额进行施工图设计，按照施工图预算造价对施工图设计的各个专业设计文件进行决策。各专业按分配的投资限额进行控制，控制技术设计和施工图设计的不合理变更，保证不突破总投资限额。

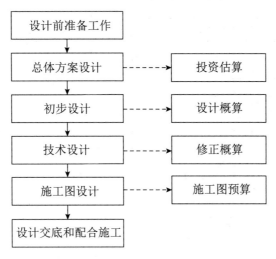

图 4.2　各设计阶段对应的造价工作

限额设计实际上是建设项目投资控制系统中的一个重要环节。在整个设计过程中，设计人员与经济管理人员密切配合，以做到技术与经济的统一。

限额设计的目标是在初步设计开始前，根据批准的可行性研究报告及其投资估算确定的。进行工程限额设计工作时，要对工程成本和工程质量进行双方面的考虑，不能把降低成本作为唯一目标。在工程设计工作中要将工程的整体性和实用性结合起来，充分考虑设计工作的设计技术经济责任，把握功能（质量）标准和价值标准，做到二者协调一致，保证限额设计指标的实施。

具体的限额设计管理流程如图 4.3 所示。

2. 价值工程

1）价值工程概述

价值工程（value engineering，VE）是指以产品的功能分析为核心，以提高产品的价值为目的，力求以最低寿命周期成本，实现产品使用所要求的必要功能的创造性设计方法，又称为价值管理或价值分析。价值工程通过对设施、产品、服务或流程等进行功能和全寿命成本分析，以严谨的工作计划谋求创新的改进方案，提高项目或产品的价值。价值工程的主要思想是通过对选定研究对象的功能及成本分析来提高对象的价值。

价值工程法是一项科学管理技术。它从技术和经济相结合的角度研究如何提高产品、系统和服务的价值，如何降低其成本以取得良好的技术经济效果，这是一种符合客观实际的、谋求最佳技术经济效益的有效方法。

在工程建设和生产发展中，价值工程可应用于一项工程建设或一项成套技术项目的分析，也可以应用于企业生产的每一件产品、每一个部件或每一台设备；在原材料采购方面也可应用价值工程法进行分析，具体应用有工程价值分析、产品价值分析、技术价值分析、设备价值分析、原材料价值分析、工艺价值分析、零件价值分析和工序价值分析等。

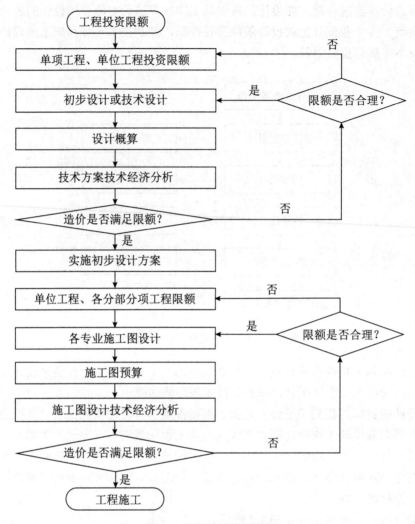

图 4.3 限额设计管理流程

价值工程的基本思想是以少的费用换取所需要的功能。价值工程涉及价值、功能和寿命周期成本 3 个基本要素,它把价值 V 定义为某产品所具有的功能 F 与获得该功能的全部费用 C 之比。

$$V = \frac{F}{C}$$

式中:V——价值;

F——功能;

C——寿命期全部费用。

价值工程中的功能要素,可解释为功用、作用、效能、用途、目的等。对于产品而言,功能就是产品的用途,即产品所担负的职能或所起的作用;对于企业来说,功能就是它应为社会提供的产品和效用。功能是对象满足某种需求的一种属性,是使用价值的具体表现。

在价值工程中,产品价值是评价某产品的有益程度的一种尺度。价值高说明该产品的有益程度高、效益大、好处多;价值低则说明该产品的有益程度低、效益差、好处少。这样一种价值观念更好地体现了正确处理质量与成本关系的重要性。不断提高产品的价值，可使企业和消费者都获得收益。

选择具体方案以提高价值的基本途径有 5 种，即：

——提高功能，降低成本，大幅度提高价值；

——功能不变，降低成本，提高价值；

——功能有所提高，成本不变，提高价值；

——功能略有下降，成本大幅度降低，提高价值；

——提高功能，适当提高成本，大幅度提高功能，从而提高价值。

为了掌握价值工程实施的效果，还要进行成果评价。成果的鉴定一般以实施的经济效益、社会效益为主。

作为一项技术经济分析方法，价值工程做到了将技术与经济紧密结合。价值工程法具有以下特点。

（1）价值工程以寻求最低寿命周期成本，实现产品的必要功能为目标。价值工程既不是单纯强调提高功能，也不是片面地要求降低成本，而是致力于研究功能与成本之间的关系，找出二者共同提高产品价值的结合点，避免只顾功能而不计成本或只考虑成本而不顾功能的盲目做法。

（2）价值工程以功能分析为核心。在价值工程分析中，计量产品成本是比较容易的，可以按产品设计方案和使用方案，采用相关方法来获取产品寿命周期成本。但产品功能的确定比较复杂、困难，因为影响功能的因素很多，存在不易定量化计量的抽象指标，而且由于设计方案、制造工艺等的不完善，会出现不必要的功能，加之人们评价产品功能的方法存在差异性，这些都会导致产品功能难以准确界定。所以，产品功能的分析成了价值工程的核心。

（3）价值工程是有组织的活动。价值工程分析不仅贯穿于产品的整个寿命周期，而且其涉及面广，需要所有参与产品生产的单位、部门及专业人员的相互配合，才能准确地进行产品的成本计量、功能评价，从而达到提高产品单位成本功效的目的。所以，价值工程必须是一个有组织的活动。

（4）价值工程是一个以信息为基础的创造性活动。价值工程分析是以产品成本、功能指标、市场需求等有关的信息数据资料为基础，寻找产品创新的最佳方案。因此，信息资料是价值工程分析的基础，产品创新才是价值工程的最终目标。

（5）价值工程能将技术和经济问题有机地结合起来。尽管产品的功能设置或配置是一个技术问题，但是产品成本的降低是一个经济问题。价值工程通过分析"价值"这一概念，把技术工作和经济工作有机地结合起来，克服了在产品设计制造中普遍存在的技术工作与经济工作脱节的现象。

2）价值工程法的过程

价值工程的工作程序和步骤主要包括选定对象、收集情报资料、进行功能分析、提出改进方案、分析和评价方案、实施方案、评价活动成果。

（1）选择价值工程对象，拟订价值工程的评价方案。进行一项价值分析，首先需要选定价值工程的对象。一般说来，选定价值工程的对象要考虑社会生产经营的需要及对象本身是否有价值提高的潜力。例如，在选择占成本比例大的原材料部分时，如果能够通过价值分析降低费用、提高价值，那么这次价值分析对降低产品总成本的影响也会很大。如果生产经营中的产品功能、原材料成本都需要改进，分析人员一般采取经验分析法、ABC分析法及百分比分析法，在选定分析对象后收集对象的相关情报，包括用户需求、销售市场、科技技术进步状况、经济分析及本企业的实际能力等。

选择价值工程的对象后，根据项目产品的设计构思，提出几种项目产品实施的可行性方案，为方案的比较分析提供基础。

（2）收集资料，确定功能指标体系。对项目设计方案的有关评价指标进行实际调查，确定价值工程分析的功能评价指标体系。

（3）确定功能指标的重要性系数。根据项目产品市场适应性的评分，确定产品功能指标的重要性系数，之后就可以进入价值工程的核心阶段——功能分析。

在这一阶段要进行功能的定义、分类、整理、评价等步骤。经过分析和评价，分析人员可以提出多种方案，然后从中筛选出最优方案并加以实施。

（4）确定不同产品方案的功能评价系数。根据项目方案，结合功能指标的重要性系数，确定各方案的功能评价系数。

（5）确定价值系数，准确选择方案。根据以上的功能评价系数和成本系数，确定不同方案的价值功能系数，并对各方案进行比较和权衡后，改进并选择能够适应市场需求的产品方案。

［**案例分析 4.1**］某房地产开发商要在某城区内的二级地段进行住宅开发，根据该地块的城市规划用途、地段特征及周边城市居民的收入状况，现拟定建设 3 种不同住宅标准的住宅小区，其建造标准如表 4.1 所示。

表 4.1　3 个方案的成本系数分析

方案名称	主要特征	平均成本（单位：元）		成本系数 /C	
		单位造价	市场售价	单位造价	市场售价
A	环境高雅、智能化高档住宅，小高层框架结构	2200	2750	0.40	0.404
B	环境较好、中档住宅，框架结构，一般智能条件	1815	2250	0.33	0.331
C	环境一般、经济型住宅小区，框架砖混结合	1500	1800	0.27	0.260

（1）成本系数的获得。为了计算的简便，将开发商的住宅建造成本和市场上居民愿意或实际购买住宅的整体功能所花成本，转换为成本系数。

（2）功能指标选择。功能指标的选取，主要会对住房市场需求和住房功能定位有直接影响。因此，可建立下列功能指标：经济适用（价格适中，布局合理）；生活便捷（设施完备，使用方便）；环境适宜（环境舒适，政策配套）；使用安全（结构牢固，防护齐全）；资产增值（地段优良，市场发展）。

（3）功能重要系数的确定。首先对上述 5 个大类指标用市场调查的方式打分，然后确定市场目前环境下的指标功能重要性系数。

通过市场调查的数据整理分析可得：$F_1 = 0.30$；$F_2 = 0.25$；$F_3 = 0.20$；$F_4 = 0.15$；$F_5 = 0.10$。

根据各功能指标在不同档次住宅中所占的地位不同，首先选取相应的目标客户、市场销售人员、专家等有代表性的相关群体作为调查对象，以保证市场调查结果的科学性和合理性，再运用指标之间的相对重要性对各指标评分，然后将加权系数（0.40，0.30，0.30）求和并归一化，得出各功能重要系数。

根据市场调查结果计算的各功能重要性系数如表4.2所示。

表4.2　功能重要性系数的评分

| 功　　能 | | 目标客户评分（g_1） | | 专家评分（g_2） | | 销售人员评分（g_3） | | 功能重要系数 |
		得分	修正值（0.4）	得分	修正值（0.3）	得　分	修正值（0.3）	$g=\dfrac{g_1+g_2+g_3}{100}$
经济适用（0.30）	价格适中	20	8.0	17	5.1	21	6.3	0.194
	布局合理	13	5.2	14	4.2	11	3.3	0.127
生活便捷（0.25）	设施完备	12	4.8	12	3.6	14	4.2	0.126
	使用方便	7	2.8	10	3.0	10	3.0	0.088
环境适宜（0.20）	环境舒适	15	6.0	12	3.6	13	3.9	0.135
	政策配套	8	3.2	7	2.1	7	2.1	0.074
使用安全（0.15）	结构牢固	7	2.8	8	2.4	8	2.4	0.076
	防护齐全	7	2.8	8	2.4	5	1.5	0.067
资产增值（0.10）	地段优良	6	2.4	7	2.1	6	1.8	0.063
	市场发展	5	2.0	5	1.5	5	1.5	0.050
合计		100	40	100	30	100	30	1.000

（4）方案的功能满足程度评分。对3个方案的情况，采取按功能细分的状况和拟订方案的项目特征来进行适应性打分，然后用细分功能指标重要性系数进行修正，得出的功能评价系数如表4.3所示。

表4.3　3个方案的功能满足程度评分

评价因素 功 能 因 素	重要系数（g）	A	修正值（d_1）	B	修正值（d_2）	C	修正值（d_3）
价格适中	0.194	4	0.776	7	1.358	8	1.552
布局合理	0.127	2	0.254	7	0.889	8	1.016
设施完备	0.126	4	0.504	8	1.008	7	0.882
使用方便	0.088	7	0.616	10	0.880	4	0.352
环境舒适	0.135	7	0.945	8	1.080	2	0.270
政策配套	0.074	6	0.444	9	0.666	4	0.296
结构牢固	0.075	5	0.375	9	0.675	4	0.300
防护齐全	0.067	8	0.536	7	0.469	3	0.201
地段优良	0.063	10	0.630	9	0.567	2	0.126
市场发展	0.050	4	0.200	7	0.350	8	0.400

评价因素	A	修正值（d_1）	B	修正值（d_2）	C	修正值（d_3）
功能因素　重要系数（g）						
方案总分	57	5.280	81	7.942	50	5.395
功能评价系数（F）		0.284		0.427		0.290

（5）方案价值系数的计算。将表4.3计算的结果和表4.1的成本系数按价值功能系数计算，求出价值功能系数。3个方案的价值功能系数如表4.4所示。

表4.4　3个方案的价值功能系数

方案名称	功能评价系数	成本系数	价值系数	最优选择
	F	C	$V=F/C$	
A	0.284	0.401	0.71	
B	0.427	0.335	1.27	最优
C	0.290	0.275	1.05	

根据单位造价和销售价格的价值系数计算结果可知方案B最优，此项目选择建造中档价位住宅产品决策方案最为合理。

此案例分析评价的结果与项目产品的实际现状一致，结果表明价值工程法对项目决策的应用具有有效性。

[**案例分析4.2**]某企业为改善职工居住条件，决定在原有住宅区内新建住宅。为了使住宅扩建工程达到投资少、效益高的目的，价值工程小组的工作人员认真分析了住宅扩建工程的功能和成本。

（1）功能分析。价值工程小组的工作人员认为本项目的主要功能为以下5项。

①增加住房户数（F_1）。

②改善居住条件（F_2）。

③增加使用面积（F_3）。

④利用原有土地（F_4）。

⑤保护原有林木（F_5）。

（2）功能评价。本案例使用0～4评分法，即很重要的功能因素得4分，另一个很不重要的功能因素得0分；或者较重要的功能因素得3分，另一较不重要的功能因素得1分；当两个功能因素同样重要或基本同样重要时，则各得2分。经价值工程分析，通过对主要功能之间的对比，认为增加住房户数最重要，其次，改善居住条件与增加使用面积同等重要，利用原有土地与保护原有林木一般重要。各项功能的评价系数如表4.5所示，即$F_1>F_2=F_3>F_4=F_5$。

表4.5　各项功能的评价系数

功能	F_1	F_2	F_3	F_4	F_5	得分	功能评价系数
F_1	×	3	3	4	4	14	0.350
F_2	1	×	2	3	3	9	0.225

续表

功　能	F_1	F_2	F_3	F_4	F_5	得　　分	功能评价系数
F_3	1	2	×	3	3	9	0.225
F_4	0	1	1	×	2	4	0.100
F_5	0	1	1	2	×	4	0.100
合计						40	1.00

（3）方案创新。在住宅功能评价的基础上，为确定住宅扩建工程设计方案，价值工程人员经过严密的计算分析和征求各方意见，提出了两个不同的设计方案。

方案甲：在对原住宅楼实施大修理的基础上加层，改造给排水工程，增建两层住房，施工期间住户需全部迁出。工程完工后，可增加住户30户，但原有绿地的50%将被利用。

方案乙：拆除旧住宅，建设新住宅。新建一栋住宅，工程完工后，可增加住户30户，原有绿化林木全部被改作他用。

（4）方案评价。利用加权评分法对甲、乙两个方案进行综合评价，结果如表4.6和表4.7所示。

表 4.6　各方案的功能评价表

项目功能	重要度权数	方　案　甲		方　案　乙	
		功能得分	加权得分	功能得分	加权得分
F_1	0.350	10	3.500	10	3.500
F_2	0.225	7	1.575	10	2.250
F_3	0.225	9	2.025	9	2.025
F_4	0.100	10	1.000	6	0.600
F_5	0.100	5	0.500	1	0.100
方案加权得分和		8.600		8.475	
方案功能评价系数		0.503 7		0.496 3	

表 4.7　各方案的价值系数计算表

方案名称	功能评价系数	成本费用/万元	成本指数	价值系数
修理加层	0.503 7	50	0.333	1.513
拆旧建新	0.496 3	100	0.667	0.744
合计	1.000 0	150	1.000	

结论：通过价值工程分析，应选择方案甲。

4.2　建设项目设计方案技术经济比较

建设项目始终贯彻设计方案经济合理性与技术先进性相统一的原则，在满足功能要求的前提下，尽可能降低工程造价；此外，还应坚持贯彻项目全寿命费用最低的原则。

建设方案的比选工作可以分为两个阶段。第一个阶段是方案的绝对效果分析，即首先对参与比选的每个方案进行分析，要求各方案应满足基本需求，在技术和经济上满足基本的入选条件；在此基础上，进行第二个阶段的相对效果分析，即进行方案间的比选。绝对效果分析的目的是淘汰不符合入门标准的方案；相对效果分析的目的是对符合入门标准的方案进行优劣排序和方案组合。

在进行方案比选时，需要根据方案间的关系、比选的需求、比选工作所处的阶段来选用适宜的比选方法和指标。因此，在比选前应首先确定方案间的关系。方案间的关系包括独立型、互斥型、互补型等。

独立型关系是指参与比选的各方案间互不干扰、互不相关，某个方案入选与否与其他方案是否入选无关。在这种情况下，入选的方案可能是一个、几个或全部，也可能都被淘汰。

互斥型关系是指备选方案具有排他性，一个方案的入选即意味着其他方案的淘汰。互斥型关系要求备选方案可以相互替代，即备选方案应满足项目的需求，如项目要求的生产规模和容量、消耗的性质及计算范围可比、风险水平可比、采用的计算期即满足项目要求的方案服务寿命可比。

专家评定小组采用科学的方法，综合评定各设计方案的优劣，从中选择最优的设计方案或将各方案的可取之处重新组合，提出最佳方案。

4.2.1 建设项目设计方案选择的经济分析方法

1. 计算费用法

计算费用法又叫最小费用法，它是指在各个设计方案功能（或产出）相同的条件下，项目在整个寿命期内的费用最低者为最优方案。

（1）静态法。年费用法的计算公式为

$$AC_{年}=K \cdot E+V$$

总费用法的计算公式为

$$C_{总}=K+V \cdot T$$

其中：$AC_{年}$——年总计算费用；

$C_{总}$——项目总计算费用；

K——总投资；

E——投资效果系数，投资回收期的倒数；

V——年运营成本；

T——投资回收期，年。

按年费用法比较时，项目全寿命费用最小的方案为最优方案。

按总费用法比较时，项目总费用最小的方案为最优方案。

（2）动态法。寿命期相同的方案可以选择净现值法、净年值法、差额内部收益率法进行方案选择。

寿命期不相同的方案可以选择净年值法进行方案选择。

$$AC= \sum_{t=0}^{n} CO_t(P/F, i_C, t) \cdot (A/P, i_C, n)$$

或

$$PC= \sum_{t=0}^{n} CO_t(P/F, i_C, t)$$

其中：PC——年费用现值；

CO_t——第 t 年的现金流出量；

i_C——基准折现率；

P——现值；

F——终值；

A——年金；

AC——年费用现值。

[**例题4.1**]某建设项目有3个可行而互斥的投资方案，3个方案的投资回收期均为6年，行业基准收益率为10%。3个方案的现金流量如表4.8所示。请用净年值法进行方案比选（单位：万元）。

表4.8 3个方案的现金流量表　　　　　单位：万元

方　　案	初 始 投 资	年经营成本
A	670	35
B	736	15
C	565	55

解析：

（1）静态计算费用法

$AC_年 = K \times E + V$

$AC_A = 670/6 + 35 = 146.67$（万元）

$AC_B = 736/6 + 15 = 137.67$（万元）

$AC_C = 565/6 + 55 = 149.17$（万元）

因为AC_B最小，故方案B最优。

（2）动态计算费用法

采用净年值法

$AC_A = 670 \times (A/P, 10\%, 6) + 35 = 188.85$（万元）

$AC_B = 736 \times (A/P, 10\%, 6) + 15 = 184$（万元）

$AC_C = 565 \times (A/P, 10\%, 6) + 55 = 184.74$（万元）

根据计算结果可知，B方案的净年值最小，所以B方案最佳。

[**例题4.3**]某企业为扩大生产规模，有3个设计方案：方案一是改建现有工厂，一次性投资2 545万元，年经营成本为760万元；方案二是建新厂，一次性投资3 340万元，年经营成本为670万元；方案三是扩建现有工厂，一次性投资4 360万元，年经营成本为650万元。3个方案的寿命期相同，所在行业的标准投资效果系数为10%，请用计算费用法选择最优方案。

解析：

由公式$AC = C + R_c K$可得：

$AC_1 = 760 + 0.1 \times 2545 = 1014.5$（万元）

$AC_2 = 670 + 0.1 \times 3340 = 1004$（万元）

$AC_3 = 650 + 0.1 \times 4360 = 1086$（万元）

因为AC_2最小，故方案二最优。

2. 追加投资回收期法

如果两个方案的建设投资和经营费用都不一致，当方案间的投资额相差较大或方案的收益无法计量时，需要利用追加投资回收期法来进行选择。

1）追加投资回收期法的公式

追加投资回收期又称为差额投资回收期，是指用投资大的方案所节约的年经营成本来偿还其多花的追加投资（或差额投资）所需要的年限。设两个对比方案的投资分别为 K_1 与 K_2，年经营成本为 C_1 与 C_2，年净收益相同（或效用相同，或无法计量），并设 $K_1 \leqslant K_2$，$C_1 \geqslant C_2$。在不考虑资金、时间、价值的条件下，则静态差额投资回收期（ΔT）的计算分式为

$$\Delta T = \frac{K_2 - K_1}{C_1 - C_2} = \frac{\Delta K}{\Delta C}$$

若两方案的年净收益不同，年产量分别为 Q_1 与 Q_2，则需要转化为单位产量参数后再求算。此时，静态差额投资回收期（ΔT）的计算公式为

$$\Delta T = \left(\frac{K_2}{Q_2} - \frac{K_1}{Q_1} \right) \Big/ \left(\frac{C_1}{Q_1} - \frac{C_2}{Q_2} \right)$$

这个公式的实质是用节省的经营费用补偿多花费的投资费用，即增加的投资要多少年才能通过经营费用的节约收回来。

2）追加投资回收期法的判别准则

计算出追加投资回收期后，应与行业的标准投资回收期（T_b）相比。如果小于标准投资回收期，说明增加投资的方案可取，否则不可取。如果备选方案超过两个，且均符合应用追加投资回收期法的条件，就需要对两个方案进行筛选比较。

（1）当 $\Delta T \leqslant T_b$ 时，则投资大、成本低方案的追加投资回收时间较短，投资大的方案较优。

（2）当 $\Delta T > T_b$ 时，则投资大、成本低方案的追加投资回收时间较长，投资小的方案较优。

[**例题** 4.3] 甲方案投资 700 万元，年运行费用为 100 万元。乙方案投资 500 万元，年运行费用为 130 万元。若两方案的效果相同，问如何决策？

甲方案的追加投资为 200（700-500）万元，年运行费用每年可节约 30（130-100）万元，ΔT 为 6.67（200/30）年。很明显，ΔT 所表明的只是追加投资（差额投资）的经济效益，则投资大的方案多花投资的回收时间。

[**例题** 4.4] 某项目有 3 个可行方案供选择，其投资额与年经营成本如下。第一个方案：K_1=1000 万元，C_1=120 万元；第二个方案：K_2=1100 万元，C_2=115 万元；第三个方案：K_3=1140 万元，C_3=105 万元。设基准投资回收期 T_b=5 年，试选择最优方案。

解析：

第一步，将第二个方案与第一个方案相比较：

$$\Delta T_{2-1} = \frac{K_2 - K_1}{C_1 - C_2} = \frac{1100 - 1000}{120 - 115} = 2 \text{（年）} < T_b = 5 \text{（年）}$$

所以，投资较大的第二个方案优于第一个方案，第一个方案被淘汰。

第二步，将第三个方案与第二个方案相比较：

$$\Delta T_{2-1}=\frac{K_2-K_1}{C_1-C_2}=\frac{1140-1000}{115-105}=4（年）<T_b=5（年）$$

可见，投资较大的第三个方案比第二个方案优越，故第三个方案为最优方案。但第三个方案是否可行还须另行判断，或者只有当断定第二个方案或第一个方案为可行方案时，第三个方案才是可行最优方案。

3. 增量内部收益率法

增量内部收益率法又称为差额内部收益率法。对多方案进行比较选优时，无法用内部收益率法来选择方案，因为其是独立性方案的选择方法；对于多方案优选，一定要用增量内部收益率法。

对于能满足相同需要的多个互斥方案，若用差额内部收益率法来评价方案，则其基本步骤如下。

第一步：计算各方案自身的内部收益率，从中选取 $IRR>i_0$ 的所有方案。

第二步：将所选出的方案，按初始投资由小到大的顺序排列。

第三步：通过比较来计算两方案的差额内部收益率，若 $\Delta IRR>i_0$，则选择投资大的方案，否则选取投资小的方案，将选出的方案与后一个方案再进行比较。

第四步：重复第三步，直到选出最优方案为止。

差额投资内部收益率可用下列公式计算：

$$\sum_{t=0}^{n}（CF_{t2}-CF_{t1}）\times\frac{1}{（1+\Delta IRR）}=0$$

式中：CF_{t2}——投资大的方案第 t 年的净现金流量；

CF_{t1}——投资小的方案第 t 年的净现金流量；

ΔIRR——投资增量收益率。

由此可见，投资增量收益率 ΔIRR 就是两方案净现值相等时的内部收益率。选出最优方案、方案优劣的判断准则如下。

当 $\Delta IRR<i_0$ 时，投资额小、收益小的方案优于投资额大、收益大的方案。

当 $\Delta IRR>i_0$ 时，投资额大的方案优于投资额小的方案。

[**例题4.5**] 有两个简单的投资方案，其现金流量如表4.9所示，$i=10\%$，试选择其中的最优者。

表4.9　方案现金流量表　　　　　　　　单位：万元

方案	投资	年经营费用	年销售收入	寿命/年
I	1500	650	1150	10
II	2300	825	1475	10

选择方案的实质是投资大的方案与投资小的方案相比，增量投资能否被其增量收益收回，即对增量的现金流量的经济性进行判断。也就是当用内部收益率法比较多方案时，把两个方案的投资差看成是一笔新投资，把两个方案的成本差和收益差看成是这笔新投资带

来的净收益，由此计算出来的使增量投资和净收益现值等于 0 时的贴现率，就为差额内部收益率（或投资增量收益率）。用此差额内部收益率与基准收益率比较，就可判断出增量投资的经济性，即可选出最优方案。如例题 4.5 所示：

$$\Delta NPV = -800 + 150\,(P/A,\ i,\ 10\,)$$

当 $i_1 = 10\%$ 时，$\Delta NPV_1 = 121.6$。

当 $i_2 = 15\%$ 时，$\Delta NPV_2 = -47.15$（取绝对值）。

$$\Delta IRR = 10\% + \frac{121.6}{121.6 + 47.15}\,(15\% - 10\%) = 13.6\%$$

由于 $\Delta IRR > i_0$，说明增加 800 万元投资是可行的，从而得出 Ⅱ 方案优于 Ⅰ 方案。

用差额内部收益率法选择多方案时，只有在基准收益率大于被比较的两方案的差额内部收益率时，才能得出正确结论。

4. 费用效率分析法

费用效率是指设备在其有效使用期内的系统效率与总费用的比率。费用效率分析法主要用于设备的经济性分析。在分析设备满足特定工艺要求所必须耗费的活劳动和物化劳动的高低时，常用费用效率分析法。

费用效率分析法是一种技术与经济有机结合的方案评价方法。它要考虑项目的功能水平与实现功能的寿命周期费用之间的关系。这种方法在设备选型中应用较为广泛。对于设备的功能水平的评价一般可用生产效率、使用寿命、技术寿命、能耗水平、可靠性、操作性、环保性和安全性等指标。在设备选型中应用寿命周期成本评价方法的步骤如下。

（1）提出各项备选方案，并确定系统效率评价指标。

（2）明确费用构成项目，并预测各项费用水平。

（3）计算各方案的经济寿命，以作为分析的计算期。

（4）计算各方案在经济寿命期内的寿命周期成本。

（5）计算各方案可以实现的系统效率水平，然后与寿命周期成本相除计算费用效率，费用效率较大的方案较优。

费用效率的计算公式为

$$CE = \frac{SE}{LCC}$$

式中：LCC——设备有效使用期内的总费用；

　　　CE——费用效率；

　　　SE——系统效率。

SE 的确定有以下两种方法。

（1）以一个综合要素如生产效率作为系统效率。

（2）用多个单一性要素作为系统效率。这时需要先确定各个因素的权重，然后加权平均计算求系统效率，最后计算费用效率。

$$SE_j = \sum_{t=0}^{n} r_{ij} PF_{ij}$$

式中：SE_j——j 设备要素综合得分值（系统效率）；

r_{ij}——j 设备第 i 要素权重值；

PF_{ij}——j 设备第 i 要素得分值；$i=1$，2，$\cdots$，n，n 为要素个数；$j=1$，2，$\cdots$，m，m 为设备（方案）数。

［例题4.6］投资项目有3种设备选择方案，各设备的寿命周期费用分别为：A 设备9.8万元；B 设备9 万元；C 设备9.4 万元。系统要素由 6 个要素组成，各设备对应要素得分（按10 制评分）和要素权重经专家调查，结果如表4.10 所示。

表4.10 设备系统效率专家调查评价表

序 号	系统要素	权重/%	A 设备		B 设备		C 设备	
			评 价	得 分	评 价	得 分	评 价	得 分
1	可靠性	30	95%	9	90%	7	92%	8
2	安全性	15	安全	10	较安全	8	一般	6
3	耐用性	20	13 年	7	18 年	10	15 年	9
4	维修性	15	一般	6	较好	8	很好	10
5	环保性	10	很好	10	很差	0	很好	10
6	灵活性	10	良好	9	较好	8	一般	6
	合计	100		51		41		49

根据系统效率公式计算得：

$SE_A = 0.3 \times 9 + 0.15 \times 10 + 0.2 \times 7 + 0.15 \times 6 + 0.1 \times 10 + 0.1 \times 9 = 8.4$

同理计算得：$SE_B = 7.3$；$SE_C = 8.2$

根据费用效率公式计算得：

$CE_A = 8.4 \div 9.8 = 0.86$

$CE_B = 7.3 \div 9 = 0.81$

$CE_C = 8.2 \div 9.4 = 0.87$

因此，C 设备费用效率最高，经济性最好。

4.2.2 建设项目设计方案选择的技术指标分析

1. 工业建筑设计的主要经济技术指标

工业建筑总平面设计方案应从技术经济指标和功能方面对总图布置方案进行择优选择，主要包括总图布置方案技术指标比较、总图布置费用的比较；其他还可以考虑功能比选，主要比选生产流程的短捷、流畅、连续程度，项目内部运输的便捷程度及安全生产满足程度等；还可以考虑拆迁方案比选，即对拟建项目占用土地内的原有建筑物、构筑物的数量、面积、类型、可利用的面积、需拆迁部分的面积、拆迁后原有人员及设施的去向、项目需支付的补偿费用等，进行不同拆迁方案的比选；运输方案的比选也是相对需要考虑的一个方面，主要是在满足生产功能条件的前提下，进行运输方案技术经济比选。

通常总图布置方案技术指标的比较和总图布置费用的比较是主要的方案选择依据。

工业建筑总平面布置的技术经济指标可用于多方案比较，或者与国内外同类先进工厂的指标对比，以及进行企业改建、扩建时与现有企业指标对比；还可以用于衡量设计方案的经济性、合理性和技术水平。

工业建筑总平面布置的技术经济指标应执行国土资源部相关规定。严禁在工业项目用地范围内建造非生产性配套设施；工业企业内部一般不得安排绿地，但因生产工艺等特殊要求需要安排一定比例绿地的，绿地率不得超过 20%。技术经济指标是土地预审报告、项目申请报告中的主要内容之一；而且，按规定要求，项目竣工时，没有达到这些控制指标要求的，应依照合同约定及有关规定追究违约责任。

工业项目建设用地的控制指标包括投资强度、建筑系数、容积率和行政办公及生活服务设施用地所占比重。

1）投资强度

投资强度是指项目用地范围内单位面积固定资产投资额。

$$投资强度 = 项目固定资产总投资 / 项目总用地面积$$

项目固定资产总投资包括厂房、设备、地价款和相关税费等，按万元计。项目总用地面积按公顷（万平方米）计。

2）建筑系数

建筑系数是指项目用地范围内各种建筑物、构筑物、堆场占地面积总和占总用地面积的比例。

$$建筑系数 = （建筑物占地面积 + 构筑物占地面积 + 堆场用地面积）/$$
$$项目总用地面积 \times 100\%$$

（1）场地利用系数。场地利用系数也是衡量项目总平面布置水平的重要指标，该指标不在国土资源部现行工业项目建设用地的控制指标之内。建筑系数和场地利用系数因各行业生产性质和条件的不同而不同，工业项目的建筑系数应不低于 30%。

$$场地利用系数 = 建筑系数 + [（道路、广场及人行道占地面积 + 铁路占地面积 +$$
$$管线及管廊占地面积） \div 项目总用地面积 \times 100\%]$$

（2）绿地率。绿地率是指规划建设用地范围内的绿地面积与规划建设用地面积之比。

$$绿地率 = 规划建设用地范围内的绿地面积 \div 项目总用地面积 \times 100\%$$

（3）建筑密度。建筑密度是在一定范围内，建筑物的基底面积总和占用地面积的比例（%）。建筑密度指建筑物的覆盖率，具体指项目用地范围内所有建筑物的基底总面积与规划建设用地面积之比(%)，它可以反映出一定用地范围内的空地率和建筑物密集程度。在工业建筑设计方案中，建筑密度一般包括厂区内建筑物、构筑物、各种堆场的占地面积之和与厂区占地面积之比，它是工业建筑总平面图中比较重要的技术经济指标，能够反映总平面设计中的用地是否合理紧凑。其表达式为

$$建筑密度 = [（F_2+F_3） \div F_1] \times 100\%$$

式中：F_1——厂区占地面积，是指厂区围墙（或规定界限）以内的用地面积；

F_2——建筑物和构筑物的占地面积；

F_3——有固定装卸设备的堆场（如露天栈桥、龙门吊堆场）和露天堆场（如原材料燃料等的堆场）的占地面积。

（4）容积率。容积率是指项目用地范围内总建筑面积与项目总用地面积的比值。

$$容积率 = 总建筑面积 / 总用地面积$$

若建筑物的层高超过 8m，则在计算容积率时该层建筑面积加倍计算。

（5）行政办公及生活服务设施用地所占比重。行政办公及生活服务设施用地所占比重是指项目用地范围内行政办公、生活服务设施占用土地面积（或分摊土地面积）占总用地面积的比例。

$$行政办公及生活服务设施用地所占比重 = 行政办公、生活服务设施占用土地面积 \div 项目总用地面积 \times 100\%$$

当无法单独计算行政办公及生活服务设施占用土地面积时，可以采用行政办公及生活服务设施建筑面积占总建筑面积的比重计算得出的分摊土地面积代替。

工业项目所需的行政办公及生活服务设施用地面积不得超过工业项目总用地面积的7%。

常用的总图运输方案技术指标比较如表4.11所示。

表4.11　总图运输方案技术指标比较

内　容	序　号	技术指标	单　位	方　案　一	方　案　二	方　案　三
技术指标比较	1	厂区占地面积	万 m²			
	2	建筑物、构筑物占地面积	万 m²			
	3	道路和广场占地面积	万 m²			
	4	露天堆场占地面积	万 m²			
	5	铁路占地面积	万 m²			
	6	绿化面积	万 m²			
	7	投资强度	万元、万 m			
	8	建筑系数	%			
	9	容积率	%			
	10	行政办公及生活服务设施用地所占比重	%			
	11	绿化系数	%			
	12	场地利用系数	%			
	13	土石方挖填工程量	m³			
	14	地上、地下管线工程量	m³			
	15	防洪措施工程量	m³			
	16	不良地质处理工程量	m³			
费用指标比较	1	土石方费用	万元			
	2	地基处理费用	万元			
	3	地下管线费用	万元			
	4	防洪抗震设施费用	万元			

2. 民用建筑设计方案的技术经济指标

1）影响民用建筑实施费用的主要因素

民用建筑设计方案的技术经济指标的影响因素主要包括以下方面。

（1）平面形状。一般情况下，建筑物的平面形状越简单、规整，它的单位面积造价就越低。而且，建筑物周长与建筑面积之比 K 值越低，设计越经济。

K 值按圆形、正方形、矩形、T 形、L 形的次序依次增大，但是圆形建筑施工复杂，施工费用较高，与矩形建筑相比，施工费用会增加 20% ～ 30%；正方形建筑的设计和施工均较经济，但对某些有较高的自然采光和通风要求的建筑，方形建筑不易满足，而矩形建筑能较好满足其各方面的要求。

因此，建筑物平面形状的设计应在满足建筑物功能要求的前提下，降低建筑物周长与建筑面积之比，以实现建筑物寿命周期成本最低的要求。

（2）建筑物层高。在建筑面积不变的情况下，建筑物层高增加会引起各项费用的增加：

①墙体及有关粉刷、装饰费用提高；

②体积增加，导致供暖费用增加；

③卫生设备、上下水管道长度增加；垂直运输（楼梯间造价和电梯设备）费用增加；

④当建筑物总高度增加很多时，也可能需要增加基础造价等。

据有关资料分析，住宅层高每降低 10cm，可降低造价 1.2% ～ 1.5%；单层厂房层高每增加 1m，单位面积造价增加 1.8% ～ 3.6%，年度采暖费用增加 3%，即随着层高的增加，单位面积造价在不断增加。一般来说，2.8m 层高最经济。

（3）建筑物层数。民用建筑按层数可划分为低层建筑（1 ～ 3 层）、多层建筑（4 ～ 6 层）、中高层建筑（7 ～ 9 层）和高层建筑（10 层及以上住宅或总高度超过 24m 的公共建筑）。

建筑工程总造价是随着建筑物层数增加而提高的，但是当层数增加时，单位建筑面积所分摊的土地费用将有所降低，从而使建筑物单位面积造价发生变化。

如果增加一个楼层不影响建筑物的结构形式，那么单位建筑面积的造价会降低，但是当建筑物超过一定层数时，结构形式就要改变或需要增设电梯，单位造价通常会增加。

（4）柱网布置。柱网尺寸用于确定柱子的跨度和柱距。柱网尺寸的选择，首先应根据生产工艺与设备布置的要求，并根据建筑材料、结构形式、施工技术水平、经济效果及建筑工业化的要求来确定。

对于单跨厂房，当柱间距一定时，跨度越大，单位面积造价越低；对于多跨厂房，当跨度不变时，中跨数量越多越经济，此时，柱子和基础及外墙分摊在单位面积上的造价减少。

（5）建筑结构。建筑结构是指在建筑中起各种荷载作用的构件（如梁、板、柱、墙、基础、屋架等）所组成的骨架。建筑按其承重结构所用的材料不同可分为砌体结构（砖混结构）、钢筋混凝土结构、钢结构等。

（6）建筑物的体积和面积。随着建筑物体积和面积的增加，建筑总造价都会增加。

2）民用建筑技术指标

民用建筑技术指标主要包括平面系数指标、建筑周长指标、建筑体积指标、平均每户建筑面积、户型比等指标。

（1）平面系数。平面系数主要包括有效面积系数 $K_有$、辅助面积系数 $K_辅$、结构面积系数 $K_结$、居住面积系数 $K_居$ 等系数指标。

①居住面积系数（$K_居$）。使用面积也称为有效面积，它等于居住面积加上辅助面积。居住面积系数（$K_居$）是居住建筑标准层的居住面积与建筑面积或有效面积之比，它反映了居住面积在平面布置中的比例，是衡量建筑平立面设计方案经济合理性的主要指标。

$$K_居 = \frac{标准层的居住面积}{建筑面积} \times 100\%$$

居住面积系数（$K_居$）反映了居住面积与建筑面积的比例，$K_居 > 50\%$ 为佳，$K_居 < 50\%$ 为差。

②辅助面积系数（$K_辅$）。辅助面积系数表示居住建筑标准层的辅助面积与居住面积或有效面积之比，即为每平方米居住面积（或有效面积）所占辅助面积的数量。这取决于居住面积的大小和合理的平面布置。

$$K_辅 = \frac{标准层的辅助面积}{使用面积} \times 100\%$$

辅助面积系数（$K_辅$）一般在 20% ～ 27%。

③有效面积系数（$K_有$）。有效面积系数反映居住面积和辅助面积（厨房、厕所等）的有效面积利用率。

$$K_有 = \frac{有效净面积之和}{建筑面积}$$

④结构面积系数（$K_结$）。结构面积系数反映住宅结构面积与建筑面积之比。一般地，若方案中的 $K_结$ 能合理地减小，则方案的经济性越好。

$$K_结 = \frac{墙体等结构所占面积}{建筑面积} \times 100\%$$

结构面积系数（$K_结$）一般在 20% 左右。

（2）建筑周长系数（$K_周$）。建筑周长系数，反映建筑物外墙周长与建筑占地面积之比。

$$K_周 = \frac{建筑物外墙周长}{建筑面积}$$

（3）平均每户居住面积：

$$平均每户居住面积 = \frac{居住总面积}{总户数}$$

（4）平均每人居住面积：

$$平均每人居住面积 = \frac{居住总面积}{总人数}$$

（5）平均每户居室及户型比：

$$平均每户居室数 = \frac{总居室数}{总户数}$$

$$户型比 = \frac{某户型的户数}{总户数}$$

3. 建设项目设计方案选择的综合评价方法

1）多目标优选法

对于有多个备选建设项目设计方案的问题，可以采取以下办法进行决策。

（1）淘汰法。如果多个备选方案中有一些方案的每项指标分值都不优于某一方案对应的指标值，则这些备选方案都可以淘汰。

（2）设置最低指标值。对某些评价指标设置最低值，任何方案的相应指标若低于这个最低值，则该方案被淘汰。在厂址选择中有些因素是不能太差的。例如，如果水源达不到项目要求的最低标准，则不能建厂。

（3）综合加权和法。将每个方案的各项指标分值乘以各项指标的权重之后求和，取加权和最大者。该法的步骤如下：

①在厂址方案比较表中列出各种判断因素；

②将各判断因素按其重要程度给予一定的比重因子和评价值；

③将各方案所有比重因子与对应的评价值相乘，求出指标评价分；

④从中选出评价分最高的方案作为最佳方案。

采用这种方法的关键是确定比重因子和评价值，应根据实际条件和经验用统计方法求得：首先设定若干评价指标，并确定各指标的权重及评分标准；其次就各设计方案对各指标的满足程度打分，最后计算各方案的加权得分，得分最高者为最优方案。

$$S=\sum_{t=1}^{n} S_i W_i$$

其中：S——设计方案的综合得分；

S_i——各设计方案在不同评价指标上的得分；

W_i——各评价指标的权重；

n——评价指标数。

[**案例分析 4.3**] 某发动机场址方案比较如表 4.12 所示，试进行建设项目厂址选择的方案评价。

表 4-12 发动机场址方案比较

序 号	指标（判断因素）	方 案 甲	方 案 乙
1	场址位置	某市半山工业区	某市重型汽车厂附近
2	占地面积	14.8 万 m²	36 万 m²
3	可利用固定资产原值	2900 万元	7600 万元
4	可利用原有生产设施	没有	生产性设施14.7万m²，现有铸造车间3.4万m²，其中可利用面积1.9万m²
5	交通运输条件	无铁路专用线	有铁路专用线
6	土方工程量	新建 3 万 m² 厂房和公用设施，填方 6 万 m²	无大的土方施工量
7	所需投资额	7500 万元	5000 万元

序　号	指标（判断因素）	方　案　甲	方　案　乙
8	消化引进技术条件	易于掌握引进技术	消化引进需较长时间

指标评价值如表 4.13 所示。

表 4-13　厂址方案评分表

序　号	指标（判断因素）	不同方案的指标评价值		指标评价值之和
		方　案　甲	方　案　乙	
1	场址位置	0.350	0.650	1.000
2	占地面积	0.300	0.700	1.000
3	可利用固定资产原值	0.276	0.724	1.000
4	可利用原有生产设施	0	1.000	1.000
5	交通运输条件	0.200	0.800	1.000
6	土方工程量	0.100	0.900	1.000
7	所需投资额	0.400	0.600	1.000
8	消化引进技术条件	0.800	0.200	1.000

方案评价计算结果如表 4.14 所示。

表 4.14　厂址方案比较表

序　号	指标（判断因素）	比重因子（WF）	不同方案的指标评价值		指标评价值之和
			方案甲	方案乙	
1	场址位置	15%	0.0525	0.0975	0.1500
2	占地面积	15%	0.0450	0.1050	0.1500
3	可利用固定资产原值	10%	0.0276	0.0724	0.1000
4	可利用原有生产设施	10%	0	0.1000	0.1000
5	交通运输条件	5%	0.0050	0.0450	0.0500
6	土方工程量	10%	0.0100	0.0900	0.1000
7	所需投资额	15%	0.0600	0.0900	0.1500
8	消化引进技术条件	20%	0.1600	0.0400	0.2000
	合计	100%	0.3601	0.6399	1.0000

根据公式计算方案评价值，在表 4.14 中方案乙的得分高于方案甲，所以应选定方案乙。

4.3 设计概算的编制

4.3.1 设计概算的含义

1. 设计概算的含义

设计概算是由设计单位根据初步设计图样或详细设计图样及说明、概算定额（或概算指标）、各类费用标准等资料，或者参照类似工程预算文件，编制和确定的建设项目从筹建至竣工交付使用所需全部费用的文件。设计概算是在设计阶段概略地计算建筑物或构筑物等工程造价的文件，其特点是编制工作方法较为简化，在精度上没有施工图预算详细和精确，但是其精度要高于投资估算。设计概算的工作过程如图4.4所示。

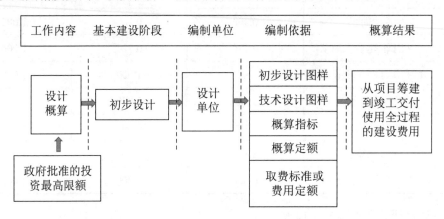

图 4.4   设计概算的工作过程

2. 设计概算的作用和编制依据

设计概算是编制建设项目投资计划、确定和控制建设项目投资的依据；是进行贷款的依据，也是签订合同的依据；还是考核设计方案技术经济合理性和选择设计方案的依据。

设计概算编制的依据主要包括以下几个方面。

（1）经批准的设计文件、主管部门审批文件，经济指标等。

（2）工程地质勘查资料；水电和原材料供应情况。

（3）地区的人工、材料、机械和设备价格。

（4）国家或地区的概算定额和概算指标。

（5）类似工程概算的相关技术经济指标。

3. 设计概算的三级编制

建设项目通常含有若干个单项工程，一个单项工程又含有若干个单位工程，一个建设项目工程造价的形成是由单项工程造价、单位工程造价各级组合而成的。设计概算属于设计阶段的工程计价工作，设计概算的编制是分级别编制的，通常由下至上，分级别汇总。

若干个单位工程概算汇总后成为单项工程概算，若干个单项工程概算和其他工程费用、预备费、建设期利息等概算文件汇总后成为建设项目总概算。三阶段设计概算工作内容如图4.5所示。

设计概算可分为单位建筑工程概算、单项工程综合概算和建设项目总概算三级。三者关系如图4.6所示。

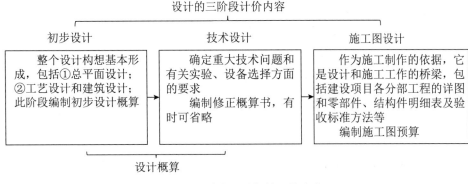

图 4.5　三阶段设计概算工作内容

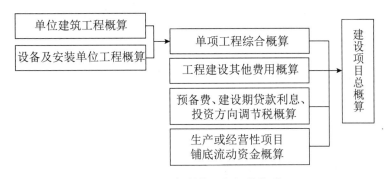

图 4.6　设计概算的三级概算关系

单项工程综合概算是指确定单项工程费用的文件，是建设项目总概算的组成部分，其根据单项工程所属的各个单位工程概算汇总编制而成。其内容包括编制说明和综合概算表两大部分。

单项工程综合概算包括建筑单位工程概算、设备及安装单位工程概算，三者的组成内容如图 4.7、图 4.8、图 4.9 所示；三级概算的关系及费用的构成如图 4.10 所示。

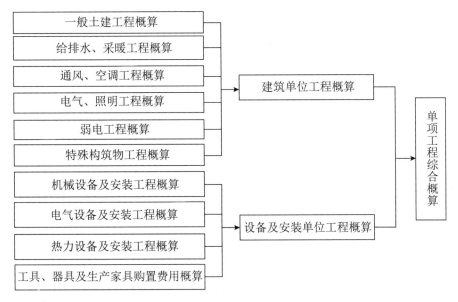

图 4.7　单项工程综合概算的组成

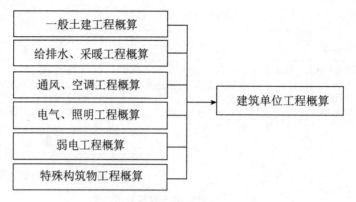

图 4.8　建筑单位工程概算的组成

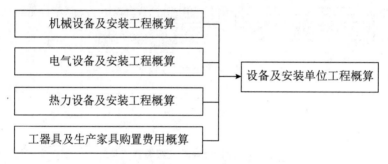

图 4.9　设备及安装单位工程概算的组成

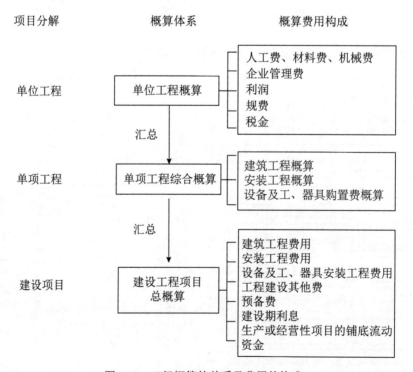

图 4.10　三级概算的关系及费用的构成

4.3.2 单位工程概算编制的内容

1. 单位工程概算的内涵

单位工程概算是计算一个独立建筑物或构筑物即单项工程中每个专业工程所需工程费用的文件。单位工程概算需要确定各单位工程建设费用，这不仅是编制单项工程概算的依据，而且是单项工程概算的组成部分。

单位工程概算根据设计文件、概算定额或指标、取费标准及有关预算价格等资料进行编制。在初步设计阶段，一般按概算指标编制；在技术设计阶段，一般按概算定额编制。

2. 单位工程概算的编制文件

单位工程概算文件是确定某一单项工程内所有单位工程所需建设费用的文件，包括单项工程内的一般土建工程、生产工艺机械设备安装工程、给排水工程、电气照明工程、采暖工程、通风工程等单位工程的建设费用。单位工程概算造价的形成和获得如图4.11所示。

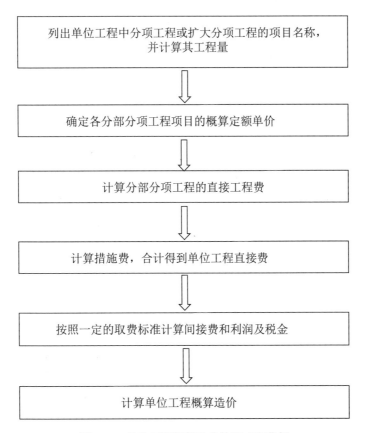

图 4.11 单位工程概算造价的形成和获得

单位工程概算文件应包括建筑（安装）工程直接费计算表和建筑（安装）工程费用构成表等。

1）建筑（安装）工程直接费计算表编制

建筑单位工程直接费概算表是单位工程概算文件的主表，其内容如表4.15所示。

表 4.15 建筑单位工程直接费概算表

单位工程概算编号：　　　　　　单项工程名称：　　　　单位：万元 共 页 第 页

序　号	概算编号	工程和费用名称	项目特征	单　价	数　量	合　计
1		分部分项工程				
1.1		土石方工程				
1.2		砌筑工程				
1.3		楼地面工程				
		……				
		分部分项工程费合计				
2		措施项目				
2.1		可计量措施项目				
2.2		综合取费措施项目				
		措施项目费合计				
3		工程费合计				

得到直接费后，可在此基础上继续取定管理费、规费、利润和税金等费用并汇总。

设备与安装单位工程直接费概算表的内容如表 4.16 所示。

表 4.16 设备与安装单位工程直接费概算表

单位工程概算编号：　　　　　　单项工程名称：　　　　单位：万元 共 页 第 页

序　号	概算编号	工程和费用名称	项目特征	单　价	数　量	合　计
1		分部分项工程				
1.1		机械设备及安装工程				
1.2		电气工程				
1.3		热力工程				
		……				
		分部分项工程费合计				
2		措施项目				
2.1		可计量措施项目				
2.2		综合取费措施项目				
		措施项目费合计				
3		合计				

综合取费措施项目不能按照概算定额等进行按量计算计价，只能以费率计价的措施计算费用，如安全文明施工费、夜间施工费、冬雨季施工费等。

2）建筑（安装）工程费用构成表

建筑（安装）工程费用构成表是说明单位建筑工程和单位设备及安装工程概算中费用概算具体信息的表格，如表 4.17、表 4.18 所示。

表 4.17　单位建筑工程概算表（费用构成表）

序号	定额编号	工程项目或费用名称	单位	数量	单价 / 元				合价 / 元			
					人工费	材料费	机械费	定额基价	人工费	材料费	机械费	金额
一		土石方工程										
1	××	×××										
2	××	×××										
二		砌筑工程										
1	××	×××										
2	××	×××										
3	××	××										
三		楼地面工程										
1	××	×××										
2	××	×××										
		小计										
		工程综合取费										
		单位工程概算费用合计										

表 4.18　单位设备及安装工程概算表（费用构成表）

序号	定额编号	工程项目或费用名称	单位	数量	单价 / 元				合价 / 元			
					人工费	材料费	机械费	定额基价	人工费	材料费	机械费	金额
一		设备安装工程										
1	××	××										
2	××	××										
二		管道工程										
1	××	××										
2	××	××										
3	××	××										
三		防腐工程										
1	××	××										
2	××	××										
		小计										
		工程综合取费										
		单位工程概算费用合计										

4.3.3　单项工程综合设计概算的编制

1. 单项工程概算的内涵

单项工程又称为具有独立的设计文件，建成后可以独立发挥生产能力或工程效益的项目，是建设项目的组成部分，如生产车间、办公楼、食堂、图书馆、学生宿舍、住宅楼、一个配水厂等。单项工程是一个复杂的综合体，是一个具有独立存在意义的完整工程。

单项工程综合概算是指确定单项工程费用的文件，是建设项目总概算的组成部分，是根据单项工程所属的各个单位工程概算汇总编制而成的。

2. 单项工程概算的编制文件

单项工程综合概算文件的内容一般包括以下 3 个部分。

1）编制说明

此处的编制说明在不编制总概算时列入。

（1）工程概况。工程概况简述建设项目的性质、特点、生产规模、建设周期、建设地点等主要情况。引进项目要说明引进内容及与国内配套工程等主要情况。

（2）编制依据。编制依据包括国家和有关部门的规定、设计文件、现行概算定额或概算指标、设备材料的预算价格和费用指标等。

（3）编制方法。编制方法说明设计概算是采用概算定额法，还是采用概算指标法或其他方法。

（4）其他必要的说明。

2）综合概算表

综合概算表含其所附的单位工程概算表和建筑材料表。

3）各专业的单位工程预算书

预算书是确定某一个生产车间、独立建筑物或构筑物中的一般土建工程、工业管道工程、特殊构筑物工程、电气照明工程、机械设备及安装工程、电气设备及安装工程等各单位工程建设费用的文件。

3. 单项工程综合概算的两种情况

1）含有三级概算情况下的单项工程综合概算编制

如果一个建设项目含有多个单项工程，那么综合概算包含所属各单位工程的概算汇总，所包括的费用有建筑单位工程概算、设备及安装单位工程概算及工器具及生产家具购置费等。此时的单项工程综合概算文件要汇总到建设项目总概算中，再加上工程建设其他费用、建设期贷款利息、预备费和固定资产投资方向调节税的概算汇总，称为建设项目总概算。

$$单项工程综合概算 = \sum 各单位工程概算$$

当一个建设项目含有多个单项工程时，单项工程综合概算的组成内容如图 4.12 所示。

2）含有二级概算情况下的单项工程综合概算编制

如果该建设单位只有一个单项工程，则单项工程的综合概算不仅包含所属各单位工程的概算，即建筑单位工程概算、设备及安装单位工程概算和工器具及生产家具购置费部分，还包括与这个单项工程建设有关的其他费用，如工程建设其他费用概算和预备费等，这些费用也要综合列入单项工程综合概算中。它就成为确定单项工程建设费用的文件，此时不需要编总概算。

$$单项工程概算 = \sum 各单位工程概算 + 工程建设其他费 + 预备费 + 建设期利息 + 流动资金$$

含有二级概算情况下的单项工程综合概算的组成内容如图 4.13 所示，单项工程综合概算表如表 4.19 所示。

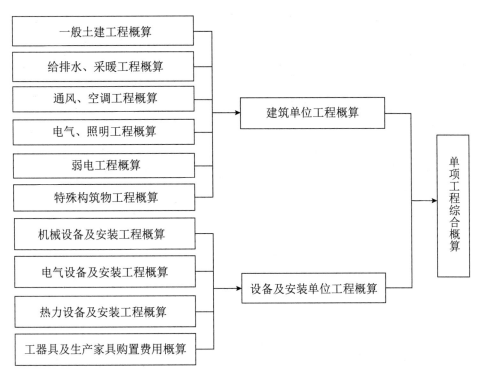

图 4.12　单项工程综合概算的组成（一个建设项目含有多个单项工程）

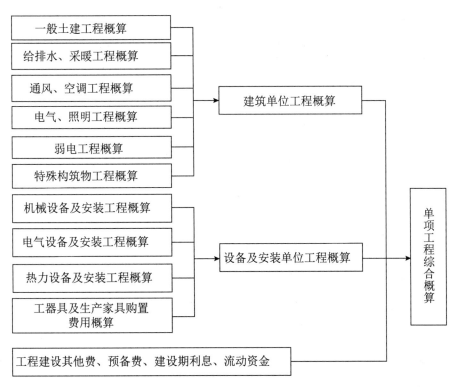

图 4.13　单项工程综合概算的组成（一个建设项目含有一个单项工程）

表 4.19　单项工程综合概算表

建设项目名称：　　　　　　单项工程名称：　　　　　　单位：万元　共　页　　第　页

序号	概算编号	工程和费用名称	概（预）算价值/元						技术经济指标		
			建筑工程费	设备购置费	安装工程费	其他费用	合计	其中：外汇	单位	数量	单位价/元
1		主要工程									
1.1		×××									
1.2		×××									
2		辅助工程									
2.1		×××									
2.2		×××									
3		配套工程									
3.1		×××									
3.2		×××									
4		综合概算造价									
5		占综合造价比例									

4.3.4　建设项目总概算的编制

1. 建设项目总概算的内涵

建设项目总概算是确定整个建设项目从筹建到竣工验收所需全部费用的文件，由各单项工程综合概算、工程建设其他费用概算、预备费、建设期贷款利息概算汇总而成。

若干个单位工程概算汇总后成为单项工程概算，若干个单项工程概算和其他工程费用、预备费、建设期利息等概算文件汇总后成为建设项目总概算。建设项目总概算仅是一种归纳、汇总性文件。最基本的计算文件是单位工程概算书。

2. 建设项目总概算的编制

建设项目总概算由工程费用、工程建设其他费用、预备费用和建设期利息费用 4 部分组成，它是由各单项工程综合概算和其他费用、预备费用和财务费用概算汇总而成的。

1）民用型建筑总概算工程费用划分

民用型建筑总概算工程费用划分如下。

（1）主体工程。主体工程包括梁、板、柱、内外墙。

（2）公用工程与辅助工程。公用工程与辅助工程是为项目主体工程正常运转服务的配套工程。

公用工程主要有给排水、供电、通信、供热、通风等工程。辅助工程包括维修、化验、检测、仓储等工程。

（3）附属配套工程。附属配套工程包括室外水电安装、暖通、排水、绿化、室外工程等。

2）工业型项目总概算的工程划分

工业型项目总概算中的工程项目具体内容如下。

（1）主要生产项目。主要生产项目的内容根据不同企业的性质和设计要求各异，如钢铁企业的高炉车间、炼钢车间、轧钢车间等。

（2）辅助生产及服务设施。辅助生产及服务设施项目一般包括如下内容：

①辅助生产的工程，如机修车间、金工车间、模具车间等；

②仓库工程，如原料仓库、成品仓库、危险品仓库等；

③服务设施工程，如办公楼、食堂、消防车库、门卫室等。

（3）配套工程。配套工程是指室外的配套设施，一般指室外给排水管道、室外供电、室外道路、室外供热管网、室外燃气管道、场地硬化、绿化等。小区周边的道路也属于配套工程。

3）总概算文件的内容

总概算文件一般应包括以下内容。

（1）编制说明。编制说明一般包括以下内容。

①工程概况。

②编制依据。

③编制方法，说明设计概算是采用概算定额法，还是采用概算指标法或其他方法。

④投资分析，主要分析各项投资的比重、各专业投资的比重等经济指标。

⑤主要材料和设备数量。

⑥其他必要的说明。

（2）总概算表。

（3）各单项工程综合概算书。

（4）工程建设其他费用概算表。

（5）主要建筑安装材料汇总表。

独立装订成册的总概算文件宜加封面、签署页（扉页）和目录。

具体来讲，建设项目设计总概算内容如图 4.14 所示；建设项目总（综合）概（预）算表如表 4.20 所示；工程建设其他费用计算表如表 4.21 所示。

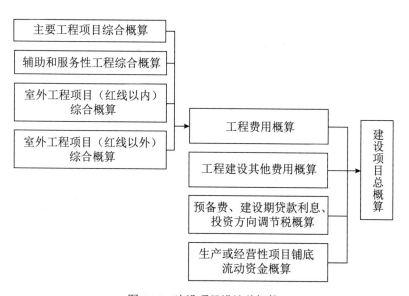

图 4.14　建设项目设计总概算

表 4.20   建设项目总（综合）概（预）算表

建设项目：　　　　　　　　　　　　单项工程名称：　　　　　　　共　页　　第　页

序号	概算编号	工程和费用名称	概算价值/元						占投资额/%
			建筑工程费	设备购置费	安装工程费	其他费用	合计	其中外汇	
1		工程费用							
1.1		主要工程							
1.2		辅助工程							
1.3		配套工程							
2		工程建设其他费用							
3		预备费							
4		建设期利息							
5		流动资金							
6		总概算造价（合计）							
7		占总概算造价比例							

表 4.21   工程建设其他费用计算表

其他费用编号：　　　　　　　　　　费用名称：　　　　单位：万元　共　页　　第　页

序　　号	费用项目名称	费用计算基数	费　率/%	金　　额	计　算　公　式	备　　注

4.3.5   概算定额与概算指标综合应用

1. 概算定额

概算定额是在预算定额的基础上，确定完成合格的单位扩大分项工程或单位扩大结构构件所需要消耗的人工、材料和施工机具台班的数量标准及其费用标准。

1）概算定额的主要作用

（1）概算定额是初步设计阶段编制概算、技术设计阶段修正概算的主要依据。

（2）概算定额是对设计项目进行技术经济分析比较的基础资料之一。

（3）概算定额是编制建筑工程主要材料计划的计算基础。

（4）概算定额是编制概算指标的依据。

2）概算定额和预算定额的区别

（1）二者的使用是根据设计文件内容的深度决定的。

（2）二者工程项目划分的详细程度不同。概算定额的工程项目划分得较粗，每一个项目所包括的工程内容较多，同时也把预算定额中的多项工程内容合并在一项中。因此，概算定额中的工程项目较预算定额中的工程项目要少得多。

（3）二者的综合程度不同。概算定额对预算定额进行了综合，概算定额和预算定额在项目划分和综合扩大的程度上是不同的。

3）概算定额的构成

概算定额也是消耗量定额。概算定额一般由文字说明、定额项目表及附录3个部分组成。概算定额的内容构成如图4.15所示。

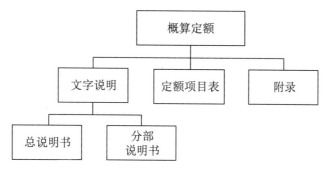

图4.15 概算定额的内容构成

（1）总说明书。总说明书主要是说明概算定额编制的目的、使用范围、编制的依据和编制的主要原则、方法及取费的基础等。

（2）分部说明书。分部说明书主要介绍概算定额中含有的分部内容及综合分项工程内容、工程计量依据的规则等。例如，土建工程概算定额会列出土石方、基础工程、墙体工程、柱、梁板工程、门窗工程、楼地面工程、屋面工程、装饰及装修工程等。各分部还继续列出扩大分项工程内容详细信息，并编制概算定额号。

（3）定额项目表。定额项目表是概算定额的核心，它反映了一定计量单位扩大结构或构件扩大分项工程的概算定额单价及主要材料消耗量的标准。例如，现浇钢筋混凝土柱概算定额表如表4.22所示。

表4.22 现浇钢筋混凝土柱概算定额表

概算定额编号				4-3		4-4	
项目	单位	单价/元		矩形柱			
				周长1.8m以内		周长1.8m以外	
				数量	合价	数量	合价
基准价	元			13 428.76		12 947.26	
其中	人工费	元		2116.40		1728.76	
	材料费	元		10 272.03		10 316.83	
	机械费	元		1040.33		856.67	

续表

概算定额编号			4-3		4-4	
合计工	工日	22.00	96.20	2116.40	78.58	1728.76
材料	普通木材	m³	118.80	33.95	6564.00	21.004	7221.00
材料	圆钢	t	2000.16	4.00	8000.64	5.00	10 000.90
材料	……	……	……	……	……	……	……
机械	垂直运输机	元			628.00		510.00
机械	其他机械费	元			412.33		346.67

2. 概算定额法

概算定额法又称为扩大单价法或扩大结构定额法，是采用概算定额编制建筑工程概算的方法。根据初步设计图样资料和概算定额的项目划分可计算出工程量，然后套用概算定额单价或基价，计算汇总后，再计取有关费用，便可得出单位工程概算造价。

1）概算定额法编制步骤

概算定额法编制步骤包含以下主要过程。

（1）根据初步设计图样和说明书，按照所在地区省市发布的相应概算定额划分的项目来列出所涉及的分部分项工程。通常概算定额中的数据是由分部分项工程扩大汇总得来的，概算定额法的汇总过程如图 4.16 所示。

图 4.16　概算定额法的汇总过程

（2）套用分部分项工程概算定额单价。在采用概算定额法编制概算时，可以将计算出的扩大分部分项工程的工程量乘以概算定额的单价进行直接工程费计算，这又称为扩大单价法。概算定额单价的计算公式为

概算定额单价＝概算定额人工费＋概算定额材料费＋概算定额机械台班使用费
＝（概算定额中人工消耗量 × 人工单价）＋
（概算定额中材料消耗量 × 材料预算单价表）＋
（概算定额中机械台班消耗量 × 机械台班单价）

将已算出的各分部分项工程项目的工程量分别乘以概算定额单价可得到该单位工程的直接工程费和工料总消耗量。

$$分部分项工程直接工程费 = \sum 分部分项工程量 \times 概算定额单价$$

至此可以获得分部分项工程直接工程费。同时列出直接工程费中的人工、材料、机械消耗量之和，可以得到各分项工程的人工、材料、机械的消耗表。

（3）措施费汇总。措施费包括可计量措施费和综合取费措施费。

$$措施工程费 = 可计量措施费 + 综合取费措施费$$
$$= \sum 可计量措施工程量 \times 概算定额单价 + 综合取费措施费$$

同时列出措施费中的人工、材料、机械消耗量之和，与各分项工程的人工、材料、机械的消耗表汇总可得到单位工程人工、材料、机械消耗量。

可计量措施工程费主要包括脚手架、模板工程、井点降水、排水费、大型机械进出厂及安拆费等技术性措施，在定额中有消耗量和单价信息，可以计算获得。

综合取费措施费主要是一些管理和施工组织需要而产生的措施费，如安全文明施工费、环境保护施工费、夜间施工费、冬雨季施工费、二次搬运费等。

（4）分部分项工程费与措施费汇总得到该单位工程的直接费。

（5）根据直接费，结合其他各项取费标准，分别计算管理费、规费、利润和税金。

（6）计算单位工程概算造价。

（7）汇总单位工程预算书。

2）概算定额法的取费

概算定额法取费基础的确定包含以下几种情况。

概算定额法（扩大单价法）是以分部分项工程量乘以单价后的合计为直接工程费。直接工程费以人工、材料、机械的消耗量及其相应价格确定。直接工程费汇总措施费后另加间接费（一般包含规费和企业管理费）、利润、税金生成工程概算价。概算定额法的取费分为3种情况。

（1）以直接费为计算基础。以直接费为计算基础的取费过程如表4.23所示。

表4.23 以直接费为计算基础

序　号	费用名称	费用计算表达式
（1）	直接工程费	按照预算表 （人工费 + 材料费 + 机械费）
（2）	措施费	按规定标准计算
（3）	直接费	（1）+（2）
（4）	间接费	（3）× 间接费费率（%）
（5）	利润	［（3）+（4）］× 相应利润率（%）
（6）	不含税造价	（3）+（4）+（5）
（7）	税金	（6）× 相应税率（%）
（8）	含税造价	（6）+（7）

（2）以人工费和机械费为计算基础。以人工费和机械费为计算基础的取费过程如表4.24所示。

表 4.24　以人工费和机械费为计算基础

序　号	费用名称	费用计算表达式
（1）	直接工程费	按照预算表 （人工费＋材料费＋机械费）
（2）	其中人工费和机械费	按照预算表
（3）	措施费	按规定标准计算
（4）	其中人工费和机械费	按照预算表
（5）	直接费小计	（1）＋（3）
（6）	人工费和机械费小计	（2）＋（4）
（7）	间接费	（6）×相应费率（%）
（8）	利润	（6）×相应利润率（%）
（9）	税前造价合计	（5）＋（7）＋（8）
（10）	含税造价	（9）×［1＋相应税率（%）］

（3）以人工费为计算基础。以人工费为计算基础的取费过程如表 4.25 所示。

表 4.25　以人工费为计算基础

序　号	费用名称	费用计算表达式
1	直接工程费	按照预算表 （人工费＋材料费＋机械费）
2	其中人工费	按照预算表
3	措施费	按规定标准计算
4	其中人工费	按规定标准计算
5	直接费小计	（1）＋（3）
6	人工费小计	（2）＋（4）
7	间接费	（6）×相应费率（%）
8	利润	（6）×相应利润率（%）
9	税前造价合计	（5）＋（7）＋（8）
10	含税造价	（9）×［1＋相应税率（%）］

[**案例分析** 4.4] 某市拟建一座 $7560m^2$ 的教学楼，已知扩大单价和工程量（表 4.26）。按有关规定标准计算得到措施费为 438 000 元，各项费率分别为：规费和企业管理费等间接管理费合计费率为 5%，利润率为 7%，综合税率为 3.413%，试确定土建单位工程单方造价，试编制出该教学楼土建单位工程设计概算造价，并编制该单位工程的每平方米造价。

表 4.26　某教学楼土建工程量和扩大单价

分部工程名称	单　位	工　程　量	扩大单价／元
基础工程	$10m^3$	160	2500
混凝土及钢筋混凝土	$10m^3$	150	6800

续表

分部工程名称	单 位	工程量	扩大单价/元
砌筑工程	10m³	280	3300
地面工程	100m²	40	1100
楼面工程	100m²	90	1800
卷材屋面	100m²	40	4500
门窗工程	100m²	35	5600
脚手架	100m²	180	600

解析：

根据上述数据信息，可以得出如表4.27所示的数据。

表4.27 某教学楼土建单位工程概算造价

序 号	分部工程或费用名称	单 位	工程量	单价/元	合价/元
1	基础工程	10m³	160	2500	400 000
2	混凝土及钢筋混凝土	10m³	150	6800	1 020 000
3	砌筑工程	10m³	280	3300	924 000
4	地面工程	100m²	40	1100	44 000
5	楼面工程	100m²	90	1800	162 000
6	卷材屋面	100m²	40	4500	180 000
7	门窗工程	100m²	35	5600	196 000
8	脚手架	100m²	180	600	108 000
A	直接工程费小计	以上8项之和			3 034 000
B	措施费				438 000
C	直接费小计	$A+B$			3 472 000
D	间接费	$C×5\%$			173 600
E	利润	$(C+D)×7\%$			255 192
F	税金	$(C+D+E)×3.413\%$			133 134
	概算造价	$C+D+E+F$			4 033 926
	平方米造价	4 033 926/7 560			533.6

该教学楼土建单位工程设计概算造价为4 033 926元，该单位工程的每平方米造价为533.6元。

[**案例4.5**] 采用概算定额法编制的某中心医院实验楼土建单位工程概算造价如表4.28所示。直接工程费用合计7 893 244.79元，措施费占直接工程费的5%，间接费费率（含规费和企业管理费）为10%，利润率为5%，税金率取3.41%。请计算土建单位工程概算造价。

解析：

土建单位工程概算造价的具体过程如表4.28所示。

表 4.28　某实验楼土建单位工程概算造价

费用名称	编号	工程内容	概算定额号	计量单位	工程量	金额 / 元 概算定额基价	金额 / 元 合　价
分部分项工程费	（1）	实心砖基础（含土方工程）	3-1	10m³	19.60	1722.55	33 761.98
	（2）	多空砖外墙	3-27	100m³	20.78	4048.42	84 126.17
	（3）	多空砖内墙	3-29	100m³	21.45	5021.47	107 710.53
	（4）	无筋混凝土矩形梁	4-21	m³	521.16	566.74	295 362.22
	（5）	现浇混凝土矩形梁	4-33	m³	637.23	984.22	627 174.51
	（6）	……	……	……	……	……	……
直接工程费	（7）	（7）=（1）+（2）+（3）+（4）+（5）+（6）+…		元			7 893 244.79
措施费	（8）	（8）=（7）×5%		元			394 622.24
直接费	（9）	（9）=（7）+（8）		元			8 287 907.03
间接费	（10）	（10）=（9）×10%		元			828 790.70
利润	（11）	（11）=［（9）+（10）］×5%		元			455 834.89
税金	（12）	（12）=［（9）+（10）+（11）］×3.41%		元			326 423.36
造价总计	（13）	（13）=［（9）+（10）+（11）+（12）］		元			9 898 955.98	9 898 955.98

3. 概算指标法

当初步设计的深度不够，不能准确计算工程量，但工程设计采用的技术比较成熟且又有类似工程概算指标可供利用时，通常采用概算指标法编制工程概算。概算指标法将拟建厂房、住宅的建筑面积或体积乘以技术条件相同或基本相同的概算指标而得出直接工程费，然后按规定计算措施费、间接费、利润和税金等。

概算指标法的计算精度较低，但由于其编制速度快，因此对一般附属、辅助和服务工程等项目及住宅和文化福利工程项目或投资比较小、比较简单的工程项目投资概算有一定实用价值。

当拟建工程结构特征与概算指标有局部差异时，其调整方法如下：

$$结构变化修正概算指标 = J + Q_1 P_1 - Q_2 P_2$$

式中：J——原概算指标；

Q_1——换入新结构的数量；

Q_2——换出旧结构的数量；

P_1——换入新结构的单价；

P_2——换出旧结构的单价。

[**案例 4.6**] 某新建住宅的建筑面积为 4000m²，按概算指标和地区材料预算价格等算出一般土建工程单位造价为 680.00 元/m²（其中直接工程费为 480.00 元/m²），采暖工程为 34.00 元/m²，给排水工程为 38.00 元/m²，照明工程为 32.00 元/m²。按照当地造价管理部门规定，土建工程措施费费率为直接工程费的 8%，管理费与规费合计占土建工程直接工程费的 15%，利润率占土建工程直接工程费的比率为 7%，税率占土建工程直接工程费的比率为 3.4%。

但将新建住宅的设计资料与概算指标相比较，其结构构件有部分变更。设计资料表明外墙为 1 砖半外墙，而概算指标中的外墙为 1 砖外墙。根据当地土建工程预算定额，外墙带型毛石基础的预算单价为 150 元/m³，1 砖外墙的预算单价为 176 元/m³，1 砖半外墙的预算单价为 178 元/m³；在概算指标中，每 100m² 建筑面积中含外墙带型毛石基础为 18m³，1 砖外墙为 46.5m³；新建工程设计资料表明，每 100m² 建筑面积中含外墙带型毛石基础为 19.6m³，1 砖半外墙为 61.2m³。

扩展阅读 4.1

案例分析思路

请计算调整后的概算单价和新建住宅的概算造价。

根据土建工程中结构构件的变更和单价调整过程信息，可以得到如表 4.29 所示的概算指标调整表。

表 4.29　土建单位工程概算指标调整表

序 号	土建单位工程直接工程费造价换入换出部分结构	单位	数量/每 100m²含量	单价/元	合价/元
换出部分	外墙带型毛石基础	m³	18.00	150.00	2700.00
	一砖外墙	m³	46.50	177.00	8230.50
	合计	元			10 930.50
换入部分	外墙带型毛石基础	m³	19.60	150.00	2940.00
	一砖半外墙	m³	61.20	178.00	10 893.60
	合计	元			13 833.60
结构变化修正指标	480.00−10 930.50/100+13 833.60/100 ≈ 509.00（元）				

以上计算结果为土建单位工程直接工程费单价，需取费得到修正后的土建单位工程造价，即

509.00 ×（1+8%）×（1+15%）×（1+7%）×（1+3.4%）=699.43（元/m²）

其余工程单位造价不变，因此经过调整后的概算单价为

699.43+34.00+38.00+32.00=803.43（元/m²）

新建住宅楼概算造价为

803.43×4000=3 213 720（元）

4. 类似工程预算法

类似工程预算法是指利用技术条件与设计对象相类似的、已完工程或在建工程的工程造价资料来编制拟建工程设计概算的方法。类似工程预算法适用于在拟建工程初步设计与已完工程或在建工程的设计相类似而又没有可用的概算指标时，但必须对建筑结构差异和价差进行调整。

类似工程造价的价差调整常有两种方法。

（1）结构、材料差异换算法：因结构、材料不同而产生的差异。

　　单位工程预算造价 = 类似工程预算价值 - 换出工程费 + 换入工程费

（2）价格差异系数法：因时间不同而产生的差异。

当类似工程造价资料有具体的人工、材料、机械台班的用量时，可按类似工程造价资料中的主要材料用量、工日数量、机械台班用量乘以拟建工程所在地的主要材料预算价格、人工工日单价、机械台班单价，计算出直接工程费，再进行取费即可得到所要的造价指标。

[案例4.7]　拟建办公楼建筑面积为 $3000m^2$，类似工程的建筑面积为 $2800m^2$，预算造价为320万元。各种费用占预算造价的比例为：人工费10%，材料费60%，机械使用费7%，措施费3%，其他费用20%；各种价格差异系数为：人工费 $K_1=1.02$，材料费 $K_2=1.05$，机械使用费 $K_3=0.99$，措施费 $K_4=1.04$，其他费用 $K_5=0.95$。试用类似工程预算法编制概算。

解析：

综合调整系数 K=10%×1.02+60%×1.05+7%×0.99+3%×1.04+20%×0.95=1.023

价差修正后的类似工程预算造价 =320×1.023=3 273 600（元）

价差修正后的类似工程预算单方造价 =3 273 600÷2 800=1 169.14（元）

则拟建办公楼概算造价 =1169.14×3000=350.742（万元）

本章思考题

一、名词解释

设计阶段；初步设计；技术设计；设计概算；限额设计；价值工程；概算定额；概算指标；类似工程预算法；修正概算指标；三级概算；单位工程概算；单项工程概算；总概算。

二、简答题

1. 设计阶段的主要工作有哪些？

2. 初步设计阶段和技术设计阶段的主要区别和联系是什么？

3. 设计概算分为几级概算？

4. 单位设计概算的主要编制内容和常用的计价方法是什么？

5. 建设项目总概算的编制内容是什么？

6. 概算定额和预算定额的区别和联系是什么？

7. 概算定额法和概算指标法的区别和联系是什么？

扩展阅读4.2

案例分析

即测即练

第5章 工程定额与施工图预算管理

本章学习目标

1. 了解施工图预算阶段的工程造价工作内容；
2. 了解工程定额原理、建筑工程定额概念及分类；
3. 掌握施工定额与预算定额的编制和应用方法；
4. 掌握预算定额基价的构成方法及应用；
5. 掌握单位估价表的作用及应用。

引导案例

刚刚大学毕业的陈亮被公司分配到预算管理部门参与土建预算工作。陈亮发现他所做的预算工作既需要懂工程技术，又需要懂工程经济和建筑施工管理，在工作中还需要结合实践经验，为建设项目提供土建预算的确定、控制和管理，使工程技术与经济管理密切结合，以取得最大经济效益。

最近，陈亮接手了一项建筑施工工程。为了更准确、更优质地进行预算，他准备先认真熟悉图样，做好图样会审前的准备工作。他认真阅读了设计说明，了解了设计者的意图和工程的结构形式。陈亮看图的顺序一般先由结构图开始，然后再看施工图。在看图过程中，他注重核对结构图和施工图的标高、尺寸是否一致，发现互相矛盾的地方或不清楚的地方并随时记录下来，在图样会审时一并提出来，并由设计单位解答清楚。

图样会审顺利完成之后，陈亮开始熟悉工程量计算规则，并通过工程造价管理软件进行了项目建模和工程量计算，必要情况下他还要进行手算核实。由于图样张数多、施工项目复杂，陈亮将每一项工程量的计算都标明了来源图纸编号或所采用的标准图集号，并标注了构件编号、砂浆标号及砼的标号，以备业主方审核。陈亮尽量注意避免出现漏项、重复计算和计算错误等现象，因为他知道工程预算是一项比较复杂的工作。这项工作要求责任心很强，又要求细心，还需要有冷静的思维。只有保证土建预算的编制质量，才能合理准确地确定工程造价。

资料来源：作者根据毕业生交流资料改编而成。

5.1 工程定额概述

5.1.1 建筑工程定额概念及分类

1. 建设工程定额的概念

1）定额的含义

定额是指规定的额度，是完成单位合格产品所消耗的资源如时间、人工、材料、机械、资金等数量；它是在正常的生产条件下，生产一定计量单位质量合格的产品所消耗的人工、材料和机械台班的数量标准。

随着施工技术和管理水平的提高，为解决如何提高工人劳动生产效率的问题，国际上早期的管理者泰勒把工作时间分为若干组成部分，并测定每一操作过程的时间消耗，制定出工时定额，以作为衡量工人工作效率的尺度。通过工时定额的制定，实行标准的操作方法及采用差别的计件工资，构成了泰勒制的主体，工时定额由此出现。定额是随着管理科学的发展而产生的，也将随着管理科学的不断进步而发展，它是企业实行科学管理的重要基础。

2）建设工程定额的概念及性质

（1）建筑工程定额的概念。在建筑工程中，建筑工程定额通常是指在正常的建设生产条件下，生产一定计量单位质量合格的建筑产品所消耗的人工、材料和机械台班的数量标准。建筑工程定额是实行建设管理的基础性依据，它是投资决策和价格决策的依据，有利于完善建筑市场信息系统。建设工程定额是由国家授权部门和地区统一组织编制、颁发并实施的工程建设标准。

经国家主管部门批准颁发的建筑工程定额，在其适用范围内具有法令性，有关单位都必须执行，不能随意修改。随着建筑产品价格改革的深化，建筑企业可以自行制定企业定额。随着科学技术的进步和建筑生产力的发展，当多数建筑产品生产者的实际消耗水平突破定额标准时，则应对定额进行修订。

定额是由国家指定的机构按照一定程序编制，并按照规定的程序审批和颁发执行的。在建筑工程中实行定额管理的目的是在施工中力求用最少的人力、物力和资金消耗量，生产出更多、更好的建筑产品，从而取得最好的经济效益。

（2）建筑工程定额的性质。建筑工程定额的性质大概有以下几点。

①科学性。定额的科学性，表现为定额的编制是在认真研究客观规律的基础上，自觉遵循客观规律的要求，用科学方法确定各项消耗量标准。所确定的定额水平，必须是大多数企业和职工经过努力能够达到的平均先进水平。

②法令性。定额的法令性，是指定额一经国家、地方主管部门或授权单位颁发，各地区及有关施工企业单位都必须严格遵守和执行，不得随意变更定额的内容和水平。定额的法令性保证了建筑工程统一的造价与核算尺度。

③群众性。定额的拟定和执行要有广泛的群众基础。定额的拟定，通常采取工人、技术人员和专职定额人员三结合的方式，这使拟定定额能够从实际出发，反映建筑安装工人的实际水平，并保持一定的先进性，并且更容易为广大职工所掌握。

④稳定性和时效性。建筑工程中的任何一种定额，在一段时期内都表现出稳定的状态。根据具体情况不同，稳定的时间有长有短，一般为5～10年。但是，任何一种建筑工程定额，都只能反映一定时期的生产力水平，当生产力向前发展了，定额就会变得陈旧。所以，建筑工程定额在具有稳定性特点的同时，也具有显著的时效性。当定额不能起到它应有的作用时，建筑工程定额就要进行重新修订。

建筑工程定额反映一定社会生产水平条件下的建筑产品（工程）生产和生产耗费之间的数量关系，同时也反映了建筑产品生产和生产耗费之间的质量关系。一定时期的定额反映一定时期的建筑产品（工程）生产机械化程度和施工工艺、材料、质量等建筑技术的发展水平与质量验收标准。随着我国建筑生产事业的不断发展和科学发展观的深入贯彻，各种资料的消耗量必然会有所降低，产品质量及劳动生产率会有所提高。因此，定额并不是一成不变的，但在一定时期内，又必须保持相对的稳定。

2. 建筑工程定额的分类

建筑工程定额是一个综合概念，是建筑工程中生产消耗性定额的总称。它包括的定额种类很多。为了对建筑工程定额在概念上有一个全面的了解，从不同视角，可大致将其分为以下几类。

1）按生产要素分类

建筑工程定额按其生产要素分类，可分为劳动消耗定额、材料消耗定额和机械台班消耗定额。

（1）劳动消耗定额。劳动消耗定额又称为人工消耗定额，是完成一定的合格产品（工程实体或劳务）所规定的人工劳动消耗的数量标准。劳动消耗定额主要的表现形式是时间定额，同时采用产量定额的形式。

（2）材料消耗定额。材料消耗定额是指完成一定合格产品所需消耗材料的数量标准。这里所说的材料消耗定额亦是各类定额的重要组成部分。

（3）机械台班消耗定额。机械台班消耗定额是指为完成一定合格产品（工程实体或劳务）所规定的施工机械消耗的数量标准。机械台班消耗定额的表现形式有机械时间定额和机械产量定额。

2）按费用性质分类

建筑工程定额按其费用性质分类，可分为直接费定额、间接费定额、工程建设其他费用定额等。

（1）直接费定额。直接费定额是指预算定额分项内容以内的，计算与建筑安装生产有直接关系的人工、材料、机械费用标准。

（2）间接费定额。间接费定额是指与建筑安装施工生产的个别产品无关，而为企业生产全部产品所必需，为维持企业的经营管理活动所必须发生的各项费用开支的标准，含企业管理费、规费等。

（3）工程建设其他费用定额。工程建设其他费用定额是独立于建筑安装工程、设备和工器具购置之外的其他费用开支的标准。它一般要占项目总投资的10%左右。

3）按主编单位和执行范围分类

建筑工程定额按其主编单位和执行范围分类，可分为全国统一定额、行业通用定额、专业专用定额及企业定额等。

全国统一定额是指在部门间和地区间都可以使用的定额。

行业通用定额是指具有专业特点，在行业部门内可以通用的定额。

专业专用定额是指特殊专业的定额，只能在指定的专业内使用。

企业定额的编制是一项很复杂的工作，它不仅要依据和参照全国统一建设工程基础定额和当地建筑工程预算定额，而且要将企业的各种状况进行分析比较并反映到编制的定额中。企业定额是企业自己的定额，反映企业自己的素质水平。

企业定额和施工定额是施工企业内部定额的两个层次。施工定额属于企业定额，但是级别过低，无法直接用于投标报价。很多企业没有能力编制高一级企业定额，所以很多企业在投标时依然采用管理机构发布的预算定额。

4）按用途分类

建筑工程定额按其用途分类，包括施工定额、预算定额、概算定额（概算指标）等。

建筑工程定额的分类如图 5.1 所示。

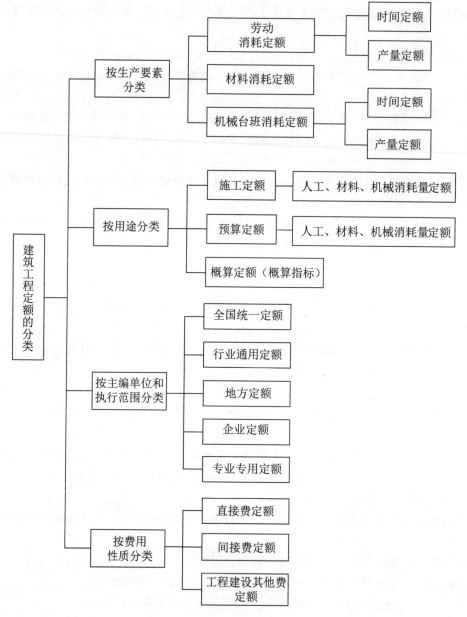

图 5.1　建筑工程定额的分类

（1）施工定额。施工定额是施工企业内部编制的，以供在施工中应用和考核成本的一种定额，是指在正常的施工条件下，完成一定数量分项构件中所需消耗的人工、材料和机械台班的数量标准。

施工定额以同一性质的施工过程为标定对象，规定某种建筑产品的劳动消耗量、机械工作时间消耗和材料消耗量。施工定额是建筑企业内部使用的生产定额,用于编制施工作业计划,编制施工预算、施工组织设计,考核劳动生产率和进行成本核算。

（2）预算定额。预算定额是在先进合理的施工条件下,完成一定计量单位的分项工程或结构构件所必须消耗的人工、材料、施工机械台班的数量标准。它是由国家及各地编制和颁发的一种法令性指标,反映了社会生产力的平均水平。预算定额以综合工作过程为对象,由国家或授权单位编制,用于编制施工图预算。预算定额不同于施工定额,它不是企业内部使用的定额,不具有企业定额的性质。

预算定额是以各分部分项工程为单位编制的。预算定额包括所需人工工日数、各种材料的消耗量和机械台班数量,并且一般列有相应地区的基价,是计价性的定额。预算定额是以施工定额为基础编制的,它是施工定额的综合和扩大,用于编制施工图预算及确定建筑工程的预算造价,是编制施工组织设计、施工技术财务计划和工程竣工决算的依据。同时,预算定额又是编制概算定额和概算指标的基础。

预算定额的作用包括以下几个方面:

①预算定额是编制施工图预算、合理确定工程预算造价的基本依据;

②预算定额是施工图预算进行投标、编制招标控制价的基础;

③预算定额是编制施工组织设计的主要文件;

④预算定额是进行工程拨款与工程结算的依据;

⑤预算定额是施工企业进行经济核算的依据;

⑥预算定额是编制概算定额的基础资料。

施工定额是工程建设中分项最细、定额子目最多的一种定额,也是工程建设定额中的基础性定额。预算定额实际考虑的因素比施工定额多,还要考虑一个幅度差。幅度差是预算定额与施工定额的重要区别。所谓幅度差,是指在正常施工条件下,施工定额未包括,但在施工综合过程中又可能发生而在预算时增加的附加额。

施工定额代表了平均先进水平,而预算定额代表了社会平均水平。预算定额是一种计价性的定额。在工程委托承包的情况下,预算定额是确定工程造价的评价依据。在招标承包的情况下,预算定额是计算标底和确定报价的主要依据。所以,它在工程建设定额中占有很重要的地位。

3. 概算定额

概算定额是以扩大结构构件、分部工程或扩大分项工程为单位编制的,它包括人工、材料和机械台班消耗量,并列有工程费用,也属于计价性定额。概算定额是以预算定额为基础编制的,它是预算定额的综合和扩大。它用以编制概算,是进行设计方案技术经济比较的依据;也可以用作编制施工组织设计时确定劳动力、材料、机械台班需要量的依据。

4. 概算指标

概算指标是比概算定额更为综合的指标,是以整个房屋或构筑物为单位编制的,包括劳动力、材料和机械台班定额 3 个组成部分,同时它还列出了各结构部分的工程量和以每百平方米建筑面积或每座构筑物体积为计量单位而规定的造价指标。概算指标是初步设计阶段编制概算,确定工程造价的依据;是进行技术经济分析、衡量设计水平、考核建设成本的标准。概算指标通常以每平方米或每百平方米为计算单位,房子、构筑物则以座为计量单位，来规定所需要的人工、材料、机械台班消耗的标准。

5. 投资估算指标

投资估算指标是在项目建议书和可行性研究阶段编制投资估算、计算投资需要量时使用的一种定额。它非常概略，往往以独立的单项工程或完整的工程项目为计算对象。它的概略程度与可行性研究阶段相适应。

不同类型的建设工程定额的应用范围如表 5.1 所示。

表 5.1　不同类型的建设工程定额的应用范围

定额分类	施工定额	预算定额	概算定额	概算指标	投资估算指标
对象	工序	分项工程	扩大的分项工程	整个建筑物或构筑物	独立的单项工程或完整的工程项目
用途	编制施工预算	编制施工图预算	编制扩大初步设计概算	编制初步设计概算	编制投资估算
项目划分	最细	细	较粗	粗	很粗
定额水平	平均先进	平均	平均	平均	平均
定额性质	生产性定额	计价性定额			

5.1.2　定额时间的构成

1. 定额时间

定额时间是指在定额测定过程中正常工作所消耗的时间，是可以计入定额的时间，包括准备与结束工作时间、基本工作时间、辅助工作时间、不可避免的中断时间及必须的休息时间等。

时间定额是指在一定的生产技术和生产组织条件下，某工种、某技术等级的工人小组或个人，完成单位合格产品所必须消耗的工作时间。时间定额以工日为单位，一个工日工作时间为 8 小时。

时间定额是在确定基本工作时间、辅助工作时间、不可避免的中断时间、准备与结束的工作时间及休息时间的基础上制定的。时间定额可以由定额时间转化而来。

2. 人工定额时间的测定

在一般建设条件下，测定定额水平时，工人工作时间包括定额时间和非定额时间。人工定额时间与非定额时间的构成如图 5.2 所示。

1）人工定额时间包括的内容

（1）有效工作时间。有效工作时间包括以下几个方面。

①基本工作时间。基本工作时间是指工人直接完成部分建筑产品的生产任务所必须消耗的工作时间。通过这些工艺过程可以使材料改变外形，如钢筋折弯等；可以改变材料的结构与性质，如混凝土制品的养护干燥等；可以使预制构配件安装组合成型；也可以改变产品外部及表面的性质，如粉刷、油漆等。基本工作时间所包括的内容依工作性质各不相同。基本工作时间的长短和工作量大小成正比。

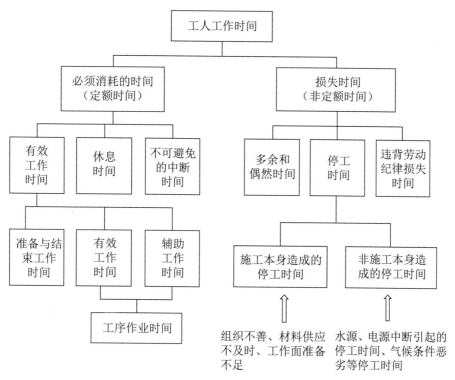

图 5.2 人工定额时间与非定额时间的构成

②辅助工作时间。辅助工作时间是为保证基本工作能顺利完成所做的辅助性工作消耗的时间。

在辅助工作时间里，不能使产品的形状大小、性质或位置发生变化。辅助工作时间的结束，往往就是基本工作时间的开始。辅助工作一般是手工操作。但如果是在机手并动的情况下，由于辅助工作是在机械运转过程中进行的，为避免重复则不再计辅助工作时间的消耗。辅助工作时间的长短与工作量大小有关。

③准备与结束工作时间。准备与结束工作时间是指在工作开始前的准备工作和任务完成后的结束工作所消耗的工作时间，如工作地点、劳动工具和劳动对象的准备工作时间，工作结束后的整理工作时间等。准备和结束工作时间的长短与所担负的工作量大小无关，但往往和工作内容有关。这项时间消耗可以分为班内的做准备与结束工作时间和任务的准备与结束工作时间。其中，任务的准备和结束时间是在一批任务的开始与结束时产生的，如熟悉图样、准备相应的工具、事后清理场地等，通常不反映在每一个工作班里。

（2）休息时间。休息时间是指工人在工作过程中为恢复体力所必须的短暂休息和生理需要的时间消耗。

（3）不可避免的中断时间。不可避免的中断时间指的是由于施工工艺特点引起的工作中断时所必须消耗的时间。例如，汽车司机在等待汽车装、卸货时消耗的时间；安装工在等待起重机吊预制构件时消耗的时间；或者由于材料或现浇构件等的工艺性质导致的中断时间，如水泥的凝固、墙体粉刷后的通风过程等。与施工过程工艺特点有关的工作中断时间应作为必须消耗的时间，但应尽量缩短此项时间消耗。与施工过程工艺特点无关的工作中断时间是由于劳动组织不合理引起的，属于损失时间。

$$定额时间 = 基本工作时间 + 辅助工作时间 + 准备与结束时间 +$$
$$不可避免的中断时间 + 休息时间$$

基本工作时间的消耗一般应根据计时观察资料来确定。

辅助工作时间和准备与结束工作时间的确定方法与基本工作时间相同。

利用工时规范计算定额时间时，用下列公式：

$$工序作业时间 = 基本工作时间 + 辅助工作时间 = 基本工作时间 \times$$
$$（1 + 辅助工作时间 / 基本工作时间）$$

$$规范时间 = 准备与结束工作时间 + 不可避免的中断时间 + 休息时间$$

2）非定额时间包括的内容

（1）多余和偶然工作时间。多余和偶然工作时间是在正常施工条件下不应发生或由意外因素所造成的时间消耗，包括多余工作和偶然工作引起的时间损失。多余工作，是工人进行了任务以外的工作而又不能增加产品数量的工作。偶然工作，是工人在任务外进行的工作，但能够获得一定产品。

（2）停工时间。停工时间是在工作班内停止工作造成的时间损失，可分为因施工本身造成的停工时间和非施工本身造成的施工时间。

①施工本身造成的停工时间是指因组织不善、材料供应不及时、工作面准备工作时间做得不好而造成的时间损失。

②非施工本身造成的停工时间是指因水源、电源中断引起的停工时间、气候条件恶劣等停工时间。

（3）违反劳动纪律时间。违反劳动纪律时间是指因工人违反劳动纪律、擅自离开工作岗位、工作时间不在工作现场等而造成的时间损失。

[**例题** 5.1] 一项工程的单组门窗框扇的基本工作时间是 3 小时，辅助工作时间占工序作业时间的比率是 10%，规范时间占定额时间的比率为 5%，则该项工作的定额时间是多少小时？

解析：

定额时间 = 基本工作时间 + 辅助工作时间 + 准备与结束时间 + 不可避免的中断时间 + 休息时间

$$= 工序作业时间 / （1 - 规范时间 \%）$$
$$= [3 / （1 - 10\%）] / （1 - 5\%） = 3.509（小时）$$

四舍五入为 3.51 小时。

[**例题** 5.2] 人工挖二类土，由测时资料可知：挖 1m³ 二类土需消耗基本工作时间 70 分钟，辅助工作时间占定额时间的 2%，准备与结束工作时间占定额时间的 1%，不可避免的中断时间占定额时间的 1%，休息时间占定额时间的 20%。请确定时间定额。

解析：

定额时间 = 70 / [1 - （2% + 1% + 1% + 20%）] = 92.105（分钟）

时间定额 = 92.105 / （60 × 8） = 0.192（工日）

根据时间定额可计算出产量定额为 1/0.192 = 5.208（m³），四舍五入后为 5.21m³。

3. 机械定额工作时间

机械定额工作时间可分为必须消耗的时间和损失时间两大类,其构成如图5.3所示。

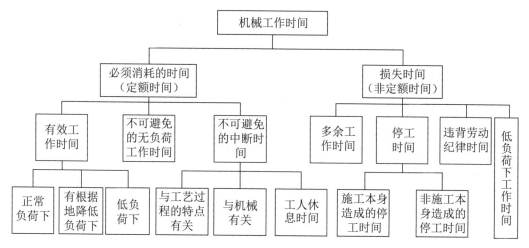

图5.3 机械定额工作时间的构成

机械的工作时间包括以下内容。

1)机械定额时间的内容

(1)有效工作时间。正常负荷下的工作时间,是机械在与机械说明书规定的计算负荷相符的情况下进行工作的时间。

有根据地降低负荷下的工作时间,是在个别情况下机械由于技术上的原因在低于其计算负荷下工作的时间。例如,汽车运输重量轻而体积大的货物时,不能充分利用汽车的载重吨位;起重机吊装轻型结构时,不能充分利用其起重能力,因而低于其计算负荷。

(2)不可避免的无负荷时间。不可避免的无负荷时间是由施工过程的特点和机械结构的特点造成的机械无负荷的工作的时间。例如,机械空转;载重汽车在工作班时间的单程"放空车";筑路机在工作区末端调头等。

(3)不可避免的中断时间。不可避免的中断时间包括与操作工艺过程有关的、与机械有关的、工人休息时等不可避免的中断时间。

①与操作工艺过程有关的不可避免的中断时间。循环机械如汽车装载和卸载时空车的时间;定时机械如石灰泵转移工作地点的中断时间。

②与机械有关的不可避免的中断时间,如工人准备、结束、机械保养时的中断。

③工人休息时间。工人必要的休息时间如午餐、间歇等时间。

2)机械非定额时间的内容

(1)多余或偶然工作时间。机械的多余工作时间,是机械进行任务内和工艺过程内未包括的工作而延续的时间。例如,搅拌机搅拌灰浆超过规定而多延续的时间;工人没有及时供料而使机械空转的时间。

(2)停工时间。停工时间可分为施工本身造成的停工时间和非施工本身造成的停工时间。施工本身造成的停工时间是由于施工组织与管理有误而损失的时间,如未填燃料、油料等损失的时间;非施工本身造成的停工时间,如气候恶劣、暴雨、飓风、停水电等。

（3）违反劳动纪律时间。劳动者在劳动过程中，没有履行和遵守用人单位制定的劳动纪律的行为所耗费的时间，都属于违反劳动纪律时间，如迟到、早退、旷工等。

5.2 施工定额

5.2.1 施工定额概述

1. 施工定额的内涵与产生

施工定额是规定建筑安装工人或小组在正常施工条件下，完成单位合格产品所消耗的劳动力、材料和机械台班的数量标准。施工定额要贯彻平均先进、简明适用的原则。为了适应组织生产和管理的需要，施工定额代表了平均先进水平。施工定额也是编制预算定额的基础。它由劳动定额、机械定额和材料定额 3 个相对独立的部分组成。它是非计价性定额，不编制人工工日单价和施工机械台班单价，只编制消耗量。

施工定额的项目划分很细，它是以同一性质的施工过程为标定对象编制的计量性定额，固然是工程建设定额中分项最细、定额子目最多的一种定额，也是工程建设定额中的基础性定额。施工定额以工作过程为对象，由施工企业编制，属于企业定额，常用于编制施工预算。

在编制施工定额时，工序是基本的施工过程，也是主要的研究对象。测定定额时只需分解和标定到工序为止。其中，施工过程划分如图 5.4 所示，施工工序的组成如图 5.5 所示。

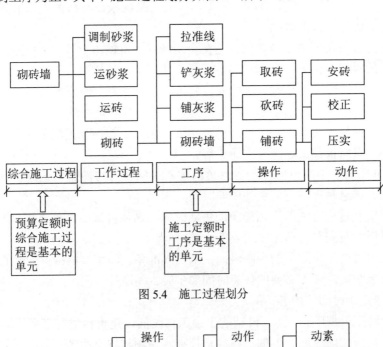

图 5.4　施工过程划分

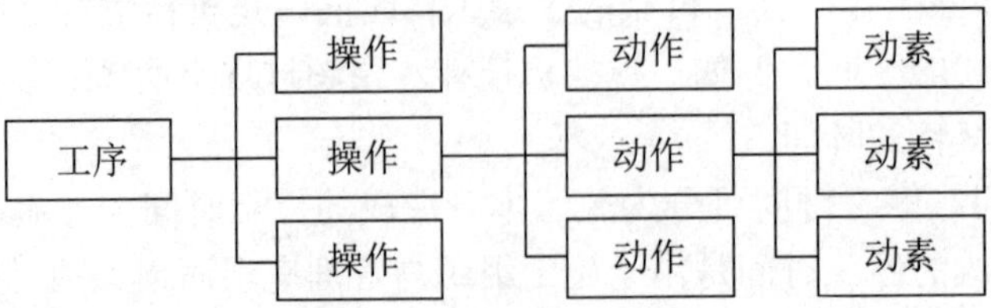

图 5.5　施工工序的组成

2. 施工定额的作用

施工定额在企业管理工作中的基础作用主要表现在以下几个方面。

（1）施工定额是企业计划管理的依据。

（2）施工定额在企业计划管理方面的作用，表现在它既是企业编制施工组织设计的依据，又是企业编制施工作业计划的依据。

（3）施工定额是组织和指挥施工生产的有效工具。

企业组织和指挥施工队、组进行施工，是按照作业计划通过下达施工任务书和限额领料单来实现的。

（4）施工定额是计算工人劳动报酬的依据。

（5）施工定额是企业激励工人的目标条件，施工定额有利于推广先进技术。

（6）施工定额是编制施工预算，加强企业成本管理和经济核算的基础。

（7）施工定额是编制工程建设定额体系的基础。

3. 施工定额编制原则

1）平均先进原则

平均先进原则是指在正常的施工条件下，大多数生产者经过努力能够达到和超过的平均水平。企业施工定额的编制应能够反映比较成熟的先进技术和先进经验，同时应有利于降低工料消耗，提高企业管理水平。

2）简明适用性原则

企业施工定额设置应简单明了，便于查阅。定额项目的设置要尽量齐全完备。

3）以专家为主进行编制

施工定额的编制要求技术与管理知识全面，这可以保证编制施工定额的延续性、专业性和实践性。

4）坚持实事求是的原则

施工定额应本着实事求是的原则，结合企业经营管理的特点，最终确定工料机各项消耗的数量。坚持实事求是的原则能使定额在运用上更贴近实际，在技术上更先进，在经济上更合理，这使工程单价能够真实反映企业的个别成本。

5）动态性原则

不同的工程，在不同的时间阶段，有不同的价格，因此施工定额的编制还要注意动态管理的原则，及时采用新技术、新结构、新材料、新工艺等。

4. 施工定额的分类

施工定额包括劳动定额、材料消耗定额和机械台班使用定额3部分。

1）劳动定额

劳动定额即人工定额，是指在先进合理的施工组织和技术措施的条件下，完成合格的单位建筑安装产品所需要消耗的人工数量。它通常以劳动时间（工日或工时）来表示。劳动定额是施工定额的主要内容，其主要表示生产效率的高低、劳动力的合理运用、劳动力和产品的关系及劳动力的配备情况。

2）材料消耗定额

材料消耗定额是指在节约合理地使用材料的条件下，完成合格的单位建筑安装产品所必须消耗的材料数量，主要用于计算各种材料的用量，计量单位为吨、米等。

3）机械台班定额

机械台班定额分为机械时间定额和机械产量定额两种。在正确的施工组织与合理地使用机械设备的条件下，施工机械完成合格的单位产品所需的时间，即为机械时间定额，其计量单位通常以台班或台时来表示。在单位时间内，施工机械完成合格产品的数量称为机械产量定额。

5.2.2 施工定额消耗量

工程中的定额消耗量主要由以下几类生产要素消耗量构成，即人工劳动定额消耗量、机械定额消耗量、材料定额消耗量。下述内容以人工定额消耗量为主要内容展开描述。

人工定额又称为劳动定额，主要包括时间定额和产量定额两种表现形式。拟订出时间定额，也就可以计算出产量定额。时间定额是在拟订基本工作时间、辅助工作时间、不可避免的中断时间、准备与结束的工作时间及休息时间的基础上制定的。

人工的时间定额是指在一定的生产技术和生产组织条件下，某工种、某技术等级的工人小组或个人，完成单位合格产品所必须消耗的工作时间，通常用工日 /m^2、工日 /m^3、工日 / 延米（延米，即延长米，是用来统计或描述不规则的条状或线状工程的工程计量）等来表示。

人工的产量定额是指在一定的生产技术和生产组织条件下，某工种、某技术等级的工人小组或个人，在单位时间内完成合格产品的数量，通常用 m^2/ 工日、m^3/ 工日、延米 / 工日等来表示。

$$时间定额 =1/ 产量定额$$

人工（劳动）定额的表示形式有以下两种。

单式表示法：时间定额和产量定额分两栏列出或只列时间定额。劳动定额的表示形式以时间定额为主。

复式表示法：在同一栏内用分式列出时间定额和产量定额，即

$$\frac{时间定额}{产量定额} = \frac{0.5}{2}$$

[例题 5.3] 砌 1m^3 砖墙需要 2 个工人，1/4 工日。问单人的时间定额是多少？单人的产量定额是多少？小组合作的时间定额是多少？小组合作的产量定额是多少？

$$单人时间定额 = \frac{1}{每工产量（每工每日产量）} = \frac{1}{2} = 0.5（工日 /m^3）$$

$$小组时间定额 = \frac{小组成员工日数总和}{小组班产量} = \frac{2 \times \frac{1}{4}}{1} = 0.5（工日 /m^3）$$

$$单人产量定额 = \frac{1}{单位产品的时间定额} = \frac{1}{\frac{1}{2}} = 2（m^3/ 工日）$$

$$小组产量定额 = \frac{小组成员工日数总和}{时间定额} = \frac{1}{0.5} = 2（m^3/ 工日）$$

[例题 5.4] 某工程为人工挖土方，土壤系潮湿的黏性土，按土壤分类属于二类土（普通土）。相关资料表明，挖 1m³ 需消耗的基本工作时间为 60 min，辅助工作时间占定额时间的 2%，准备与结束工作时间占定额时间的 2%，不可避免的中断时间占定额时间的 1%，休息时间占定额时间的 20%。试计算产量定额。

解析：

定额时间 =60/（1-2%-2%-1%-20%）=80（min）

时间定额 =80 分钟 /8×60 分钟 =0.167（工日）

根据时间定额和产量定额互为倒数的关系，

可以计算出产量定额 =1/0.167=5.99（m³）。

[例题 5.5] 某工程有 79m³ 一砖单面清水墙，每天有 12 名工人在现场施工，时间定额为 1.44 工日 /m³。试计算完成该工程所需的施工天数。

解析：

完成该工程需劳动量 =1.44×79=113.76（工日）

需要的施工天数 =113.76/12=9.48（天）

[例题 5.6] 某住宅有内墙抹灰面积 3315m²，计划 25 天完成该任务；内墙抹灰产量定额为 10.20m²/ 工日，试问安排多少人才能完成该项任务？

解析：

该工程所需劳动量 =3315/10.20=325（工日）

该工程每天需要人数 =325/25=13（人）

5.2.3 机械台班定额消耗量

在正确的施工组织与合理地使用机械设备的条件下，施工机械完成合格的单位产品所需的时间，称为机械时间定额，其计量单位通常以台班或台时来表示。在单位时间内，施工机械完成合格的产品数量则称为机械产量定额，机械台班定额分为机械时间定额和机械产量定额两种。

机械台班定额的编制需要拟定正常施工条件。合理组织工作地点是指对施工地点机械和材料的位置、工人从事操作的场所进行科学合理的平面布置和空间安排；还需要根据施工机械的性能和设计能力、工人的专业分工和劳动工效拟订合理的劳动组合，合理确定操纵机械的工人和直接参加机械化施工过程的工人人数，确定维护机械的工人人数及配合机械施工的工人人数，以保证机械的正常生产率和工人正常的劳动效率。施工机械工作通常以 8 小时工作班为一个台班。

人工配合机械工作的定额是按照每个机械台班内配合机械工作的工人班组总工日数及完成的合格产品数量来确定的。

完成单位合格产品所必须消耗的工作时间，按下列公式计算：

单位产品的时间定额 = 班组成员工日数总和 / 一个机械台班的产量

[例题 5.7] 履带起重机，吊装 1.5 吨大型屋面板，吊装高度为 14m 以内，如果班组成员人数为 13 人，规定机械时间定额为 0.01 台班，则台班产量定额为 1/0.01=100（块）。

班组成员时间定额 =13/100=0.13（工日 / 块）

则吊装每块屋面板的班组成员产量定额为 100/13=7.69（块 / 台班）

1. 机械时间定额的编制

机械台班产量定额是指在合理的劳动组织和正常的施工条件下，使用某种机械在一个台班时间内审查的单位合格产品的数量。机械消耗定额也有时间定额和产量定额两种表现形式，它们之间的关系也是互为倒数。在正常的施工条件和合理的劳动组织下，完成单位合格产品所必需的机械台班数，可按下列公式计算：

$$机械时间定额（台班）=1/ 机械台班产量$$

计算公式为

$$施工机械台班产量定额 = 机械 1h 纯工作生产率 \times 工作班纯工作时间$$

或

$$施工机械台班产量定额 = 机械 1h 纯工作生产率 \times 工作班延续时间 \times 机械正常利用系数$$

2. 机械台班时间定额

1）确定机械 1h 纯工作正常生产率

机械纯工作 1h 循环次数 =60（min）/ 一次循环的正常延续时间（min）

机械纯工作 1h 正常生产率 = 机械纯工作 1h 循环次数 × 一次循环生产的产品数量

2）连续动作机械的 1h 纯工作正常生产率

连续动作机械的 1h 纯工作正常生产率 = 工作时间内生产的产品数量 / 工作时间（h）

3）确定施工机械的正常利用系数

$$机械正常利用系数 = 机械一个台班内的纯工作时间（h）/8$$

$$机械净工作生产率 = 机械纯工作 1h 循环次数 \times 一次循环生产的数量$$

[**例题 5.8**] 某循环式混凝土搅拌机，设计容量（即投料容量）v 为 0.4m³，混凝土出料系数 KA 取 0.67，混凝土上料、搅拌、出料等时间分别为 60s、120s、60s，搅拌机的时间利用系数 KB 为 0.85。求该混凝土搅拌机的台班产量为多少？

解析：

（1）计算搅拌机净工作 1h 生产率。

机械净工作 1h 循环次数 =3600（s）/ 一次循环的正常延续时间

循环动作机械净工作 1h 生产率 = 机械净工作 1h 循环次数 × 设计容量 × 出料系数

$$=（3600/t）\cdot v \cdot KA$$

式中：v——搅拌机的设计容量（m³）；

KA——混凝土出料系数（即混凝土出料体积与搅拌机的设计容量的比值）；

t——搅拌机每一循环工作延续时间（即上料、搅拌、出料等时间，单位为 s）。

搅拌机净工作 1h 生产率 =（3600/t）$\cdot v \cdot KA$=［3600/（60+120+60）］×0.4×0.67

$$=4.02（m³/h）$$

（2）计算搅拌机的台班产量定额 ND（m³/ 台班）。

机械台班产量定额 = 机械净工作 1h 正常生产率 × 工作班延续时间 × 机械正常利用系数

$$=4.02×8×0.85=27（m³/ 台班）$$

5.2.4 材料定额消耗量

1. 材料定额消耗量的概念

材料定额消耗量是指在合理和节约使用材料的条件下，生产质量合格的单位产品所必须消耗的一定品种、规格的材料、半成品、构配件及周转性材料的摊销等的数量标准。

根据材料消耗的用途，材料消耗量包括主要材料、辅助材料和零星材料等，并计入了相应的损耗。消耗的内容和范围包括从工地仓库、现场集中堆放地点或现场加工地点至操作或安装地点的运输损耗、施工操作损耗和施工现场堆放损耗。

主要材料是指经过施工后能构成工程实体的各种材料，包括构件、成品、半成品，如钢材、水泥、砂、石、砖、木材等。

辅助材料是指经过施工后不构成工程实体，却是形成实体所不可缺少的各种材料，如胶、水电、燃料、油料等。

根据材料消耗与工程实体的关系，建筑材料可划分为实体材料、非实体材料。实体材料包括工程直接性材料和辅助材料；非实体材料主要指周转性材料，如模板、脚手架等。

材料的消耗量由直接用于合格产品上的材料的净用量和不可避免的材料损耗量组成。

$$材料的消耗量 = 材料净用量 + 材料损耗量$$
$$材料的消耗量 = 材料净用量 × （1 + 损耗率）$$
$$材料损耗率 = 材料损耗量 / 材料净耗量 × 100\%$$

2. 材料定额消耗量的编制

1）技术测定法

技术测定法是在施工现场按一定程序对完成合格产品的材料耗用量进行测定，通过分析、整理，确定单位产品的材料消耗定额的方法。技术测定法又称为观测法，是根据对材料消耗过程的测定与观察，通过完成产品数量和材料消耗量的计算，而确定各种材料消耗定额的一种方法。现场技术测定法主要适用于确定材料损耗量，因为该部分数值用统计法或其他方法较难得到。通过现场观察，还可以区别出哪些是可以避免的损耗，哪些是难以避免的损耗，明确定额中哪些不应列入但可以避免的损耗。

$$材料的损耗率 = （实测材料的消耗量 - 按图纸计算的材料净耗量） / 实测材料的净耗量$$

2）实验室试验法

实验室试验法，主要用于编制材料净用量定额。通过试验，能够对材料的结构、化学成分和物理性能及按强度等级控制的混凝土、砂浆、沥青、油漆等配比做出科学的结论，给编制材料消耗定额提供有技术根据的、比较精确的计算数据。但其缺点在于无法估计施工现场某些因素对材料消耗量的影响，不过可以用于编制各种配比材料的净用量，如砼、砂浆等。

这种方法，可以参考砂浆的配合比测定。抹灰砂浆的配合比通常是按砂浆的体积比计算的，每 m^3 砂浆各种材料的消耗量计算公式为

$$砂消耗量（m^3） = \frac{砂的比例数 × （1 + 损耗率）}{配合比总比例数 - 砂比例数 × 砂空隙率}$$

$$水泥消耗量（kg）=\frac{水泥比例数 \times 水泥密度 \times 砂用量 \times （1+损耗率）}{砂比例数}$$

$$石灰膏消耗量（m^3）=\frac{石灰膏的比例数 \times 砂用量 \times （1+损耗率）}{砂比例数}$$

[例题 5.9] 水泥、石灰、砂配合比为 1：1：3，砂空隙率为 41%，水泥密度为 1200kg/m³，砂损耗率为 2%，水泥、石灰膏损耗率各为 1%，求每 m³ 砂浆各种材料的用量。

解析：

$$砂消耗量=\frac{3 \times （1+0.02）}{（1+1+3）-3 \times 0.41}=0.81（m^3）$$

水泥消耗量 $=1/3 \times 1200 \times 0.81 \times （1+0.01）=327（kg）$

石灰膏消耗量 $=1/3 \times 0.81 \times （1+0.01）=0.27（m^3）$

3）理论计算法

根据施工图样中所标明的材料及构造，运用一定的数学公式计算材料消耗定额，这是确定材料净用量的常用方法。

（1）块层材料净用量的确定。例如，在砌砖工程中，砖和砂浆的消耗量如下：

$$砖消耗量用量=\frac{1m^3 \times K}{墙厚 \times （砖长+灰缝） \times （砖厚+灰缝）}$$

$$砂浆的净用量=1-砖的净用量 \times 标准砖体积$$

K 为 2 倍的砖厚砖数，如半砖、一砖、一砖半、两砖等。半砖墙为 0.115m，一砖墙为 0.24m，一砖半墙为 0.365m。

$$每立方米砌体砂浆净用量=1-砖的净用量 \times 单块砖体积（m^3）$$

其中，标准砖的尺寸为 0.24m× 0.115m× 0.053m（长 × 宽 × 厚）。

[例题 5.10] 用标准砖砌筑一砖半的墙体，求每立方米砖砌体所用砖和砂浆的总耗量。已知砖的损耗率为 1%，砂浆的损耗率为 1%，灰缝宽 0.01m。

解析：

$$砖净用量=\frac{2 \times 1.5}{0.365 \times （0.24+0.01） \times （0.053+0.01）}=521.85（块）$$

砖的总用量 $=521.85 \times （1+0.01）\approx 527（块）$

每 m³ 砖砌体砂浆的净用量 $=1-522 \times 0.24 \times 0.115 \times 0.053=0.236（m^3）$

每 m³ 砖砌体砂浆的总用量 $=0.236 \times （1+0.01）=0.238（m^3）$

（2）面层材料净用量的确定。以 100m³ 为单位计算，则

块料面层净用量 $=100/[（块料长+灰缝）\times （块料宽+灰缝）]$

块料材料净用量 $=[100-块料净用量 \times 块料长 \times 块料宽] \times 灰缝厚$

结合层材料净用量 $=100 \times 结合层厚度$

[**例题 5.11**] 用 1:3 水泥砂浆贴 300mm×300mm×20mm 的大理石块料面层，结合层厚度为 30mm，试计算 100m³ 地面大理石块料面层和砂浆的总用量，灰缝宽 3mm，大理石块料的损耗率为 0.2%，砂浆的损耗率为 1%。

解析：

块料面层净用量 =100/[（3+0.003）×（3+0.003）]=1089.22（块）

大理石块料总用量 =1089.22×（1+0.2%）≈1 092（块）

灰缝材料净用量 =[100−1089.22×0.3×0.3]×0.02=0.039（m³）

结合层材料净用量 =100×0.03=3（m³）

砂浆总用量 =（0.039+3）×（1+0.01）=3.07（m³）

5.3　预算定额

预算定额是在编制施工图预算时，计算工程造价和计算工程中劳动量、机械台班、材料需要量而使用的一种定额。具有计量性质的施工定额是预算定额的编制基础，预算定额则是概算定额或估算指标的编制基础。可以说，预算定额在计价定额中是一种基础性定额。

5.3.1　预算定额消耗量

1. 预算定额人工消耗量

1）预算定额人工消耗量的构成

预算定额中的人工消耗量应该包括为完成分项工程所综合的各个工作过程的施工任务而在施工现场开展的各种性质的工作所对应的人工消耗。预算定额中规定的人工消耗量指标，以工日为单位表示，包括基本用工、辅助用工、超运距用工和人工幅度差等内容，如图 5.6 所示。

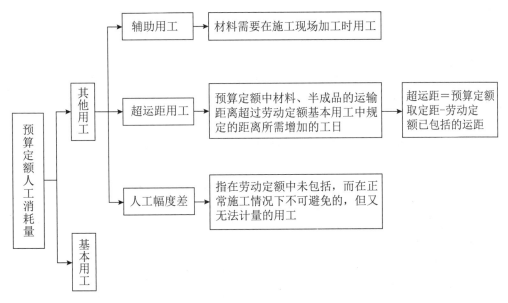

图 5.6　预算定额人工消耗量构成

（1）基本用工。基本用工是指完成定额计量单位分项工程的各工序所需的主要用工量，是预算定额人工消耗指标的主要组成部分。例如，各种墙体工程中的砌砖、调制砂浆和运砖的用工量。由于预算定额是综合性定额，所以包括的工程内容较多，不同工程内容的工效也不一样。例如，墙体砌筑工程中包括门窗洞口、附墙烟囱、垃圾道、各种形式的砌砖等，比砌筑一般墙体的用工量多，所以需要另外增加用工量，这部分也属于基本用工的内容。基本用工量是以统一劳动定额（或施工定额）为基础综合而成的。预算定额是综合性定额，每个分项定额都综合了数个工序内容，各种工序用工工效不一样，因此，完成定额单位产品的基本用工量，包括该分项工程中主体工程的用工量和附属于主体工程中的局部构造而应增加的加工用工量。

（2）辅助用工。辅助用工是指在施工过程中对材料进行加工整理所需的用工量。辅助用工是施工现场的某些建筑材料加工用工。建筑安装工程中的劳动定额，规定了完成质量合格的单位产品的基本用工量即工日数，未考虑施工现场的某些材料加工用工。例如，施工现场的筛砂子和炉渣、淋石灰膏、洗石子、打碎砖等用工均未纳入产品定额中。辅助用工是施工生产中不可缺少的用工，在编制预算定额计算总的用工量指标时，必须按需要加工的材料数量和劳动定额中相应的加工定额，计算辅助用工量。

（3）超运距用工。超运距用工是指编制预算定额时考虑的场内运距超过劳动定额考虑的相应运距所需要增加的用工量。超运距用工是劳动定额中材料运输的用工，是根据合理的施工组织规定的。实际上各类建设场地的条件很不一致，实际运距与劳动定额规定的运距往往有较大的出入。编制预算定额时，需根据不同地区不同施工现场的实际情况，综合取定一个合理运距。

（4）人工幅度差。在编制预算定额人工消耗量时，除计算基本用工、辅助用工外，还应考虑劳动定额，未包括在正常施工条件下又不可避免的间歇时间和零星工时消耗，所以必须增加一定的调整幅度，这被称为人工幅度差。人工幅度差是指在编制预算定额时加算的、劳动定额中没有包括的、在实际施工过程中必然发生的零星用工量。其主要包括以下内容。

①各专业工种之间的工序搭接及土建工程与安装工程的交叉、配合中不可避免的停歇时间。

②施工机械在场内单位工程之间变换位置及在施工过程中移动临时水电线路引起的临时停水、停电所发生的不可避免的间歇时间。

③施工过程中的水电维修用工。

④隐蔽工程验收等工程质量检查影响的操作时间。

⑤现场内单位工程之间操作地点转移影响的操作时间。

⑥施工过程中工种之间交叉作业造成的不可避免的剔凿、修复、清理等用工。

⑦施工过程中不可避免的直接少量零星用工。

2）人工预算定额消耗量的编制

按照综合取定的工程量或单位工程量和劳动定额中的时间定额，计算出各种用工的工日数量。

（1）基本用工的计算：

$$基本用工数量 = \sum (工序工程量 \times 时间定额)$$

（2）超运距用工的计算：

$$超运距用工数量 = \sum（超运距材料数量 \times 时间定额）$$

其中，

$$超运距 = 预算定额规定的运距 - 劳动定额规定的运距$$

（3）辅助用工的计算：

$$辅助用工数量 = \sum（加工材料数量 \times 时间定额）$$

（4）人工幅度差用工的计算：

$$人工幅度差用工数量 = \sum（基本用工 + 超运距用工 + 辅助用工）\times$$
$$人工幅度差系数$$

［例题 5.12］某砌筑工程，工程量为 $10m^3$，每 m^3 砌体需要基本用工 $0.85m^3$，辅助用工和超运距用工分别是基本用工的 25% 和 15%，人工幅度差系数为 10%，则该砌筑工程的人工工日消耗量是多少工日？

$$（0.85 + 0.85 \times 0.25 + 0.85 \times 0.15）\times 0.1 = 0.119（工日）$$
$$0.85 + 0.85 \times 0.25 + 0.85 \times 0.15 + 0.119 = 1.309（工日）$$
$$1.309 \times 10 = 13.09（工日 / m^3）$$

2. 机械预算定额消耗量

预算定额中的机械台班消耗量是指在正常施工生产条件下，为完成单位合格产品的施工任务所必须消耗的某类某种型号施工机械的台班数量。

综上所述，预算定额的机械台班消耗量按下式计算：

$$预算定额机械耗用台班 = 综合工序机械台班 \times（1 + 机械幅度差系数）$$

大型机械幅度差的系数一般为：土方机械 25%，打桩机械 33%，吊装机械 30%。其他分部工程中如钢筋加工、木材、水磨石等各项专用机械的幅度差为 10%。

机械台班幅度差是指预算定额规定的台班消耗量与相应的综合工序机械台班消耗量之间的数量差额。一般包括如下内容。

（1）施工技术原因引起的中断及合理停置时间。

（2）因供电、供水故障及水电线路移动检修而发生的运转中断时间。

（3）因气候原因或机械本身故障引起的中断时间。

（4）各工种间的工序搭接及交叉作业互相配合或影响所发生的机械停歇时间。

（5）施工机械在单位工程之间转移所造成的机械中断时间。

（6）因质量检查和隐蔽工程验收工作的影响而引起的机械中断时间。

（7）施工中不可避免的其他零星的机械中断时间等。

3. 材料预算消耗量的编制

材料预算消耗量的编制可以参照施工定额中材料预算消耗量的编制方法。

$$材料损耗率 = 损耗量 / 净用量 \times 100\%$$

$$材料损耗量 = 材料净用量 \times 损耗率$$

$$材料消耗量 = 材料净用量 + 损耗量 \ 或 \ 材料消耗量 = 材料净用量 \times（1 + 损耗率）$$

5.3.2　预算定额基价

预算定额基价亦称预算价值，是以建筑安装工程预算定额规定的人工、材料和机械台班消耗量指标为依据，以货币形式表示每一分项工程的单位价值标准。它是以地区性价格资料为基准综合取定的，是编制工程预算造价的基本依据。

预算定额基价可以用下式表示：

$$人工费 = 定额合计用工量 \times 定额日工资标准$$
$$材料费 = \sum (定额材料用量 \times 材料预算价格) + 其他材料费$$
$$机械使用费 = \sum (定额机械台班用量 \times 机械台班单价)$$

为了正确地反映上述 3 种费用的构成比例和工程单价的性质、作用，定额基价不但要列出人工费、材料费和机械使用费，还要分别列出 3 项费用的详细构成。例如，人工费要反映出基本用工、其他用工的工日数量，技术等级和工资单价；材料费要反映出主要材料的名称、规格、计量单位、定额用量、材料预算单价，次要材料不需全部列出，按其他材料费以金额“元”表示；机械使用费同样要反映出各类机械名称、型号、台班用量及台班单价等。

因此，为了确定预算定额基价，必须在研究预算定额的基础上，研究定额人工单价、材料预算价格和机械台班单价的确定方法。

1. 人工预算定额基价

人工预算定额基价是指按工资总额构成规定，支付给从事建筑安装工程施工的生产工人和附属生产单位工人的各项费用。其内容包括以下 5 项。

（1）计时工资或计件工资。

（2）奖金。

（3）津贴补贴。

（4）加班加点工资。

（5）特殊情况下支付的工资。

影响人工预算定额基价的因素通常包括社会平均工资水平、生活消费指数、人工工日单价的组成、劳动力市场供需变化、社会保障和福利政策等。

2. 机械预算定额基价

机械预算定额基价主要是施工机械台班单价。施工机械台班单价是指一台施工机械在正常运转条件下，在一个台班内所支出和分摊的各种费用之和。

施工机械台班单价由折旧费、大修理费、经常修理费、安拆费及场外运费、人工费、燃料动力费、其他费用共计 7 项费用组成，这些费用按其性质可划分为第一类费用、第二类费用。

第一类费用是根据机械的使用期限，逐渐恢复其原始价值的费用，也就是逐年提取的为补偿机械损耗的费用，包括折旧费、大修理费、经常修理费、安拆费及场外运费。

第二类费用包括人工费、燃料动力费、其他费用（养路费、车船使用税、保险费及年检费等）。

（1）折旧费。折旧费是指施工机械在规定使用期限内，陆续收回其原值及购置资金的时间价值。

（2）大修理费。大修理费是指施工机械按规定修理间隔台班必须进行的大修理，以恢复其正常使用功能所需的费用。

（3）经常修理费。经常修理费是指施工机械除大修理以外的各级保养及临时故障排除所需的费用，为保障施工机械正常运转所需替换设备和随机使用工具而附加的摊销和维护费用；机械运转与日常保养所需的油脂，擦拭材料费用和机械停滞期间的正常维护保养费用等。

（4）安拆费及场外运费。安拆费是指机械在施工现场进行安装、拆卸所需的人工费、材料费、机械费、试运转费及安装所需的辅助设施（机械的基础、底座、固定锚桩、行走轨道、枕木等）的折旧、搭设、拆除等费用。

场外运费是指施工机械整体或分件，从停放点运至施工现场或由一个施工地点运至另一个施工地点的运输、装卸、辅助材料及架线等费用。

（5）人工费。人工费是指机上司机（司炉）及其他操作人员的工作日人工及上述人员在施工机械规定的年工作台班以外的人工费，其计算公式为

$$台班人工费 = 机上操作人员人工工日数 × 人工单价$$

（6）燃料动力费。燃料动力费是指施工机械在运转作业中所耗用的固体燃料（煤、木柴）、液体燃料（汽油、柴油）、水、电等费用。

（7）其他费用。其他费用是指施工机械按国家及省、市有关规定应缴纳的养路费、车船使用税、保险费及年检费等台班摊销费用。

3. 材料预算定额基价

材料预算定额基价又称材料预算单价，材料基价由材料原价（或供应价格）、材料运杂费、运输损耗费及采购保管费合计而成。

材料预算单价是指建筑材料（构成工程实体的原材料、辅助材料、构配件、零件、半成品）由其来源地（或交货地点）运至工地仓库（或施工现场材料存放点）后的出库价格。

1）材料预算单价的构成

（1）材料原价。在确定原价时，一般采用询价的方法确定该材料的出厂价或供应商的批发牌价和市场采购价。从理论上讲，不同的材料均应分别确定其单价。同一种材料，因产地或供应单位的不同而有几种原价时，应根据不同来源地的供应数量及不同的单价，计算出加权平均原价。

材料原价是指材料的出厂价格，进口材料抵岸价或销售部门的批发牌价和市场采购价格。

$$加权平均原价 = (K_1C_1+K_2C_2+\cdots+K_nC_n)/(K_1+K_2+\cdots+K_n)$$

式中：K_1，K_2，$\cdots$，K_n——各不同供应地点的供应量或各不同使用地点的需要量；

C_1，C_2，$\cdots$，C_n——各不同供应地点的原价。

（2）材料运杂费。材料运杂费是指材料由来源地运至工地仓库或对方指定地点所发生的全部费用，包括车船费、出入库费、装卸费、搬运费、堆叠费等，并根据材料的来源地、运输里程、运输方法、运输工具等，按照交通部门的有关规定并结合当地交通运输市场情况确定。

$$加权平均运杂费 = (K_1T_1+K_2T_2\cdots+K_nT_n)/(K_1+K_2+\cdots+K_n)$$

式中：K_1，K_2，…，K_n——各不同供应地点的供应量或各不同使用地点的需求量；

T_1，T_2，…，T_n——各不同运距的运费。

（3）运输损耗费。运输损耗费是指材料在运输装卸过程中不可避免的损耗。

$$运输损耗 =（材料原价 + 运杂费）× 相应材料的损耗率$$

对于现场交货的材料，不得计算其运输损耗费。

（4）采购及保管费。采购及保管费是指材料部门（包括工地仓库及其以上各级材料管理部门）在组织采购、供应和保管材料过程中所需的各项费用，包括采购费、仓储费、工地保管费、仓储损耗。

$$采购及保管费 = 材料运到工地仓库价格 × 采购及保管费费率$$
$$=（材料原价 + 运杂费 + 运输损耗费）× 采购及保管费费率$$

2）材料预算单价的计算方法

材料基价的计算公式为

$$材料基价 =（材料原价 + 运杂费）×（1 + 运输损耗率）×（1 + 采购及保管费率）$$

如果有检验试验费，则

$$材料基价 =（材料原价 + 运杂费）×（1 + 运输损耗率）×（1 + 采购及保管费率）+检验试验费$$

［例题 5.13］某工程用 32.5# 硅酸盐水泥，由于工期紧张，拟从甲、乙、丙 3 地进货，甲地水泥出厂价为 330 元 / 吨，运输费为 30 元 / 吨，进货 100 吨，乙地水泥出厂价为 340 元 / 吨，运输费为 25 元 / 吨，进货 150 吨；丙地水泥出厂价为 320 元 / 吨，运输费为 35 元 / 吨，进货 250 吨。已知采购及保管费费率为 2%，运输损耗费平均每吨 5 元，水泥检验试验费平均每吨 2 元，试确定该批水泥每吨的预算价格。

解析：

$$水泥原价 = \frac{330×100+340×150+320×250}{100+150+250}=328（元 / 吨）$$

$$水泥平均运杂费 = \frac{30×100+25×150+35×250}{100+150+250}=31（元 / 吨）$$

水泥运输损耗费 =5（元 / 吨）

水泥采购及保管费 =（328+31+5）×2%=7.28（元 / 吨）

水泥检验试验费 =2（元 / 吨）

水泥预算价格 =328+31+5+7.28+2=373.28（元 / 吨）

［例题 5.14］某工地水泥从两个地方采购，其采购量及有关费用如表 5.2 所示，求该工地水泥的基价。

表 5.2 采购量及有关费用

采 购 处	采购量	原 价	运 杂 费	运输损耗率	采购及保管费费率
来源一	300 吨	240 元 / 吨	20 元 / 吨	0.5%	3%
来源二	200 吨	250 元 / 吨	15 元 / 吨	0.4%	

解析：

$$加权平均原价 = \frac{300 \times 240 + 200 \times 250}{300 + 200} = 244（元／吨）$$

$$加权平均运杂费 = \frac{300 \times 20 + 200 \times 15}{300 + 200} = 18（元／吨）$$

来源一的运输损耗费 =（240 + 20）× 0.5% = 1.3（元／吨）

来源二的运输损耗费 =（250 + 15）× 0.4% = 1.06（元／吨）

$$加权平均运输损耗费 = \frac{300 \times 1.3 + 200 \times 1.06}{300 + 200} = 1.204（元／吨）$$

水泥基价 =（244 + 18 + 1.204）×（1 + 3%）= 271.1（元／吨）

5.3.3　预算定额单位估价表

1. 单位估价表概念

单位估价表又称为"地区单位估价表"或"工程预算单价表""地区基价"等。单位估价表是指在预算定额所规定的各项消耗量的基础上，根据所在地区的人工工资、物价水平来确定人工工日单价、材料预算单价、机械台班预算价格，从而用货币形式表达拟定预算定额中每一分项工程的预算定额单价的计算表格。单位估价表是预算定额资源消耗量的货币表现形式。

单位估价表一个非常明显的特点是地区性强，所以也称为"地区单位估价表"或"工程预算单价表"，不同地区分别使用各自的地区基价表，互不通用。单位估价表是确定定额单位建筑安装产品直接费用的文件。

单位估价表的编制依据包括全国统一或地区通用的概算定额、预算定额或基础定额来确定人工、材料、机械台班的消耗量；或者根据本地区或市场上的资源实际价格或市场价格来确定人工、材料、机械台班价格。

单位估价表中的基价（单价）由人工费、材料费和机械费组成。

$$基价 = 人工费 + 材料费 + 机械费$$

2. 单位估价表编制方法

由于生产要素价格，即人工价格、材料价格和机械台班价格随地区的不同而不同，随市场的变化而变化，所以，单位估价表应为地区单位估价表，应按当地的资源价格来编制地区单位估价表。

单位估价表的编制公式为

$$\begin{aligned} 分部分项工程基价（单价） &= 分部分项人工费 + 分部分项材料费 + 分部分项机械费 \\ &= \sum（人工定额消耗量 \times 人工价格）+ \sum（材料定额消耗量 \times \\ &\quad 材料价格）+ \sum（机械台班定额消耗量 \times 机械台班价格） \end{aligned}$$

在编制概预算时，将各个分部分项工程的工程量分别乘以单位估价表中的相应单价后，即可计算得出分部分项工程的人、料、机费用，经累加汇总就可得到整个工程的人、料、机费用。

其中：

$$分项工程地区基价 = 人工费 + 材料费 + 机械费$$

$$人工费 = \sum（分项工程预算定额人工消耗量 \times 地区人工单价）$$

$$材料费 = \sum（分项工程预算定额材料消耗量 \times 相应的材料预算单价）$$

$$机械费 = \sum（分项工程预算定额机械台班使用量 \times 相应机械台班预算单价）$$

单位估价表中单位估价费用构成如图 5.7 所示，单位估价表的应用原理如表 5.3 所示。

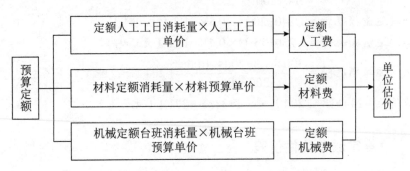

图 5.7　单位估价表中单位估价费用构成

表 5.3　单位估价表的应用原理

定额编号				A3——25
项目（单位 10m³）				混水砖墙
				1 砖
				混合砂浆
				M5
基价 / 元				1779.34
其中		人工费 / 元		484.20
		材料费 / 元		1271.85
		机械费 / 元		23.29
名称		单位	单价 / 元	数量
人工	综合工日	工日	30	16.08
材料	M5 混砂	m³	132.27	2.25
	标准砖	m³	180.00	5.40
	水	m³	2.12	1.06
机械	灰浆搅拌机	台班	61.29	0.38

　　[**案例 5.1**] 某市政工程需砌筑一段毛石护坡，断面尺寸如图 5.8 所示，拟采用 M5.0 水泥砂浆砌筑。根据甲乙双方商定，工程单价的确定方法是，先现场测定每 10m³ 砌体的人工工日、材料、机械台班消耗指标，再将其乘以相应的当地价格来确定。

　　各项测定参数如下。

　　1m³ 毛石砌体需工时参数为：基本工作时间 12.6h（折算为一人工作）；辅助工作时

间为工作延续时间的 3%；准备与结束时间为工作延续时间的 2%；不可避免的中断时间为工作延续时间的 2%；休息时间为工作延续时间的 18%；人工幅度差系数为 10%。

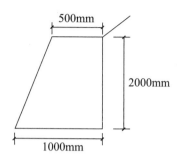

图 5.8 毛石护坡工程立面图

砌筑 1m³ 毛石砌体需各种材料净用量为：毛石 0.72m³；M5.0 水泥砂浆 0.28m³；水 0.75 m³。毛石和砂浆的损耗率分别为 20%、8%。

砌筑 1m³ 毛石砌体需 200L 砂浆搅拌机 0.5 台班，机械幅度差为 15%。

问题：

（1）试确定该毛石护坡工程的人工时间定额和产量定额。

（2）试确定该毛石护坡工程的工料单价。

（3）确定毛石护坡工程 100 延米的直接性工程费用。

解析：

（1）

时间定额 $= [12.6 \times (1+10\%)] / [(1-3\%-2\%-2\%-18\%) \times 8] = 2.31$（工日 $/\text{m}^3$）

产量定额 $= 1/2.31 = 0.43$（$\text{m}^3/$元）

（2）

材料单价：$[0.72 \times 55.60 \times (1+20\%) + 0.28 \times 105.80 \times (1+8\%) +$
$0.75 \times 0.60] \times (1+2\%) = 82.09$（元 $/\text{m}^3$）$= 820.9$（元 $/10\text{m}^3$）

人工单价：$2.31 \times 20.5 = 47.36$（元 $/\text{m}^3$）$= 473.6$（元 $/10\text{m}^3$）

机械单价：$0.5 \times 39.50 \times (1+15\%) = 22.71$（元 $/\text{m}$）³ $= 227.1$（元 $/10\text{m}^3$）

工料单价：$820.9 + 473.6 + 227.1 = 1521.6$（元 $/10\text{m}^3$）

（3）

工程量 $= 100 \times [(0.5+1) \times 2] / 2 = 150$（$\text{m}^3$）

直接性工程费用 = 工料单价 × 工程量
$= 150/10 \times 1521.60 = 22\,824$（元）

扩展阅读 5.1

案例分析思路

[**案例 5.2**] 某工程混凝土基础的基础平面图及基础详图如图 5.9 所示，土类为混合土质，其中，普通土深 1.4 m，普通土下面为坚土，常地下水位为 -2.4 m。本工程从基础垫层上表面开始放坡，内墙沟槽净长算至基础间净长，即基础两侧。试计算人工开挖土方的工程量，并确定人工开挖费用。

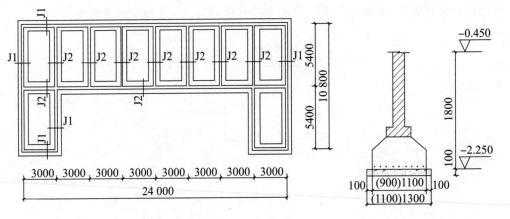

（a）基础平面图　　　　　　　　　　　（b）基础详图

图 5.9　基础平面图（左）及基础详图（右）

已知人工挖沟槽坚土（2m 以内）套 1-2-12，定额单位估计为 140.13 元 /10m³，人工挖沟槽普通土（2m 以内）普通土套 1-2-10，定额单位估价为 71.27 元 /10m³。

解析：

本工程基槽开挖深度 H=1.8+0.1=1.9（m），土类为混合土质，开挖（放坡）深度大于 1.5m。故基槽开挖需要放坡，放坡坡度按综合放坡系数计算。

$K=(k_1h_1+k_2h_2)/h=(0.5\times1.4+0.3\times0.4)/1.8=0.46$

计算沟槽土方工程量：

J_1：$L_{中}=24.0+(10.8+3.0+5.4)\times2=62.40$（m）

J_2：

$L_{中}=3.0\times6=18.00$（m）

$L_{净}=[5.4-(0.9+1.1)/2]\times7+(3.0-0.9)\times2=30.8+4.2=35$（m）

$L_{J_2}=18.00+35=53$（m）

$S_{断1}=[(a+2\times0.3)+kh]\times h+(a+2\times0.1)\times h'$

$\quad\quad=[(0.9+2\times0.3)+0.46\times1.8]\times1.8+(a+2\times0.1)\times0.1$

$\quad\quad=4.1904+0.11=4.30$（m²）

$V_{挖1}=S_{断}\times L=4.3\times62.4=268.32$（m³）

$S_{断2}=[(a'+2\times0.3)+kh]\times h+(a'+2\times0.1)\times h'$

$\quad\quad=[(1.1+2\times0.3)+0.46\times1.8]\times1.8+1.3\times0.1=4.5504+0.13=4.68$（m²）

$V_{挖2}=S_{断}\times L=4.68\times53=248.04$（m³）

沟槽土方工程量合计 =268.32+248.04=516.36（m³）

坚土工程量 ={[（0.9+2×0.3）+0.46×0.4]×0.4+1.1×0.1}×62.4+{[（1.1+2×0.3）+0.46×0.4]×0.4+1.3×0.1}×53=48.90+46.83=95.73（m³）

人工挖沟槽（2m 以内）坚土，套 1-2-12

扩展阅读 5.2

案例分析思路

定额基价 =140.13 元 /10m³；坚土费用 =95.73m³×14.013 元 /m³ =1341.46（元 /m³）

普通土工程量 =516.36-95.73=420.63（m³）

人工挖沟槽（2m 以内）普通土，套 1-2-10

定额基价 =71.27 元 /10m³；普通土费用 = 420.63m³× 7.127 元 /m³ =2997.83（元）

人工开挖费用 =1341.46+2997.83=4338.92（元）

扩展阅读 5.3

案例分析思路

[**案例 5.3**] 某单层建筑物，为框架结构，尺寸如图 5.10、图 5.11 所示，墙身用 M5.0 混合砂浆砌筑加气混凝土砌块，女儿墙砌筑煤矸石空心砖，混凝土压顶断面为 240mm×60mm，墙厚均为 240mm，石膏空心条板墙的厚度为 80mm。框架柱断面为 240mm×240mm，到女儿墙顶，框架梁断面为 240mm×400mm，门窗洞口上均采用现浇钢筋混凝土过梁，断面为 240mm×180mm，两端伸入墙体 500mm。M1：1560mm×2700mm；M2：1000mm×2700mm；C1：1800mm×1800mm；C2：1560mm×1800mm。试计算墙体工程量。

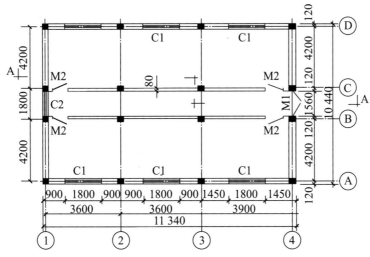

图 5.10　建筑物平面图

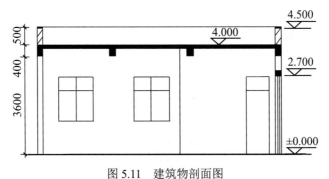

图 5.11　建筑物剖面图

又已知加气混凝土砌块墙套定额：3-3-26，单位估价为 290 元 /m³。

煤矸石空心砖女儿墙套定额单位估价表：3-3-22，单位估价为 350 元 /m³；石膏空心条板墙套定额单位估价表：3-4-12，单位估价为 150 元 /m²，请确定此墙体工程的直接工程费。

解析：

（1）加气混凝土砌块墙：［（11.34-0.24+10.44-0.24-0.24×6）×2×3.6-1.56×2.7-1.8×1.8×6-1.56×1.8］×0.24-（2.06×2+2.3×6）×0.24×0.18=116.532×0.24-0.774=27.194（m³）

套定额：3-3-26，加气混凝土砌块墙费用单位估价：27.194m³×290元/m³=7886.2（元）

（2）煤矸石空心砖女儿墙：（11.34-0.24+10.44-0.24-0.24×6）×2×（0.50-0.06）×0.24=4.194（m³）

套定额：3-3-22，单位估价：4.194m³×350元/m³=1467.9（元）

（3）石膏空心条板墙：［（11.34-0.24-0.24×3）×3.6-1.00×2.70×2］×2×0.08=5.12（m²）

套定额：3-4-12，单位估价：5.12m²×350元/m³=1792（元）

墙体的直接性工程费用：7899.6+1466.5+1 792=11 158.1（元）

5.4　施工图预算的主要方法

5.4.1　施工图预算概述

1. 施工图预算的概念

施工图预算又称为设计预算，是施工图设计预算的简称。它是根据设计单位完成的施工图设计，参考现行预算定额、费用标准及地区材料、设备、人力、施工机械台班等预算项目来确定和编制的建筑安装工程造价文件。施工图预算在设计阶段对控制工程造价有重要作用，对于实行施工招标的工程，它也可作为编制标底的依据；对于不宜实行招标的工程，它是确定合同价款和审查施工企业提供的施工图预算的基础。

施工图预算需要结合在施工图阶段根据各专业设计的施工图、文字说明、预算定额、各项取费标准、建设地区的自然及技术经济条件等资料编制的建筑安装工程预算造价文件，在编制中应采用现行的预算定额、地区材料构配件预算价格、各项费用标准和地区预算定额单位估价表及现行的设备原价、运杂费费率和有关的其他工程费用定额。

施工图预算是设计文件的重要组成部分，是设计阶段控制工程造价的主要指标，概算、预算均由有资格的设计、工程（造价）咨询单位负责编制。

2. 施工图预算的内容

施工图预算由预算表格和文字说明组成。预算文件应包括预算编制说明、总预算书、单项工程综合预算书、单位工程预算书、主要材料表及补充单位估价表。

工程项目如工厂、学校等的总预算包含若干个单项工程，如车间、教室楼等的综合预算；单项工程综合预算包含若干个单位工程如土建工程、机械设备及安装工程的预算。单位工程施工图预算的费用组成包括直接费、间接费、利润、税金。施工图预算三级预算的主要内容如图 5.12、图 5.13、图 5.14 和图 5.15 所示。

3. 施工图预算的编制

施工图预算主要的编制依据包括施工图、说明书和标准图集，现行预算定额和单位估价表，施工组织设计和施工方案，材料、人力、机械台班预算价格和调价规定，建筑安装工程费用标准，预算员工作手册和相关工具书。

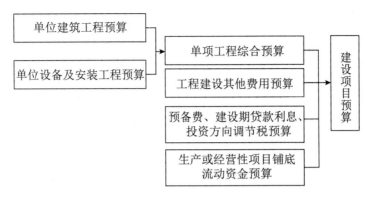

图 5.12　施工图预算的三级预算关系

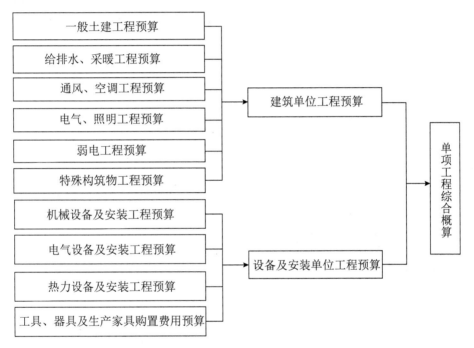

图 5.13　单项工程综合概算的组成

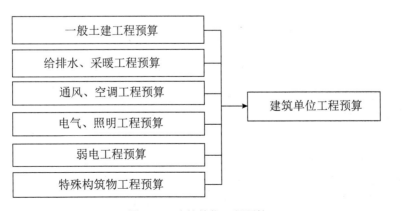

图 5.14　建筑单位工程预算

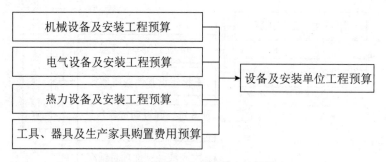

图 5.15　设备及安装单位工程预算

1）工作准备

工程施工图预算需要整理相关施工图预算编制的材料依据，熟悉施工图样和预算定额，并对施工图和预算定额进行全面的了解，保证预算定额可以准确地计算工作量。其中，编制施工图预算的主要材料包括施工方案、现行施工建筑安装工程预算定额分析、施工图样、施工组织设计、费用定额、统一的施工工程量清单计价规则及预算工程手册等，利用这些材料可保证施工图预算造价的合理编制。

2）工程计量

工程计量的主要工作内容是计算工程量和编制工程材料分析表。工程量的计算在整个工程计算过程中是一个非常重要的环节，也是一个比较复杂的过程，会影响工程预算的准确性和时效性。根据施工图工程内的分部分项工程设计预算定额子目，再根据一定的计算方式、计算规则和工程施工图纸尺寸的相关数据，将其带入计算公式实行工程量计算。根据工程各分部分项相应定额中施工人员、施工时间及施工材料、机械的使用和工程的实物工程量实行合理的预算，可计算工程施工各分部分项所需要的人工、材料和机械消耗数量。

3）套用预算定额单价

套用预算定额单价主要是针对工程量计算完之后对工程计算结果的核对和审定，并用计算所得的分部分项工程量套用单位估价表中的定额基价，先将其相乘后再相加，然后再把所得的数据实行汇总，最后计算的结果就是单位工程所需要的直接费用。

4）取费

根据工程费、计算基础及费率，分别计算计划利润和收税金额、施工间接费用及其他各方面的直接支出费用，并对单位工程造价费用实行汇总。其中单位工程造价是直接工程费用、间接工程费用、计划利润和税金的总和。

5）施工图预算审查

施工图预算编制工作完成后，需要相关制定人员的审核。施工图预算审查能够在提升工程预算准确性的同时，控制工程造价，防止工程预算定额的超支，对工程造价的降低起到了很大的作用和意义。

6）编制说明

施工图预算编制完成后，在实行审核阶段时，编制人员要为审核者提供编制方面的相关信息。其中编制方面的主要内容包括编制年份、价格水平年份、设计图纸大小、所有的预算定额、编制依据、工作性质、套用单价、相关部门的调价文号等说明。同时，也要注意预算书封面的填写及工程汇总造价和施工其他方面的费用计算文件。

4. 施工图预算的作用

施工图预算是工程项目预算形成的最终环节。也就是说，工程项目预算只有经过投资估算、设计概算和施工图预算这 3 个环节后，才能最后定型；工程项目预算是施工招标控制价确定的直接依据。没有施工图预算或施工图预算没有经过技术审查，都不能确定招标控制价，就不能对外进行施工招标投标。施工图预算与中标人的投标报价及施工签约合同价存在水平差。

施工图预算是建筑企业和建设单位签订承包合同、实行工程预算包干、拨付工程款和办理工程结算的依据，也是建筑企业控制施工成本、实行经济核算和考核经营成果的依据。在实行招标承包制的情况下，施工图预算也是建设单位确定招标控制价和建筑企业投标报价的依据。施工图预算是关系建设单位和建筑企业经济利益的技术经济文件。如果在执行过程中发生经济纠纷，应按合同经协商或仲裁机关仲裁，或按民事诉讼等其他法律规定的程序解决。

建设单位、施工单位和中介咨询机构都可能进行施工图预算的编制工作。若将施工图预算作为招标控制价，则由业主单位或招标代理机构委托有资质的造价编制单位来编制；若将施工图预算作为投标报价，则由投标单位编制；若将施工预算作为内部成本控制或项目计划，则由成本控制部门或计划部门编制或委托他人编制。

1）施工图预算对于建设单位的作用

（1）施工图预算是施工图设计阶段确定建设工程项目造价的依据，也是设计文件的组成部分。

（2）施工图预算是建设单位在施工期间安排建设资金计划和使用建设资金的依据。

（3）施工图预算是招投标的重要基础，它既是工程量清单的编制依据，也是招标控制价编制的依据。

（4）施工图预算是拨付进度款及办理结算的依据。

2）施工图预算对于施工单位的作用

（1）施工图预算是确定投标报价的依据。

（2）施工图预算是施工单位进行施工准备的依据，也是施工单位在施工前组织材料、机具、设备及劳动力供应的重要参考，还是施工单位编制进度计划、统计完成工作量、进行经济核算的参考依据。

（3）施工图预算是控制施工成本的依据。

3）施工图预算对于中介咨询机构的作用

（1）对于工程咨询单位而言，尽可能客观、准确地为委托方编制施工图预算，是其业务水平、素质和信誉的体现。

（2）对于工程造价管理部门而言，施工图预算是其监督检查执行定额标准、合理确定工程造价、测算造价指数及审定招标工程标底的重要依据。

5. 施工图预算与招标控制价的区别

招标控制价，最初被称为最高投标限价，也被称为拦标价、最高预算价、预算限价。招标控制价与投资估算、设计概算、施工图预算是两个门类，作用于完全不同的事物。招标控制价是招标文件的重要组成部分，招标控制价编制是招标投标的一个环节，也是业主对期望购买的建筑服务产品预期值的最大限额。

5.4.2　施工图预算的编制方法

施工图预算的编制方法主要包括两个途径：一个是依据预算定额的定额计价法，包括套用地区单位估价表的单价法和根据人工、材料、机械台班的市场价及有关部门发布的其他费用的计价依据按实计算的实物法；另一个是依据工程量清单计价规范的工程量清单计价法。使用国有资金的项目必须采用工程量清单计价法。

我国目前建设工程施工图预算的编制主要采用定额计价法和工程量清单计价法。

1. 以定额计价法编制施工图预算

以定额计价法编制施工图预算的方法与概算的编制方法基本相同，通常是根据施工图样及技术说明，按照预算定额规定的分部分项子目，逐项计算出工程量，接着套用定额单价（或单位股价表）确定直接工程费；然后按规定的费率标准估计出措施费，得到相应的直接费；再按规定的费用定额确定间接费、利润和税金，加上材料调价系数和适当的不可预见费，汇总后即为单位工程的施工图预算。

定额计价法编制施工图预算采用的单价是基础分部分项工程量的直接费单价，或者称为工料单价，其仅包括人工、材料、机械费用。直接费单价又可以分为单价法和实物量法两种。

1）单价法

单价法就是按照相应定额工程量计算规则计算工程中各个分部分项工程的工程量，然后直接套取相应预算定额的各个分部分项工程量的定额基价，得出各个分部分项工程的直接费。汇总得出单位工程的总的直接费以后，用单位工程总的直接费乘以相应的费率得出单位工程总的间接费、利润和税金，最后汇总得出单位工程预算价格，再通过单位工程预算汇总单项工程预算和建设项目总预算。

应用单价法时的基本步骤如下。

（1）划分工程项目。划分的工程项目必须和定额规定的项目一致，这样才能正确地套用定额。不能重复列项计算，也不能漏项少算。

（2）计算并整理工程量。必须按定额规定的工程量计算规则进行计算，该扣除的部分要扣除，不该扣除的部分不能扣除。当按照工程项目将工程量全部计算完以后，要对工程项目和工程量进行整理，即合并同类项和按序排列，为套用定额、计算直接工程费和进行工料分析打下基础。

（3）套单价计算直接工程费，即将定额子项中的基价填入"预算表单价"栏内，并将单价乘以工程量得出合价，将结果填入"合价"栏。

（4）工料分析。工料分析即按分项工程项目，依据定额或单位估价表，计算人工和各种材料的实物耗量，并将主要材料汇总成表。工料分析的方法是：先从定额项目表中分别查出各分项工程消耗的每项材料和人工的定额消耗量；再分别乘以该工程项目的工程量，得到分项工程工料消耗量；最后将各分项工程工料消耗量加以汇总，得出单位工程人工、材料的消耗数量。

（5）计算主材费。因为许多定额项目基价为不完全价格，即未包括主材费用的价格。计算所在地工程费之后，还应计算出主材费，以便计算工程造价。

（6）按费用定额取费，即按有关规定计取措施费及按当地费用定额的取费规定计取间接费、利润、税金等。

（7）计算汇总工程造价。将直接费、间接费、利润和税金相加，即为工程预算造价。

2）实物量法

用实物量法编制单位工程施工图预算：首先根据施工图计算的各分项工程量分别乘以地区定额中人工、材料、施工机械台班的定额消耗量，分类汇总得出该单位工程所需的全部人工、材料、施工机械台班消耗数量；然后将其乘以当时当地人工工日单价、各种材料单价、施工机械台班单价，求出相应的人工费、材料费、机械使用费；最后再加上措施费就可以求出该工程的直接费。间接费、利润及税金等费用的计取方法与预算单价法相同。

实物量法与单价法相似，最大的区别在于两者在计算人工费、材料费、施工机械费及汇总3者费用之和时的方法不同。实物量法计算人工、材料、施工机械使用费，是根据预算定额中的人工、材料、机械台班消耗量与当时、当地人工、材料和机械台班单价相乘汇总得出。采用当时、当地的实际价格，能较好地反映实际价格水平，工程造价的准确度较高。从长远角度看，人工、材料、机械的实物消耗量应根据企业自身消耗水平来确定。实物量法是与市场经济体制相适应的并以预算定额为依据的标底编制方法。

单位工程直接工程费的计算可以按照以下公式：

$$人工费 = 综合工日消耗量 \times 综合工日单价$$
$$材料费 = \sum（各种材料消耗量 \times 相应材料市场信息单价）$$
$$机械费 = \sum（各种机械消耗量 \times 相应机械台班市场信息单价）$$
$$单位工程直接工程费 = 人工费 + 材料费 + 机械费$$

在计算出各分部分项工程的各类人工工日数量、材料消耗数量和施工机械台班数量后，先按类别相加汇总求出该单位工程所需的各种人工、材料、施工机械台班的消耗数量，再分别乘以当时当地相应的人工、材料、施工机械台班的实际市场单价，即可求出单位工程的人工费、材料费、机械使用费。最后，计算并汇总单位工程的人工费、材料费和施工机械台班费，即可计算出单位工程直接工程费。计算公式如下：

$$单位工程直接工程费 = \sum（工程量 \times 定额人工消耗量 \times 市场工日单价）+$$
$$\sum（工程量 \times 定额材料消耗量 \times 市场材料单价）+$$
$$\sum（工程量 \times 定额机械台班消耗量 \times 市场机械台班单价）$$

然后计算其他费用，汇总工程造价。对于措施费、间接费、利润和税金等费用的计算，可以用与预算单价法相似的计算程序，只是有关费率需要根据当时、当地建设市场的供求情况予以确定。将上述的直接费、间接费、利润和税金等费用汇总，即为单位工程预算造价。

2. 以工程量清单计价法编制施工图预算

按所综合的内容不同，单价可被划分为3种形式。

（1）工料单价。工料单价仅包括人工费、材料费和机械使用费，故又称直接费单价。

（2）完全费用单价。完全费用单价中除了包含直接费外，还包括现场经费、其他直接费和间接费等全部成本。

（3）综合单价。所谓综合单价即分部分项工程的完全单价，其综合了直接工程费、间接费、有关文件规定的调价、利润、税金及采用固定价格的工程所测算的风险金等全部费用。

工程量清单计价法的单价采用的主要是综合单价。用综合单价编制标底价格，要根据统一的项目划分，按照统一的工程量计算规则计算工程量，形成工程量清单。接着，估算分项工程综合单价，该单价是根据具体项目分别估算的。综合单价确定以后，应填入工程量清单中，再与各部分分项工程量相乘得到合价，汇总之后即可得到分部分项工程费；然后加上措施费、其他项目费、规费、税金，即可获得工程量清单计价价格。

工程量清单计价法与定额计价法的显著区别在于：在工程量清单计价法中，间接费、利润等是用综合管理费分摊到分项工程单价中的，从而组成了分项工程综合单价，某分项工程综合单价乘以工程量即为该分项工程合价。

工程量清单计价的建筑安装工程费用组成如图 5.16 所示。

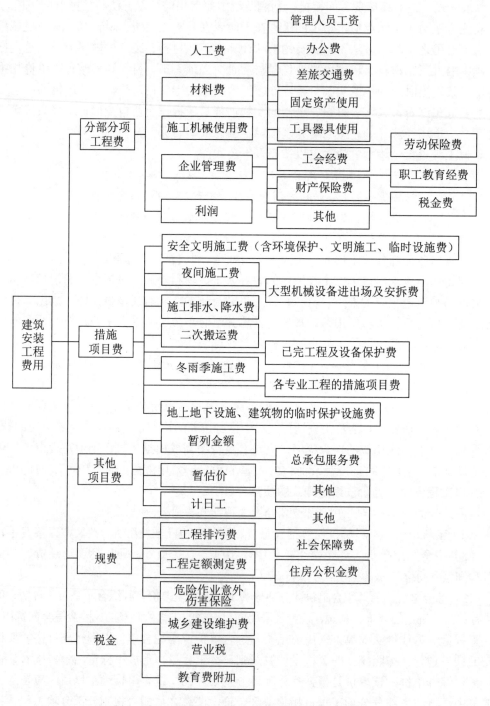

图 5.16　工程量清单计价的建筑安装工程费用组成

本章思考题 --

一、名词解释

施工定额；预算定额；定额消耗量；定额基价；单位估价表；定额时间；时间定额；产量定额；人工幅度差；三级预算。

二、简答题

1. 施工定额消耗量有哪 3 种形式？

2. 定额时间和时间定额的区别和联系是什么？

3. 简述单位估价表的形式和作用。

4. 施工定额与预算定额的主要区别和联系是什么？

5. 施工图预算的两类编制方法是什么？

6. 施工图预算的费用的两种主要构成方式是什么？

扩展阅读 5.4

案例分析

即测即练

第6章　招标阶段业主方工程造价管理

本章学习目标

1. 了解什么是工程招标、工程项目业主招标方式；
2. 了解工程量清单招标的范围及合同计价模式；
3. 了解业主方招标程序及招标文件的构成；
4. 了解业主方工程量清单招标控制价的构成；
5. 掌握招标控制价的编制方法。

引导案例

万安县自然资源局为开展建设用地整理、实施矿区生态保护修复和乡村生态保护修复等工作，准备进行全域土地综合整治项目工程招标，经研究决定，采用设计—采购—施工（engineering procurement construction，EPC）总承包模式发包。目前，项目已对勘测、设计等前期工作和物资采购、工程施工及后期管护在总承包工程范围内进行公开招标。

招标方对投标人提出了以下资格要求。

（1）投标人具备独立法人资格，具有有效的营业执照证书或事业单位法人证书。

（2）设计单位必须同时具有测绘资质乙级及以上资质、土地规划资质乙级及以上资质。

（3）施工单位必须具有水利水电工程施工总承包二级及以上资质。

设计单位和施工单位须提供投标人有效的营业执照副本或事业单位法人证书、资质证书原件或提供含清晰二维码的资质证书复印件并加盖投标单位公章，施工单位另需提供安全生产许可证原件。

（4）本次招标允许联合体投标，要求投标人（包括联合体投标各成员方）是独立的企业法人。投标人必须同时具备相应的设计和施工资格要求。例如，一个单位如果不能同时具备相应的设计和施工资格要求，可以组成联合体进行投标，但联合体不得由超过两个法人单位组成，牵头单位需为施工单位，且联合体各方应共同签订联合体协议书，明确牵头单位及成员单位的责任和权利。任一单位只能参加一次设计或一次施工投标。法定代表人为同一人的两个投标人，应视为同一个投标人的企业。若同一投标人同时满足勘测设计、施工资质，则无须出具联合体协议书。

（5）在资格审查方面，本次招标实行资格后审，资格审查的具体要求见招标文件。资格后审不合格的投标人的投标文件将按无效标处理。

凡符合资格条件且有意参加本次招标的潜在投标人，请于公告发布之日自行在江西省公共资源交易网下载招标文件。

资料来源：http://jdzggzyjjyzx.cn/jyxx/003003/003003001/20180908/246c45f5-7ce4-4842-82da-7be6b55bccd5.html。

6.1　工程建设招投标市场概述

招投标制度作为工程承包发包的主要形式，是一种规范化、程序化、具有竞争性的采购方式，是市场经济的重要调节手段，在国内的工程项目建设市场中已被广泛实施。招投标制度不仅能为业主选择好的供货商和承包人，而且能够优化资源配置，形成优胜劣汰的市场机制，其本质特征是"公开、公平、公正"和"充分竞争"。自《中华人民共和国招标投标法》实施以来，我国工程建设招投标事业进入了一个快速发展的新阶段，在建设工程发包、机电设备进口、产品和服务采购中都开展了招投标工作。房屋建筑施工实行招投标的范围已占全部项目的 80% 以上；水利工程限额以上项目施工的招标率接近 100%；重要设备和材料采购的招标率在 90% 以上。招标投标已广泛应用到国民经济及社会发展的各个领域。

6.1.1　国内工程招投标市场

1. 建筑市场的概念

建筑市场是指进行建筑商品及相关要素交换的市场，是固定资产投资转化为建筑产品的交易场所，也是市场体系中的重要组成部分，它是建筑产品和有关服务的交换关系的总和。建筑市场是建设工程市场的简称。建筑市场由有形建筑市场和无形建筑市场两部分构成。有形建筑市场如建设工程交易中心，负责收集与发布工程建设信息，办理工程报建手续、承发包、工程合同及委托质量安全监督和建设监理等手续，提供政策法规及技术经济等咨询服务；无形建筑市场是指在建设工程交易之外的各种交易活动及处理各种关系的场所。

2. 工程建设招投标市场构成的基本要素

1）市场主体

建筑市场的主体是指参与建筑生产交易的各方。

市场主体是一个庞大的体系，包括各类自然人和法人。不论哪类自然人和法人，总是要购买商品或接受服务，同时销售商品或提供服务。其中，企业是最重要的一类市场主体，因为企业既是各种生产资料和消费品的销售者，资本、技术等生产要素的提供者，又是各种生产要素的购买者。

我国建筑市场的主体主要包括业主（又称为建设单位或发包人）、承包商（勘察、设计、施工、资料供应）、为市场主体服务的各种中介机构（咨询、监理）等。

（1）业主。业主是指既有进行某种工程的需求，又具有工程建设资金和各种准建手续，能在建筑市场中发包建设任务，并最终使建筑产品达到其投资目的的法人、其他组织和个人。业主可以是政府及政府委托的资产管理部门，也可以是学校、医院、工厂、房地产开发公司或个人。在我国的工程建设中，常将业主称为建设单位或甲方、发包人。业主的产生类型如图 6.1 所示。

图 6.1　业主的产生类型

业主的主要职能是立项决策和可行性研究，资金筹措与管理、办理建设许可等有关手续，招标与合同管理，施工质量监督管理，竣工验收和试运行，统计及文档管理等。

（2）承包商。承包商是指具有一定生产能力、技术设备和流动资金，具有承包工程建设任务的相应资质和营业资格，是在建筑市场中能够按照发包人的要求，提供不同形态的建筑产品，并获得工程价款的建筑企业。按照承包方式不同，可将承包商分为施工总承包企业、专业承包企业、劳务分包企业；按照进行生产的主要形式的不同，可将承包商分为勘察与设计单位，建筑安装企业，混凝土预制构件供货、非标准件制作等生产厂家，商品混凝土供应站，建筑机械租赁单位及专门提供劳务的企业等。在我国的工程建设中，承包商又称为乙方。

（3）中介机构。中介机构是指具有一定注册资金和相应的专业服务能力，持有从事相关业务的执照，能对工程建设提供估算测量、管理咨询、建设监理等智力型服务或代理，并取得服务费用的咨询服务机构和其他为工程建设服务的专业中介组织，又称为咨询公司。中介机构作为政府、市场、企业之间联系的纽带，具有政府行政管理不可替代的作用。发达市场的中介机构是市场体系成熟和市场经济发达的重要表现。

2）客体

市场活动的基本内容是商品交换。若没有交换客体，就不存在市场。具备一定量的可供交换的商品，是市场存在的物质条件。市场客体是指一定量的可供交换的商品和服务，它包括有形的物质产品和无形的服务及各种商品化的资源要素，如资金、技术、信息和劳动力等。

建筑市场的客体一般称为建筑产品，它包括有形的建筑产品——建筑物，以及无形的产品——各种服务。客体凝聚着承包商的劳动，业主以投入资金的方式取得它的使用价值。在不同的生产交易阶段，建筑产品表现为不同的形态，它可以是中介机构提供的咨询报告、咨询意见或其他服务；可以是勘察设计单位提供的设计方案、设计图纸、勘察报告；可以是生产厂家提供的混凝土构件、非标准预制构件等产品；也可以是施工企业提供的最终产品，即各种各样的建筑物和构筑物。

建设工程交易中心是建筑市场主体和客体交易的场所，是为建设工程招标投标活动提供服务的自收自支的事业性单位，而非政府机构。政府有关部门及其管理机构可以在建设工程交易中心设立服务"窗口"，并对建设工程招标投标活动依法实施监督，为在建筑市场中进行交易的各方提供服务。建设工程交易中心不能重复设立，每个地级以上城市（包括地、州、盟）只能设立一个。

6.1.2　工程项目业主招标概述

1. 工程项目招标范围分类

工程项目招标的范围，也就是准备发交投标单位承包的内容，它可以是工程的全部工作，也可以是其中某一阶段或某一专项工作。按照招标范围的不同，可把工程招标划分为工程全过程招标、分段招标和专项招标。

1）工程全过程招标

工程全过程招标即通常所说的"交钥匙工程"招标。采用这种招标形式，建设单位一般只要提出功能要求和竣工期限，投标单位即可对项目建议书、可行性研究、勘察设计、设备材料询价与采购、工程施工、职工培训、生产准备、投料试车，直到竣工投产、交付使用，实行全面总承包，并负责对各阶段各专项的分包任务进行综合建筑全过程招标。工程全过程招标主要适用于各种大、中型建设项目，要求承包单位必须具有雄厚的技术经济实力和丰富的组织管理经验。这种招标形式的好处是可以积累建设经验和充分利用已有的经验，以达到节约投资、缩短建设周期和保证工程质量，从而提高综合效益的目的。

2）分段招标

一般情况下，一个项目应当作为一个整体进行招标，但是对于大型的项目，作为一个整体进行招标将大大降低招标的竞争性，因为符合招标条件的潜在投标人数量太少，这样就应当将招标项目划分成若干个标段分别进行招标。对于需要划分标段的招标项目，招标人应当合理划分标段，但也不能将标段划得太小，太小的标段将失去对实力雄厚的潜在投标人的吸引力。一般可以将一个项目分解为单位工程及特殊专业工程分别招标，但不允许将单位工程肢解为分部、分项工程进行招标。

3）专项招标

这种招标的内容是建设工程的某一建设阶段中的某一专门项目，由于其专业性强，通常需要请专业承包单位来承担。例如，可行性研究中的某些辅助研究项目，勘察设计阶段的工程地质勘察、供水水源勘察，供电系统、空调系统及防灾系统的设计，建设准备过程中的设备选购和生产技术人员培训，施工阶段的深基础施工，金属结构制作和安装，生产工艺设备、通风系统及电梯等的安装，都可实行专项招标。

2. 工程项目招标方式分类

按照工程项目施工招标方式划分，工程招标主要分为公开招标和邀请招标。

1）公开招标

公开招标是指招标人以招标公告的方式邀请不特定的法人或其他组织投标，这也称为无限竞争性招标。采用这种招标方式可以为所有符合条件的承包商提供一个平等竞争的机会，而且发包方有较大的选择空间，有利于降低工程造价，提高工程质量和缩短工期。

2）邀请招标

邀请招标是指招标人以投标邀请书的方式邀请特定的法人或其他组织投标，也称为有限招标。采用这种招标方式，由于被邀请参加竞争的投标者数量确定且一般为数不多，因此，不仅可以节省招标费用，而且能提高每个投标者的中标概率，所以对招标、投标双方都有利。

3. 建设工程项目招标内容分类

1）建设工程项目总承包招标

工程总承包是项目业主为实现项目目标而采取的一种承发包方式，具体是指从事工程项目的建设单位受业主委托，按照合同约定对从决策、设计到试运行的建设项目发展周期实行全过程或若干阶段的承包。在国际上，必须将工程项目建设过程中的设计和施工这两个以上的阶段交给一个组织承担的方式才是工程总承包，如设计 - 建造（design-build，DB）模式，也称为设计 - 施工（design-construct）模式或单一责任主体（single responsibility）模式。在这种模式下，集设计与施工方式于一体，由一个实体按照一份总承包合同承担全部的设计和施工任务。这里的 DB 模式包含设计—采购—施工（engineering procurement construction，EPC）总承包模式及交钥匙工程（turn key）模式。

在总承包工程中，业主方把建设工程项目的设计任务和施工任务进行综合委托，它包含多种方式，如 DB 总承包模式、EPC 总承包模式、交钥匙工程模式等。后两者是特殊的 DB 形式。

由此可见，只有所承包的任务中同时包含设计和施工，才能被称为工程总承包。设计阶段可以从方案设计、技术设计或施工图设计开始，单独的施工总承包或"采购＋施工总承包""采购＋设计总承包"都不在总承包范围之列。国际上通用的工程总承包模式的工作范围比较如表 6.1 所示。

表 6.1　工程总承包模式的工作范围比较

工程总承包模式		合同（工作）范围					
	阶段	项目构思	方案设计	初步设计	施工图设计	施工	试运转
DB 模式	施工图设计——施工（D-B1）				████	████	
	初步设计——施工（D-B2）			████	████	████	
	方案设计——施工（D-B3）		████	████	████	████	
	设计——采购——施工（E-P-C）		████	████	████	████	
交钥匙工程		████	████	████	████	████	████

交钥匙工程模式是指工程设计、采购、施工工程总承包向两头扩展延伸而形成的业务和责任范围更广的总承包模式。交钥匙工程模式不仅承包工程项目的建设实施任务，而且提供建设项目前期工作和运营准备工作的综合服务，其范围包括以下内容。

（1）项目前期的投资机会研究、项目发展策划、建设方案及可行性研究和经济评价。

（2）工程勘察、总体规划方案和工程设计。

（3）工程采购和施工。

（4）项目动用准备和生产运营组织。

（5）项目维护及物业管理的策划与实施等。

2）建设工程施工招标

建设工程施工招标是指招标人就拟建的工程施工工作内容发布公告或邀请，以法定方式吸引建筑施工企业参加竞争，招标人从中选择条件优越者完成工程建设任务的法律行为。施工招标的发包工作范围，可以采用将项目建设的所有施工、安装工作内容一次性总发包的全部工程招标，或者是分解为单位工程及特殊专业工程几个合同包分别招标，但不允许将单位工程肢解成分部、分项工程进行招标。

建设工程施工包含建筑施工、给排水施工、水利施工、暖通施工、结构施工、园林施工等相关工程施工。

建设工程施工招标中的全部施工内容可以只用一个合同包招标，项目法人仅与一个承建商（或承建集团）签订合同，施工过程中的合同管理工作比较明确。如果招标单位有足够的管理能力，业主也可以将全部施工内容分解成若干个单位工程和特殊专业工程分别招标，这样可以发挥不同承建商的专业特长，提高投标竞争性；但招标发包数量的多少要适当，合同太多也会给招标及合同管理工作带来不必要的损失。

3）建设工程勘察招标

建设工程勘察招标是指招标人就拟建工程的勘察任务发布通告，以法定方式吸引勘察单位参加竞争，经招标人审查获得投标资格的勘察单位按照招标文件的要求，在规定的时间内向招标人填报标书，招标人从中选择条件优越者完成勘察任务的法律行为。

建设工程勘察的基本内容是工程测量、水文地质勘察和工程地质勘察。勘察工作在于查明工程项目建设地点的地形地貌、地层土壤岩性、地质构造、水文条件等自然地质条件资料，做出鉴定和综合评价，为建设项目的选址、工程设计和施工提供科学可靠的依据。

4）建设工程设计招标

建设工程设计招标是指招标人就拟建工程的设计任务发布通告，以吸引设计单位参加竞争，经招标人审查获得投标资格的设计单位按照招标文件的要求，在规定的时间内向招标人填报标书，招标人从中择优确定中标单位来完成工程设计任务的法律行为。设计招标主要是指设计方案招标，工业项目可进行可行性研究方案招标。

5）建设工程监理招标

建设工程监理招标是指招标人为了委托监理任务的完成，以法定方式吸引监理单位参加竞争，招标人从中选择条件优越者的法律行为。

6）建设工程材料设备招标

建设工程材料设备招标是指招标人就拟购买的材料设备发布公告或邀请，以法定方式吸引建设工程材料设备供应商参加竞争，招标人从中选择条件优越者购买其材料设备的法律行为。

6.2　业主方招标管理

6.2.1　业主方招标的工程范围

《中华人民共和国招标投标法》和《工程建设项目招标范围和规模标准规定》（国家计委令第3号）规定了必须进行招标的工程范围、必须进行工程量清单招标的工程范围以及可以不进行招标的工程范围。

1. 必须进行招标的工程范围

在《工程建设项目招标范围和规模标准规定》（国家计委令第3号）中规定的必须招标的工程范围如下。

1）关系社会公共利益、公众安全的基础设施项目

具体范围主要包括以下6个方面。

（1）煤炭、石油等能源项目。

（2）铁路、公路等交通运输项目。

（3）邮政、电信枢纽等邮电通信项目。

（4）防洪、灌溉等水利项目。

（5）道路、桥梁、地铁和轻轨等城市设施项目。

（6）生态环境保护等项目。

2）关系社会公共利益、公众安全的公用事业项目

具体范围包括以下5个方面。

（1）供水、供电、供气、供热等市政工程项目。

（2）科技、教育、文化等项目。

（3）体育、旅游等项目。

（4）卫生、社会福利等项目。

（5）商品住宅，包括经济适用住房等项目。

3）国家融资项目

具体范围包括以下5个方面。

（1）使用国家发行债券所筹资金的项目。

（2）使用国家对外借款或担保所筹资金的项目。

（3）使用国家政策性贷款的项目。

（4）国家授权投资主体融资的项目。

（5）国家特许的融资项目。

4）使用国际组织或外国政府资金的项目

具体范围包括以下3个方面。

（1）使用世界银行、亚洲开发银行等国际组织贷款资金的项目。

（2）使用外国政府及其机构贷款资金的项目。

（3）使用国际组织或外国政府援助资金的项目。

5）使用国有资金投资的项目

具体范围包括以下3个方面。

（1）使用各级财政预算资金的项目。

（2）使用纳入财政管理的各种政府性专项建设基金的项目。

（3）使用国有企业、事业单位的自有资金，并且该资金占控股或主导地位的项目。

中华人民共和国国家发展和改革委员会令第16号发布了《必须招标的工程项目规定》，自2018年6月1日起施行，其中的主要内容如表6.2所示。

表6.2　规定必须招标的工程项目

合同类别	限制标准
施工单项合同估算价	400万元人民币以上
重要设备、材料等货物的采购单项合同估算价	200万元人民币以上
勘察、设计、监理等服务的采购单项合同	100万元人民币以上
预算资金200万元人民币以上，并且该资金占投资额的10%以上的项目	3000万元人民币以上

2. 必须进行工程量清单招标的工程范围

全部使用国有资金投资或以国有投资为主的大中型建设工程必须采用工程量清单计价方式；其他依法招标的建设工程，应采用工程量清单计价方式。凡是采用工程量清单计价方式的，都必须遵守计价规范的规定。

3. 可以不进行招标的工程范围

（1）涉及国家安全、国家秘密的工程。

（2）抢险救灾的工程。

（3）利用扶贫资金实行以工代赈，需要使用农民工等特殊情况的工程。

（4）勘察、设计采用特定专利或专有技术或其建筑艺术造型有特殊要求的工程。

（5）停建或缓建后恢复建设的单位工程，且承包人未发生变更的工程。

（6）施工企业自建自用的工程，且该施工企业的资质等级均符合工程要求。

（7）在建工程追加的附属小型工程或主体加层工程，且承包人未发生变更的工程。

6.2.2　公开招标与邀请招标

在必须招标的工程范围内，业主可以选择公开招标和邀请招标两种主要的招标方式。在应用范畴和标准上，公开招标更为普遍。以基本建设工程项目为例，依据《必须招标的工程项目规定》，其涉及的项目都必须进行招标，而且以公开招标为主导。邀请招标是在项目不宜选用公开招标的方式下选用的，邀请招标的应用必须满足相应的必备条件。

1. 公开招标

1）优点

公开招标能够为潜在的投标人提供均等的机会，有效防止腐败，能够更好地达到经济性的目的。

2）缺点

公开招标虽然有很多优点，但也存在一些缺点。公开招标的程序多，且资格预审或评标等运行成本较高。此外，公开招标周期通常较其他招标方式长。

2. 邀请招标

1）邀请招标的承包商满足的条件

被邀请招标的承包单位必须满足以下基本要求。

（1）有与该项目相应的资质，并且有足够的力量承担招标工程的任务。

（2）近期内成功承包过与招标工程类似的项目，有较丰富的经验。

（3）技术装备、劳动者素质、管理水平等均应符合招标工程的要求。

（4）当前和过去财务状况良好。

（5）有较好的信誉。

在公开招标方式之外，工程还可以采用邀请招标。但邀请招标的工程本身必须符合一定的条件才能够申请采用邀请招标。

2）邀请招标的工程具备的条件

对于公开招标和邀请招标两种方式，按照《工程建设项目施工招标投标办法》的规定，有下列情况之一的工程，经批准可以进行邀请招标。

（1）项目技术复杂或有特殊要求，只有少量几家潜在投标人可供选择。

（2）受自然地域环境限制。

（3）涉及国家安全、国家秘密或抢险救灾，适宜招标但不宜公开招标。

（4）选用公开招标方式的花费占项目合同金额的占比过大。

（5）法律、法规规定不宜公开招标。

3）优点与缺点

邀请招标的优点是过程所需的时间较短，工作动量小、目标集中，且招标花费较少；被邀请投标的企业中标率高。

邀请招标的缺点是不利于招标单位获得最优报价；此外，由于投标企业的总数少，所以竞争性不强；招标单位或业主在选择邀请人前所把握的信息内容存在一定的局限，从而可能遗漏一些在技术性、经济性上更具有竞争能力的承包商。

6.2.3 业主方公开招标程序管理

业主方项目公开招标的主要程序

1）项目报建

当工程项目的立项批准文件或年度投资计划下达后，建设单位必须按规定向招标投标管理机构报建；建设单位填写建设工程报建登记表，连同立项批准等文件资料一并报招标投标管理机构审批。工程项目报建的内容主要包括工程名称、投资规模、建设地点、资金来源、工程规模、结构类型、当年投资额、发包方式、计划开竣工日期、工程筹建情况等。

2）核准招标方式和招标范围

国家或地方发改委审查招标人报送的书面材料，核准招标人的自行招标条件和招标范围。若招标人符合规定的自行招标条件，招标人可以自行办理招标事宜；若招标人不符合规定的自行招标条件，在批复可行性研究报告时可要求招标人委托招标代理机构办理招标事宜。

3）招标公告和投标邀请书的编制与发布

公开招标项目应当发布资格预审公告或招标公告。采用资格预审的公开招标项目应发布资格预审公告，采用资格后审的公开招标项目应发布招标公告。

（1）资格预审公告。采用资格预审方式的公开招标项目，包括政府采购公开招标项目，应先发布资格预审公告。

资格预审公告是指招标人通过媒介发布的公告，表示招标项目采用资格预审的方式，公开选择条件合格的潜在投标人，使感兴趣的投标人了解招标、采购项目的情况及资格条件，并购买资格预审文件，参加资格预审和投标竞争。

在完成资格预审后，招标人应当直接向通过资格预审的申请人发出投标邀请书，不需要再发布招标公告。如果不采用资格预审的工程项目，而是采用资格后审的工程项目，则不需要发布资格预审公告，而是直接发布招标公告。

（2）招标公告。采用资格后审的项目发布招标公告。

招标公告是招标人向所有潜在的投标人发出的一种广泛的通告。依法必须进行招标的项目的招标公告，应当通过国家指定的报刊、信息网络或其他媒介发布。

所有潜在的投标人都具有公平的投标竞争机会。拟发布的招标公告文本应当由招标人或其委托的招标代理机构的主要负责人签名并加盖公章。招标人或其委托的招标代理机构发布招标公告，应当向指定媒介提供营业执照或法人证书、项目批准文件的复印件等证明文件。

投标邀请书是指采用邀请招标方式的招标人，向3个以上具备承担招标项目的能力、资信良好的特定法人或其他组织发出的参加投标的邀请书。《中华人民共和国招标投标法》

和《工程建设项目施工招标投标办法》规定，招标公告与投标邀请书应当载明同样的事项，具体包括以下内容：

①招标人的名称和地址；

②招标项目的实施地点和工期；

③招标项目的内容、规模、资金来源；

④对招标文件或资格预审文件收取的费用；

⑤获取招标文件或资格预审文件的地点和时间；

⑥对投标人的资质等级的要求。

建筑工程公开招标程序如图 6.2 所示。

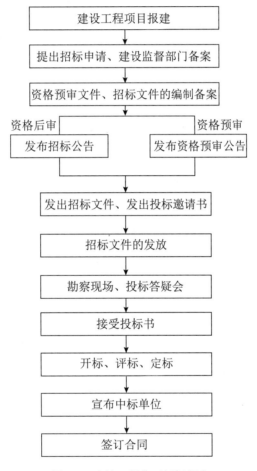

图 6.2　建筑工程公开招标程序

（3）资格审查。招标人可以要求潜在投标人或投标人提供满足其资格要求的文件，并进行资格审查。

招标人可以根据招标工程的需要，自行对投标申请人进行资格审查，也可委托工程招标代理机构对投标申请人进行资格预审。

资格审查可以分为资格预审和资格后审。

①资格预审。资格预审是指在投标前对潜在投标人的资质条件、业绩、信誉、技术、

资金等多方面情况进行资格审查。采取资格预审，招标人应当在资格预审文件中载明资格预审的条件、标准和方法。

资格预审文件包括资格预审须知和资格预申申请书。投标申请人应在规定的时间内向招标人报送资格预审申请书和资格证明材料。经资格预审后，招标人应当向资格预审合格的投标申请人发出资格预审合格通知书，告知获取招标文件的时间、地点和方法，并同时向资格预审不合格的投标申请人告知资格预审结果。

除招标文件另有规定外，进行资格预审的投标人，一般不再进行资格后审。

②资格后审。资格后审是指在开标后对投标人进行的资格审查。采取资格后审，招标人应当在招标文件中载明对投标人资格要求的条件、标准和方法。

③资格预审和资格后审的关系。资格预审和资格后审都是在工程项目招标过程中需要进行的资格审查工作，而且二者都是在公开招标的形式下进行的资格审查，二者存在以下的不同。

第一，程序先后不同。审查的时间不同：资格预审是投标前审查，资格后审是开标后审查。

采用资格预审的，招标人应当发布资格预审公告；采用资格后审的，招标人应当发布招标公告。两个资格审查方式是互斥关系，发布公告的程序也不能交叉。招标公告的邀请对象是不特定的潜在投标人，而资格预审结束后，招标人只能邀请通过资格预审的特定申请人参加投标，因此不需要再发布招标公告。

第二，审查方式不同。在审查方式上，资格预审的审查方式分为合格制和有限数量制。资格后审的审查方式只有合格制。

第三，评审人和评审对象不同。资格预审的评审人是资格审查委员会，资格后审的评审人是评标委员会。资格预审的评审对象是潜在投标人，资格后审的评审对象是投标人。

第四，评审方法采用的背景不同。当项目的规模和难度大、潜在投标人的数量多、编制投标文件的费用高时，主要采用资格预审。而资格后审通常适用于投标人数不多、标准化、通用性强的工程项目。

4）发布招标文件

按照《中华人民共和国招标投标法》的规定，招标文件应当包括招标项目的技术要求，对投标人资格审查的标准、投标报价要求和评标标准等所有实质性要求和条件及拟签合同的主要条款。

资格预审是指通过资格预审环节选择允许参与招标活动的投标人，然后再向投标人发出招标文件，投标人依据招标文件编制投标文件。评委会依据招标文件评审投标文件，确定中标人。

业主可以根据招标项目的特点和需要，自行或委托工程招标代理机构编制招标文件。

5）项目现场勘察

招标人可根据项目具体情况安排投标人和标底编制人员进行潜在投标人现场勘察，向其介绍工程场地和相关环境的有关情况。现场勘察一般安排在投标预备会的前 1～2 天。

项目勘察一般包括下列内容。

（1）施工现场是否达到招标文件规定的条件。

（2）施工的地理位置和地形、地貌。

（3）施工现场的气候条件。

（4）施工现场的地质、土质、水文等情况，如气温、湿度、风力、年雨雪量等。

（5）现场的环境，如交通、饮水、污水排放、生活用电、通信等。

（6）临时搭建的设施、临时用地等。

6）召开投标预备会

投标预备会也称为答疑会、标前会议，是指招标人为澄清或解答招标文件或现场踏勘中的问题，以便投标人更好地编制投标文件而组织召开的会议。投标预备会一般在招标文件发出后的 7 ～ 28 天内举行。参加会议的人员包括招标人、投标人、代理人、招标文件编制单位的人员、招标投标管理机构的人员等。会议由招标人主持。

投标人在勘察现场中如有疑问，应在投标预备会前以书面形式向招标人提出，但应给招标人留有解答时间。在领取招标文件、图样和有关技术资料及勘察现场时提出的疑问后，招标人应以书面形式通过投标预备会进行解答，招标人在投标预备会上还应对图纸进行交底和解释。

投标预备会结束后，招标人整理会议记录和解答内容，并以书面形式将问题及解答同时发送到所有获得招标文件的投标人。

7）投标人编制投标文件

从购得招标文件到投标截止日期前，投标人需要编制投标文件。投标文件的要求如下。

（1）投标人应当对招标文件提出的实质性要求和条件做出响应。实质性响应包括明确规定的实质性响应和主观判定的实质性响应。

明确规定的实质性响应是指对于招标文件中明确要求必须满足的内容如不响应即废标的条款，承诺其符合要求，即为实质性响应。

主观判定的实质性响应是指评标委员会或招标人认为，因为投标人技术、商务或其他存在不满足、不符合招标要求的情况，难以满足招标项目的实际需要，则判定投标为实质性响应。

（2）投标人应将投标文件的正本和所有副本按照招标文件的规定进行密封和标记，并在投标截止时间前按规定递交至招标文件规定的地点；在招标文件要求提交投标文件截止时间后送达的投标文件，招标人应当拒收。投标截止时间的同一时间，进行招标人开标。

8）组建评标委员会

评标委员会由招标人的代表和评委库中有关技术、经济等方面的专家组成。评标委员会的总人数应不少于 5 人，其中招标人、招标代理以外的技术、经济等方面的专家不得少于评标委员会总人数的 2/3；评标委员会负责人由招标人确定或由评标委员会推荐产生。

9）开标、评标，提交评标报告

开标应按照招标文件规定的时间、地点、参加人当众进行。一般先审查投标保函的格式、担保责任、担保额度、担保银行等是否符合招标文件的要求，其后在现场公开宣读所有合格投标人的标价、工期等。

开标会结束后，将经招标人初步审查后符合规定的投标文件送入评标室进行评标。

评标应坚持客观公正、平等、科学、合理、自主和注重信誉的原则；评标委员会应按照招标文件中规定的评标标准、办法对投标文件进行评审。

10）定标

根据《中华人民共和国招标投标法》的相关规定，招标人以评标委员会提交的评标报告为依据，对评标委员会推荐的中标候选人进行比较，从中择优确定中标人；招标人可以向中标人发出中标通知书，并将中标结果通知所有未中标的投标人。中标通知书发出后，招标人改变中标结果的或中标人放弃中标项目的应当依法承担法律责任。

11）签订合同

合同为与双方责权利有关的所有条款的总和。只有在双方责任、权利都具体、明确的前提下，投标人才能够准备响应和合理报价。

6.3 业主方工程量清单招标文件构成

6.3.1 资格预审文件

资格预审是指投标前对获取资格预审文件并提交资格预审申请文件的潜在投标人进行资格审查的一种方式。业主若采用资格预审模式对潜在投标人进行资格审查，应当发布资格预审公告，编制资格预审文件。招标人应当合理确定提交资格预审申请文件的时间。项目提交资格预审申请文件的时间自资格预审文件停止发售之日起不得少于 5 日。

1. 资格预审文件的构成

1）资格预审文件的主要内容

（1）工程项目简介。工程项目简介包括以下内容。

①工程的性质、工程数量、质量要求、开工时间、工程监督要求、竣工时间。

②资金来源。需要说明资金来源是政府投资、私人投资，还是利用国际金融组织贷款及资金的落实程度。

③工程项目的当地自然条件，包括当地气候、降雨量、气温、风力、冰冻期、水文地质方面的情况。

④工程合同的类型。需要说明工程合同是单价合同还是总价合同或是交钥匙合同及其是否允许分包工程。

（2）对投标人的要求。业主作为招标方可以根据招标项目本身的要求，在招标文件或资格预审文件中，对投标人的资格条件从资质、业绩、能力、财务状况等方面做出一些规定，并依此对潜在投标人进行资格审查。

（3）附表。附表是指在资格预审时需要填写的各种报表，基本包括以下 10 项。

①资格预审申请表。

②公司一般情况表及年营业额数据表、财务状况表。

③目前在建合同、工程一览表。

④联营体情况表。

⑤类似工程合同经验。

⑥拟派往本工程的人员表、拟派往本工程的关键人员的经验简历。

⑦拟用于本工程的施工方法和机械设备及现场组织计划。

⑧拟订分包人。

⑨其他资料表（如银行信用证明、公司的质量保证体系、争端诉讼案件和情况等）。

⑩承诺表。

2. 资格预审相关工作程序

1）业主方编制资格预审文件

资格预审文件需要由业主组织有关专家人员编制，也可委托设计单位、咨询公司编制。资格预审文件须报招标管理机构审核。

2）刊登资格预审公告

在建设工程交易中心及政府指定的报刊、网络发布工程招标信息，刊登资格预审公告。资格预审公告的内容应包括工程项目名称、资金来源、工程规模、工程量、工程分包情况、投标人的合格条件，购买资格预审文件的日期、地点和价格，递交资格预审投标文件的日期、时间和地点。

3）报送资格预审文件

投标人应在规定的截止时间前报送资格预审文件。

4）评审资格预审文件

由业主负责组织评审小组。评审小组包括财务、技术方面的专门人员。由评审小组对资格预审文件进行完整性、有效性及正确性的资格预审。资格预审主要考察以下5方面内容。

（1）财务方面。考察投标人是否有足够的资金承担本工程且是否有一定数量的流动资金。由于需要考虑承担新工程所需要的财务资源能力，所以投标人必须有足够的资金承担新的工程。

（2）施工经验。考察投标人是否承担过类似本工程的项目，特别是具有特别要求的施工项目，以及其近年来施工的工程数量、规模。同时，还要考虑投标人过去的履约情况。

（3）人员情况。考察投标人所具有的工程技术和管理人员的数量、工作经验、能力是否满足本工程的要求。

（4）设备情况。考察投标人所拥有的施工设备是否能满足工程的要求。投标人应清楚地填报拟投入该项目的主要设备，包括设备的类型、制造厂家、型号及设备是自有还是租赁。设备的类型要与工程项目的需要相适合，数量和能力要满足工程施工的需要。

（5）联营体情况。联营体的每一方都必须递交自身资格预审的完整文件；在资格预审申请中，必须确认联营体各方对合同所有方面所承担的各自和连带责任；资格预审申请中必须包括有关联营体各方所拟承担的工程部分及其义务的说明。在申请中要指定一个合伙人为牵头方，并由他代表联营体与业主联系。

经过上述5方面的评审，对每一个投标人统一打分，得出评审结果。投标人对资格预审申请文件中所提供的资料和说明要负全部责任。如果提供的情况有虚假或不能提供令业主满意的解释，业主将保留取消其资格的权力。

最后，业主应向所有参加资格预审的申请人公布评审结果。

6.3.2　招标文件

业主方发布招标文件后，对于投标人购买招标文件的费用，不论其中标与否都不予退还。招标人对已发出的招标文件进行必要的澄清或修改的，应当至少在招标文件要求提交投标文件的截止时间 15 日前，以书面形式通知所有招标文件收受人。应当澄清或修改的内容为招标文件的组成部分。

1. 招标文件的主要内容

业主方发布的招标文件应包括投标邀请；投标人须知（包括密封、签署、盖章要求等）；投标人应当提交的资格、资信证明文件；投标报价要求、投标文件编制要求和投标保证金缴纳方式；招标项目的技术规格、要求和数量，包括附件、图样等。

1）图样及设计资料附件

图样及设计资料附件是随招标书一起发送的图样设计资料。招标文件可以包括一套完整的图样及附件。

2）工程量表

由于设计进度不同，故招标文件所附的工程量及工料单的情况不同。如果在初步设计阶段时招标，工程量是一个概数；当工程图设计已完成时，应列出详细工程量。

3）合同主要条款及合同签订方式

招标文件必须包括主要合同条款或合同计价形式等内容，全部合同条款都应包括在招标文件中。合同协议书是由工程承发包双方共同签署的，确认双方在承发包工程实施期间应承担的权利、责任和义务的共同协定。协议书应包括：合同协议书与合同的关系；协议书的组成部分；承包人对发包人支付其各项费用所应承担的义务；发包人对承包人完成本项目所应承担的义务等。交货和提供服务的时间；评标方法、评标标准和废标条款；投标截止时间、开标时间及地点；投标书及附件。

投标书是指对承发包双方均有约束力的合同的一个组成部分，是由投标单位充分授权的代表签署的一种文件。投标书主要包括以下内容。

（1）投标人确认部分。投标人确认部分包括投标人对参观工地现场、投标审阅图样、技术规范、工程量清单、合同条款事项的确认；愿意承包该项工程的确认；投标书附件的组成部分的确认；接到开工命令后若干天内开工，并在合同规定期内竣工的确认；投标被接受，并按要求提交一定金额的履约保证金的确认；对招标人提出的某些责任和义务的理解和确认。

（2）投标保证书。为了对招标单位进行必要的保护，招标文件中应规定"投标人必须提供投标保证金或保证书"的条款。投标保证金一般不必支付现金，而是采用保证书的形式。投标保证书的金额通常为投标总额的 2%～5%。

投标书附件主要包括投标保函格式、投标文件格式、履约保函格式、投标文件技术部分格式、投标文件商务部分格式、投标文件综合部分格式、评标标准及方法。

2. 投标保证金与履约担保

1）投标保证金

（1）投标保证金的特点。投标保证金是指投标人按照招标文件的要求向招标人出具的，以一定金额表示的投标责任担保。投标保证金能够对投标人的投标行为产生约束作用，可避免因投标人在投标有效期内随意撤回、撤销投标或中标后不能提交履约保证金和签署合同等行为而给招标人造成的损失。在投标文件递交截止时间至招标人确定中标人的这段时间内，投标人不能要求退出竞标或修改投标文件，而一旦招标人发出中标通知书，做出承诺，合同即告成立，中标的投标人必须接受；否则，投标人就要承担投标保证金被招标人没收的法律后果。投标保证金的有效期应当与投标有效期一致。投标人应提交规定金额的投标保证金，并作为其投标书的一部分。

投标保证金除现金外，通常是银行出具的银行保函、保兑支票、银行汇票或现金支票。投标保证金不得超过项目估算价的 2%。投标保证金采用现金、支票、汇票等不同形式，是对投标人流动资金的一种考验。若投标保证金采用银行保函的形式，银行在出具投标保函之前一般都要对投标人的资信状况进行考察，信誉欠佳或资不抵债的投标人很难从银行获得经济担保。因此，投标人能否获得银行保函及能够获得多大额度的银行保函，可以从一个侧面反映投标人的实力。

（2）投标保证金的有效期。投标保证金的有效期是指以递交投标文件的截止时间为起点，以招标文件中规定的时间为终点的一段时间。在投标文件截止时间之前，投标人或潜在投标人可以自主决定是否投标，并对投标文件进行补充修改，甚至撤回已递交的投标文件。

（3）投标保证金的返还。根据《工程建设项目施工招标投标办法》（七部委 30 号令）规定："招标人最迟应当在与中标人签订合同后 5 日内，向中标人和未中标的投标人退还投标保证金及银行同期存款利息。"

发生以下任何一种情况时，投标保证金将被没收：

①投标截止后投标人撤销投标文件；

②中标人在规定期限内未能按规定签订合同；

③投标人根据招标文件规定未提交履约保证金；

④投标人采用不正当的手段骗取中标。

招标人和中标人应当依照《中华人民共和国招标投标法》和本条例的规定签订书面合同。合同的标的、价款、质量、履行期限等主要条款应当与招标文件和中标人的投标文件的内容一致。招标人和中标人不得再行订立背离合同实质性内容的其他协议。

2）履约担保

履约担保是工程发包人为防止承包人在合同执行过程中违反合同规定或违约，弥补给发包人造成的经济损失而存在的担保。履约担保的形式有履约担保金（又叫履约保证金）、履约银行保函和履约担保书 3 种。履约保证金可采用保兑支票、银行汇票或现金支票，一般不超过合同价格的 5%～10%。一般情况下，工程造价越高，履约保证金的比例应该越低。

《工程建设项目施工招标投标办法》（七部委 30 号令）规定："招标人要求中标人提交履约保证金或其他形式履约担保的，招标人应当同时向中标人提供工程款支付担保。"

履约担保具有以下特点。

（1）在招标中邀约。业主方必须在招标文件中明确规定当中标单位提交履约保证金时，此项条款方为有效。如果在招标书中没有明确规定，在中标后则不得追加，这就维护了招标中邀约的真实性和投标人的权益。工程招标人可以根据自身的条件选择对该项工程是否投标。因此，履约保证金具有选择性。

（2）履约保证金的目的明确。履约保证金不同于定金。履约保证金的目的是担保承包商完全履行合同，其主要担保工期和质量符合合同的约定。

承包商顺利履行完自己的义务后，招标人必须将履约保证金全额返还承包商。履约保证金的功能在于，当承包商违约时，能够赔偿招标人的损失。如果承包商违约，则将丧失收回履约保证金的权利。

（3）可以由第三方出具。履约保证金强调的是保证招标方的利益或投资者的利益，这种保证既可由中标的承建商承担，也可由第三方承担，但需招标方认可方为有效，由此产生第三方承担连带责任。因此，履约保证金具有替代性。当中标人违约时，中标人的赔偿责任由第三方承担。履约保证金还具有独立性，其必须由双方认可的机构负责收缴、储存、执行和返还。

履约保证金和履约保函之间的区别是后者在办理时手续非常的烦琐，但是在保函当中会有一个明确的有效期。有效期当日，乙方的钱会自动从银行获得自由，而不需要甲方同意；履约保证金则不同，到约定日期之后，乙方需要找甲方索要，此过程容易出现纠纷。因此，双方选择履约保函也可以说是一种比较简洁明确的选择。

6.4　业主方招标控制价的构成

6.4.1　工程量清单概述

所谓的工程量清单计价，是指在建筑工程招标投标活动中，招标人按照国家统一的工程量计算规则，按照招标文件提供的详细的、完整的、准确的工程量或实物量明细清单，依据市场行情和本企业的实际情况进行的自主投标报价。

工程量清单（bill of quantities，BOQ）是依据建设行政主管部门颁发的工程量计算规则、分部分项工程项目划分、规定的计价单位及施工设计图样、施工现场情况和招标文件中的有关要求进行编制的。

1. 工程量清单项目编码

项目编码是分部分项工程和措施项目清单名称的阿拉伯数字标识。分部分项工程量清单项目编码以五级编码设置，用十二位阿拉伯数字表示。一、二、三、四级编码为全国统一，即一至九位应按计价规范附录的规定设置；第五级，即十至十二位为清单项目编码，应根据拟建工程的工程量清单项目名称设置，不得有重号，这三位清单项目编码由招标人针对招标工程项目具体编制，并应按001起的顺序编制。工程量清单项目编码结构如图6.3所示。

2. 工程量清单项目设置

工程量清单的项目设置规则包括统一工程量清单项目名称、项目编码、计量单位和工程量计算规则。分部分项工程量清单项目编码以五级编码设置，各级编码代表的含义如下。

（1）第一级表示工程附录顺序码（分两位）。房屋建筑与装饰工程为01，仿古工程为02，通用安装工程为03，市政工程为04，园林绿化工程为05，矿山工程为06，构筑物工程为07，城市轨道交通为08，爆破工程为09。

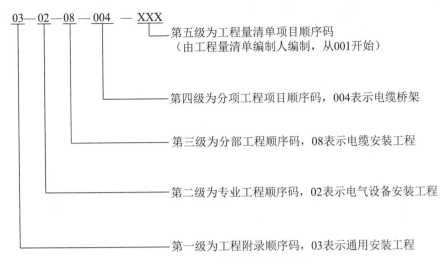

图6.3　工程量清单项目编码结构

（2）第二级表示专业工程顺序码（分两位）。

（3）第三级表示分部工程顺序码（分两位）。

（4）第四级表示分项工程项目顺序码（分三位）。

（5）第五级表示工程量清单项目顺序码（分三位）。

分部分项工程量清单的项目名称应按附录的项目名称结合拟建工程的实际情况确定。清单中所列的工程量应按附录中规定的工程量计算规则来计算。

3. 工程量清单计价一般规定

按照 2013 年 7 月 1 日起施行的国家标准《建设工程工程量清单计价规范》（GB 50500—2013）中的有关规定，应实行工程量清单计价。建筑安装工程造价由分部分项工程费、措施项目费、其他项目费和规费、税金组成。

承办方投标报价是在参考业主方招标控制价的基础上，结合自身企业情况编制的由分部分项工程费、措施项目费、其他项目费、规费和税金组成的单位工程报价。建筑安装工程的工程造价构成如图 6.4 所示。

6.4.2　招标控制价概述

业主方工程项目招标控制价是指招标人根据招标项目的具体情况，编制的完成招标项目所需的全部费用，它是为投标承包商规定的最高限价。

根据《中华人民共和国招标投标法实施条例》第 27 条的规定："招标人设有最高投标限价的，应当在招标文件中明确最高投标限价或者最高投标限价的计算方法。招标人不得规定最低投标限价。"所以，一般情况下，招标控制价应当在招标文件中载明，最迟发出时间不得迟于投标截止时间前 15 天。

目前，建设工程施工招标控制价的编制，主要采用工程量清单计价法来编制。通常是根据施工图样及技术说明，按照预算定额规定的分部分项子目，逐项计算出工程量；再套用定额单价（或单位估价表）确定分部分项工程中的直接工程费，此部分费用仅包括人工费、材料费、机械费；然后按规定的费率标准确定分部分项工程的管理费、利润，接着将分部分项工程的费用除以业主方发布的分部分项工程清单工程量，进而获得清单的综合单价。

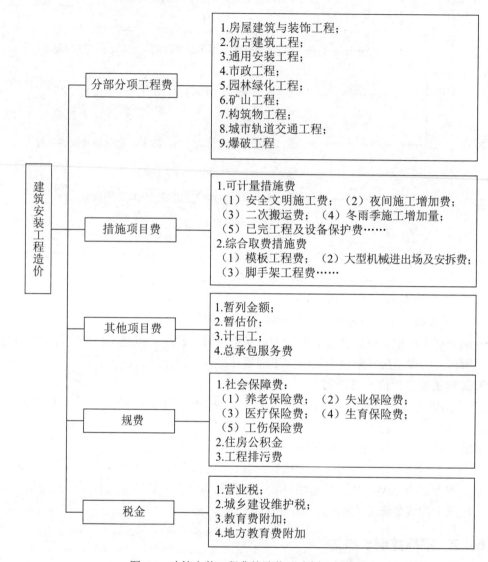

图 6.4　建筑安装工程费按造价形式划分的构成

　　其中，分部分项工程清单费、措施项目清单中填报的各分项工程综合单价综合了人工费、材料费、机械费、管理费、利润及风险。综合单价确定以后，各分部分项工程综合单价乘以各分部分项工程量；再加上各措施项目清单量乘以各措施项目综合单价及不可计量的一部分措施项目费；最后汇总其他项目清单费用、规费清单费用和利润清单费用，共同构成单位工程价格；所有单位工程招标控制价汇总后即为该单项工程的招标控制总价。建设项目汇总表、单项工程投标报价汇总表及单位工程投标报价表如表 6.3、表 6.4、表 6.5 所列。

表6.3 建设项目汇总表

工程名称　　　　　　　　　　　　　　　　　　　　　　　第　页　共　页

序　号	单项工程名称	金额/元	其　中		
			暂估价/元	安全文明施工费/元	规费/元
	合　计				

注：本表适用于工程项目招标控制价或投标报价的汇总。

表6.4 单项工程投标报价汇总表

工程名称：　　　　　　　　　　　　　　　　　　　　　　第　页　共　页

序　号	单位工程名称	金额/元	其　中		
			暂估价/元	安全文明施工费/元	规费/元
	合　计				

注：本表适用于单项工程招标控制价或投标报价的汇总。暂估价包括分部分项工程中的暂估价和专业工程暂估价。

表6.5 单位工程投标报价表

工程名称：　　　　　　　　标段：　　　　　　　第　页　共　页

序　号	汇总内容	金额/元	其中：暂估价/元
1	分部分项工程		
1.1			
1.2			
1.3			
——			
2	措施项目		
2.1	安全文明施工费		
3	其他项目		

序　　号	汇总内容	金额 / 元	其中：暂估价 / 元
3.1	暂列金额		
3.2	专业工程暂估价		
3.3	计日工		
3.4	总承包服务费		
4	规费		
5	税金		
招标控制价合计 =1+2+3+4+5			

注：本表适用于单位工程招标控制价或投标报价的汇总，如无单位工程划分，单项工程也使用本表汇总。

6.4.3　招标控制价的编制

1. 招标控制价概述

招标控制价是招标人根据国家及当地有关规定的计价依据和计价办法、招标文件、市场行情，按工程项目设计施工图样等具体条件调整编制的，它是对招标工程项目限定的最高工程造价，也可称为拦标价、预算控制价或最高报价等。招标控制价应由具有编制能力的招标人编制；当招标人不具有编制招标控制价的能力时，可委托具有相应资质的工程造价咨询人编制。

1）招标控制价的应用特点

（1）国有资金投资的建设工程招标，必须采用工程量清单投标，招标人必须编制招标控制价。当招标控制价超过批准的概算时，招标人应将其报原概算审批部门审核。因为我国对国有资金投资项目实行的是投资概算审批制度，国有资金投资的工程项目原则上不能超过批准的投资概算。

（2）招标控制价应由具有编制能力的招标人或受其委托具有相应资质的工程造价咨询人编制和复核。工程造价咨询人不得同时接受招标人和投标人对同一工程的招标控制价和投标报价的编制。

（3）招标控制价应在招标文件中公布，不应上调或下浮。招标人应将招标控制价及有关资料报送工程所在地的工程造价管理机构备查。招标控制价的作用决定了招标控制价不同于标底，无须保密。为体现招标的公平、公正，防止招标人有意抬高或压低工程造价，招标人应在招标文件中如实公布招标控制价各组成部分的详细内容。

（4）投标人经复核认为招标人公布的招标控制价未按照《建设工程工程量清单计价规范》（GB 50500—2013）的规定进行编制，应在开标前 5 天向招投标监督机构及工程造价管理机构投诉。招投标监督机构应会同工程造价管理机构对投诉进行处理，发现确有错误的，应责成招标人修改。

2）招标控制价编制依据

在招标控制价的编制过程中，使用的计价标准、计价政策应是国家或省级、行业建设主管部门颁布的计价定额和相关政策规定；采用的材料价格应是工程造价管理机构通过工程造价信息发布的材料单价，对于工程造价信息未发布材料单价的材料，其材料价格应通过市场调查确定；国家或省级、行业建设主管部门对工程计价中的费用或费用标准有规定的，应按规定执行。

招标控制价的主要计价依据包括以下内容。

（1）《建设工程工程量清单计价规范》（GB 50500—2013）。

（2）国家或省级、行业建设主管部门颁发的计价定额和计价办法。

（3）建设工程设计文件及相关资料。

（4）招标文件中的工程量清单及有关要求。

（5）与建设项目相关的标准、规范、技术资料。

（6）工程造价管理机构发布的工程造价信息；没有发布的工程造价信息需要参照市场价。

（7）其他相关资料，主要指施工现场情况、工程特点及常规施工方案等。

2. 招标控制价的费用构成

单位工程招标控制价的费用构成包括分部分项工程费、措施项目费、其他项目费、规费和税金 5 个部分，如图 6.5 所示。

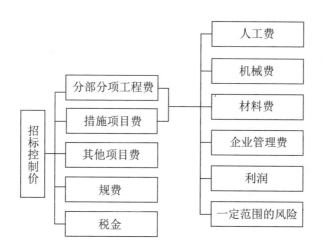

图 6.5　单位工程招标控制价的费用构成

招标控制价的计价组成如下：

$$分部分项工程费 = \sum（分部分项工程量 \times 分部分项工程综合单价）$$
$$措施项目费 = \sum（可计量措施项目工程量 \times 措施项目综合单价）+ \sum 综合取费单项措施费$$
$$单位工程造价 = 分部分项工程费 + 措施项目费 + 其他项目费 + 规费 + 税金$$
$$单项工程造价 = \sum 单位工程造价$$
$$建设项目造价 = \sum 单项工程造价$$

3. 招标控制价的编制原则

招标控制价的各费用组成部分的计价原则如下。

1）分部分项工程费

应根据招标文件中的分部分项工程量清单项目的特征描述及有关要求，按规定确定综合单价及工程量后，汇总进行计算。综合单价应包括招标文件中要求投标人承担的风险费用。分部分项工程费的编制涉及两个主要的表格，分别是分部分项工程量清单与计价表和工程量清单综合单价分析表，具体的内容如表 6.6 和表 6.7 所示。

表 6.6　分部分项工程量清单与计价表

工程名称：　　　　　　　　　　　　　标段：　　　　　　第　页　共　页

序　号	项目编码	项目名称	项目特征描述	计量单位	工　程　量	金额 / 元		
						综合单价	合　　价	其中：暂估价
本页小计								
合计								

表 6.7　工程量清单综合单价分析表

工程名称：　　　　　　　　　　　　　标段：　　　　　　第　页　共　页

项 目 编 码		项目名称		计 量 单 位						
清单综合单价组成明细										
定额编号	定额名称	定额单位	数量	单价				合价		
				人工费	材料费	机械费	管理费和利润	人工费	材料费	机械费	管理费和利润
人工单价			小计							
元 / 工日			未计价材料费							
清单项目综合单价										

材料费明细	主要材料名称、规格、型号	单位	数量	单价（元）	合价（元）	暂估单价（元）	暂估合价（元）
	其他材料费			—		—	
	材料费小计			—		—	

注：1. 如不使用省级或行业建设主管部门发布的计价依据，可不填定额项目、编号等。

　　2. 招标文件提供了暂估单价的材料，按暂估的单价填入表内"暂估单价"栏及"暂估合价"栏。

2）措施项目费

措施项目费应按招标文件中提供的措施项目清单来确定。在可计量措施项目中采用分部分项工程综合单价形式进行计价的工程量，应按措施项目清单中的工程量，并按规定确定综合单价。以"项"为单位计价的，按规定确定除规费、税金以外的全部费用。措施项目费中的安全文明施工费应当按照国家或省级、行业建设主管部门的规定标准计价。

措施项目清单与计价表根据措施项目是否可计量有两种表格，第一种是不可计量的措施项目清单与计价表，如表 6.8 所示；第二种是可计量的措施项目清单与计价表，如表 6.9 所示。

表 6.8　不可计量的措施项目清单与计价表

工程名称：　　　　　　　　　　标段：　　　　　　　第　页　共　页

序　号	项 目 名 称	计 算 基 础	费率（%）	金额（元）
1	安全文明施工费			
2	夜间施工费			
3	二次搬运费			
4	冬雨季施工			
5	大型机械设备进出场及安拆费			
6	地上、地下设施、建筑物的临时保护设施			
7	已完工程及设备保护			
8	各专业工程的措施项目			
9				
10				
合计				

注：1. 本表适用于以"项"计价的措施项目。

2. 根据住建部、财政部发布的《建筑安装工程费用组成》的规定，"计算基础"可为"直接费""人工费"或"人工费＋机械费"。

表 6.9　可计量的措施项目清单与计价表

工程名称：　　　　　　　　　　标段：　　　　　　　第　页　共　页

序　号	项目编码	项目名称	项目特征描述	计量单位	工 程 量	金额/元	
						综合单价	合　价
本页小计							
合计							

注：本表适用于以综合单价形式计价的措施项目。

3）其他项目费

招标控制价中的其他项目费包括 4 部分内容：暂列金额、暂估价、计日工、总承包服务费。其他项目清单与计价汇总表如表 6.10 所示。

表 6.10　其他项目清单与计价汇总表

工程名称：　　　　　　　　　　　　标段：　　　　　　　　第　页　共　页

序　号	项 目 名 称	计 量 单 位	金额 / 元	备　注
1	暂列金额			
2	暂估价			
2.1	材料暂估价		—	
2.2	专业工程暂估价			
3	计日工			
4	总承包服务费			
5				
合计				

注：材料暂估单价进入清单项目综合单价，此处不汇总。

　　（1）暂列金额。暂列金额是指主要用于施工合同签订时尚未确定或不可预见的所需材料、设备、服务的采购和施工中可能发生的工程变更、合同约定调整因素出现时的工程价款调整及发生的索赔、现场签证确认等的费用。

　　采用工程量清单计价的工程，暂列金额按招标文件编制，列入其他项目费；采用工料单价计价的工程，暂列金额单独列项计算。暂列金额是业主方的备用金，这是由业主的咨询工程师事先确定并填入招标文件中的金额。

　　暂列金额由招标人根据工程特点，按有关计价规定进行估算确定。为保证工程施工建设的顺利实施，在编制招标控制价时应考虑施工过程中可能出现的各种不确定因素对工程造价的影响，并且对其进行估算，然后列出一笔暂列金额。暂列金额一般为分部分项工程费的 10% ～ 15%。暂列金额一般不得超过估算总造价的 20%。

　　暂列金额应由监理人报发包人批准后指令全部或部分使用或根本不予使用。

　　暂列金额明细表如表 6.11 所示。

表 6.11　暂列金额明细表

工程名称：　　　　　　　　　　　　标段：　　　　　　　　第　页　共　页

序　号	项 目 名 称	计 量 单 位	暂定金额 / 元	备　注
1				
2				
3				
4				
5				
6				
7				

注：此表由招标人填写，也可只列暂定金额总额，投标人应将上述暂列金额计入投标总价中。

（2）暂估价。暂估价是指发包人在工程量清单中给定的用于支付必然发生但暂时不能确定价格的材料、设备及专业工程的金额。暂估价包括材料暂估价和专业工程暂估价，是业主方提供材料、设备及业主分包工程的暂估价格。暂估价中的材料单价应按照工程造价管理机构发布的工程造价信息或参考市场价格确定；暂估价中的专业工程暂估价应分不同专业，按有关计价规定估算。

暂估价在暂估价表中由招标人填写，并且招标人应在备注栏说明暂估价的材料拟用在哪些清单项目上，投标人应将上述材料暂估单价计入工程量清单综合单价报价中。

暂估价中的材料包括原材料、燃料、构配件及按规定应计入建筑安装工程造价的设备。材料暂估单价表和专业工程暂估价表分别如表 6.12、表 6.13 所示。

表 6.12　材料暂估单价表

工程名称：　　　　　　　　　　　　标段：　　　　　　　　　　第　页　共　页

序　号	材料名称、规格、型号	计量单位	单价/元	备　注

表 6.13　专业工程暂估价表

工程名称：　　　　　　　　　　　　标段：　　　　　　　　　　第　页　共　页

序　号	工　程　名　称	工　程　内　容	金额/元	备　注
	合计			—

注：此表由招标人填写，投标人应将上述专业工程暂估价计入投标总价中。

（3）计日工。针对合同工程外的零星工程、零星项目，通常采用计日工方式进行价款结算较为方便。计工日一般是指包括在合同价格内，但工程量清单中没有合适细目的零星附加工作或变更工作。计日工的单价或合同总额价一般作为工程量清单的附件包括在合同内，是由承包人在投标时根据计日工明细表所列的细目填报的。

计日工单价也是综合单价，其包括人工、材料和施工机械费及相应的管理费和利润。在编制招标控制价时，对计日工中的人工单价和施工机械台班单价应按省级、行业建设主管部门或其授权的工程造价管理机构公布的单价计算；材料应按工程造价管理机构发布的工程造价信息中的材料单价计算。对于工程造价信息未发布单价的材料，其价格应按市场调查确定的单价计算。

项目计日工的名称、数量由招标人填写。编制招标控制价时，单价由招标人按有关计价规定确定；投标时，单价由投标人自助报价并计入投标总价中。

计日工表，如表 6.14 所示。

表 6.14　计 日 工 表

工程名称：　　　　　　　　　　标段：　　　　　　　第 页 共 页

编　号	项 目 名 称	单　位	暂定数量	综合单价	合　价
一	人工				
1					
2					
3					
4					
人工小计					
二	材料				
1					
2					
3					
4					
5					
6					
材料小计					
三	施工机械				
1					
2					
3					
4					
施工机械小计					
合计					

（4）总承包服务费。总承包服务费是指总承包人为配合、协调建设单位进行的专业工程发包，对建设单位自行采购的材料、工程设备等进行保管及施工现场管理、竣工资料汇总整理等服务所需的费用。这部分费用主要是建设单位为业主供材、甲供设备和甲方分

包而支付给总承包上的管理性费用补偿。

招标人应根据招标文件中列出的内容和向总承包人提出的要求，参照下列标准计算：①招标人仅要求对分包的专业工程进行总承包管理和协调时，按分包的专业工程估算造价的 1.5% 计算；②招标人要求对分包的专业工程进行总承包管理和协调，并同时要求提供配合服务时，根据招标文件中列出的配合服务内容和提出的要求，按分包的专业工程估算造价的 3% ～ 5% 计算；③招标人自行供应材料的，按招标人供应材料价值的 1% 计算。

总承包服务费的编制主要体现在对总承包服务费计价表的填写上，具体的内容如表 6.15 所示。

表 6.15　总承包服务费计价表

工程名称：　　　　　　　　　　标段：　　　　　　　　第　页　共　页

序　号	工　程　名　称	项目价值 / 元	服务内容	费率 /%	金额 / 元
1	发包人发包专业工程				
2	发包人供应材料				
合计					

注：此表由招标人填写，投标人应将上述专业工程暂估价计入投标总价中。

4）规费和税金

（1）规费。规费是根据国家法律、法规规定，由省级政府或省级有关权力部门规定，施工企业必须缴纳的，应计入建筑安装工程造价的费用。规费项目包括社会保障费、住房公积金、工程排污费 3 种类型，此外应根据省级政府或省级有关管理部门如省级住房和城乡建设厅、财政厅规定按实际发生计取其他未列的规费项目。规费应按施工企业工程规费计取标准计取，不得作为竞争性费用。

（2）税金。税金是指按国家税法规定的应计入建筑安装工程造价内的营业税、城市维护建设税、教育费附加及地方教育费附加等。税金应按规定的费率标准计取，不得作为竞争性费用。

规费、税金项目清单与计价表如表 6.16 所示。

表 6.16　规费、税金项目清单与计价表

工程名称：　　　　　　　　　　标段：　　　　　　　　第　页　共　页

序　号	项目名称	计算基础	费率 /%	金额 / 元
1	规费			
1.1	工程排污费			
1.2	社会保障费			
（1）	养老保险费			
（2）	失业保险费			

序　号	项目名称	计算基础	费率/%	金额/元
（3）	医疗保险费			
1.3	住房公积金			
1.4	危险作业意外伤害保险			
1.5	工程定额测定费			
2	税金	分部分项工程费+措施项目费+其他项目费+规费		
	合计			

6.5　业主方工程量清单招标的风险责任管理

6.5.1　业主方招标的合同计价模式

不同形式的合同计价模式，承包商和业主所承担的责任不一样，获得的利益不一样，自然承担的风险也不一样。

选择合理的合同计价模式，体现了业主的要求。合同计价类别目前主要分为单价合同、总价合同、成本加酬金合同。实行工程量清单计价的工程，应采用单价合同。建设规模较小、技术难度较低、工期较短，且施工图设计已审查批准的工程项目可以采用总价合同；抢险、救灾及施工技术特别复杂的建设工程项目可以采用成本加酬金合同。

1. 单价合同

单价合同分为固定单价合同和可调单价合同。

1）固定单价合同

固定单价合同是指合同的价格计算以图纸及规定、规范为基础，工程任务和内容明确，业主的要求和条件清楚，合同单价一次包死，固定不变，即不再因为环境的变化和工程量的增减而变化的一类合同。

在这类合同中，承包商承担价格的风险，发包方承担量的风险。在合同履行中如无特殊情况，单价不可以变更。

$$固定单价合同结算价 = 实际工程量 \times 合同固定单价$$

固定单价合同又包括估计工程量单价合同和纯单价合同。

（1）估计工程量单价合同。估计工程量单价合同主要针对图样不完整、工程量不够明确、周期长、技术复杂的工程。在实施过程中容易发生不可预见因素的工程通常采用此合同。建设单位在招标文件中就分部分项工程的工作量做出估计，投标单位在工程量表中填入项目单价，并可依此算出总价作为投标报价。中标后，在月进度款支付中以实际完成的工程量和该中标单价确定数额，结算中根据竣工图结算总价格。

（2）纯单价合同。纯单价合同主要针对的项目特征是有图样、无具体的工程量，发包方只向承包方提供发包工程的有关分部分项工程及工程范围，不对工程量做规定，即不提供实物工程量。承包方只就工作内容报价，合同中按照实际结算。

纯单价合同通常用于紧急开工、来不及提供图样、工程量不明的项目。

2）可调单价合同

可调单价合同是一类在工程招标文件中预先约定合同签订的单价，但可根据合同约定的条款进行调整的合同。例如，有些单价合同规定，若实际工程量超过原工程量表工程量的一定限度以上时，允许承包方调整合同单价；或者因物价变化等情况也可以调整合同单价，并按照调整后的单价进行计价。

$$结算价 = 结算工程量 \times 调整后单价$$

可调单价包括可调综合单价和措施费等，双方在合同中约定，调整因素包括以下内容。

（1）法律、行政法规和国家有关政策变化影响合同价款。

（2）工程造价管理机构的价格调整。

（3）经批准的设计变更。

（4）发包人更改经审定批准的施工组织设计（修正错误除外）造成费用增加。

（5）双方约定的其他因素。

执行单价合同时，工程量是按实际计量进行结算的，单价一般不予调整，但实际计量超出清单项目一定比例时，可以约定调整单价。

2. 总价合同

总价合同是指在合同中确定一个完成项目的总价，承包单位依此完成合同的全部工作，发承包双方约定以施工图及其预算和有关条件进行合同价款计算、调整和确认的建设工程施工合同。这种类型的合同有利于建设单位确定最低报价的承包商，并有利于支付进度款及结算，适用于工程量不太大且能精确计算、工期较短的项目。建设单位必须具备详细的设计图样，一般要求详尽到施工图，使承包人能够计算出工程量。

总价合同可分为两种，即固定总价合同和可调总价合同。

1）固定总价合同

在这种合同中承包人承担了绝大部分风险，因此标价较高，对建设方也并不完全有利。固定总价合同是一类合同的价格计算以图样及规定、规范为基础，工程任务和内容明确，业主的要求和条件清楚，合同总价一次包死，固定不变，在图纸及工程要求不变的情况下，总价不变，即不再因为环境的变化和工程量的增减而变化的合同；而当施工中图样或工程质量或工期有变动，总价也应相应变动。在固定总价合同中，承包商承担了全部的工作量和价格风险。

$$结算总价 = 中标总价$$

2）可调总价合同

可调总价合同又称为变动总价合同。合同价格是以图样及规定、规范为基础，按照时价进行计算，得到包括全部工程任务和内容的暂定合同价格。可调总价合同条款中约定，如果在执行合同中由于通货膨胀引起工程成本增加到一定限度时，合同总价根据事先约定的调价在总价基础上做相应调整。

可调总价合同使用一种相对固定的价格，在合同执行过程中，由于通货膨胀等原因而使所使用的工、料成本增加时，也可以按照合同约定对合同总价进行相应的调整。当然，一般由于设计变更、工程量变化和其他工程条件变化所引起的费用变化也可以进行调整。

$$结算总价 = 中标总价 + 调整部分价格$$

3. 成本加酬金合同

它是一类发承包双方约定以施工工程成本再加合同约定酬金进行合同价款计算、调整和确认的建设工程施工合同。成本加酬金合同是由业主向承包单位支付工程项目的实际成本并按事先约定的某一种方式支付酬金的合同类型。在这类合同中，业主承担项目实际发生的一切费用，因此也就承担了项目的全部风险。但是承包单位由于无风险，其报酬也较低。这类合同的缺点是业主对工程造价不易控制，承包商也不注意降低项目的成本。

成本加酬金合同主要的类型有成本加固定酬金合同、成本加固定百分比酬金合同、成本加浮动酬金合同、目标成本加奖罚合同。

成本加酬金合同主要应用于需要立即开展的项目、新型的工程项目及风险很大的项目。

6.5.2　工程量清单计价模式下的业主风险管理

尽管工程量清单计价模式具有非常突出的优点，更符合现在市场的发展规律，但是它在应用的过程中，也存在一定的风险。工程量清单计价模式下的发承包市场风险管理呈现出以下基本特点。

1. 强调对发包人的职责管理

发包人应保证工程量清单的准确性，不能将因招标文件工程量清单准确性带来的风险转嫁给承包人。

招标工程量清单必须作为招标文件的组成部分，其准确性和完整性应由招标人负责。投标人应对工程量清单中给定信息的准确性进行核实，招标人对工程量的准确性和完整性负责。

2. 强调发包人和承包人合同计价风险的责任分担

工程量清单规定了发承包双发必须在招标文件、合同中明确计价中的风险内容及其范围；强化了"合同计价风险分担原则"的效力，并考虑合同各方的合理分担。工程量清单计价的风险分担可以划分为发包人完全承担的风险，发、承包人共同承担的风险，承包人完全承担的风险。工程量清单计价模式下发包人、承包人的风险分担如图 6.6 所示。

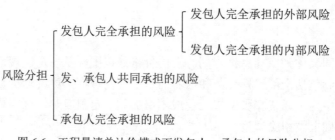

图 6.6　工程量清单计价模式下发包人、承包人的风险分担

1）发包人完全承担的风险

（1）发包人完全承担的外部风险包括：

①由于国家法律、法规、规章和政策发生变化，而影响合同价款调整所带来的风险，

应由发包人承担。

②由于省级或行业建设主管部门发布的人工费调整而带来的风险，应由发包人承担。但承包人对人工费或人工单位的报价高于发布的除外。

③由政府定价或政府指导价管理的原材料等价格进行调整所带来的风险应由发包人承担。

（2）发包人完全承担的内部风险。发包人完全承担的内部风险有4类，包括工程变更、项目特征不符、工程量清单缺项、工程量偏差因素，如图 6.7 所示。

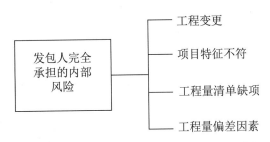

图 6.7　工程量清单计价模式下发包人完全承担的内部风险

在履行合同的过程中，经发包人同意，监理人可按约定的变更程序向承包人做出变更指示，承包人应遵照执行。没有监理人的变更指示，承包人不得擅自变更。这里的工程变更主要指非业主错误原因所产生的工程量增减。

发包人拥有变更的决策权，因此由于工程变更引起合同价款调整而造成的风险是发包人决策时应考虑的因素，也是发包人应承担的风险。

项目特征不符、工程量清单缺项及工程量偏差都属于业主方发布工程量清单时产生的错误，都是会引起工程变更的风险因素。此变更类风险是发包人完全承担的内部风险。

2）发、承包双方共担的风险

（1）物价变化风险。由于市场物价波动影响合同价款的，应由发承包双方在合同中约定合理分摊；当合同中没有约定的，发承包双方发生争议时，应按材料、工程设备单价变化范围的 5% 来调整合同价款。

（2）不可抗力风险。不可抗力风险承担责任的原则包括以下内容：

①工程本身的损害由业主承担。

②人员伤亡由其所在单位负责，并承担相应费用。

③施工单位的机械设备损坏及停工损失，由施工单位承担。

④工程所需清理、修复费用，由建设单位承担。

⑤关键工作延误的工期可相应顺延。

3）承包人完全承担的风险

由于承包人使用机械设备、施工技术及组织管理水平等自身原因造成施工费用增加的风险，应由承包人全部承担。

工程量清单计价模式下的风险分担如图 6.8 所示。

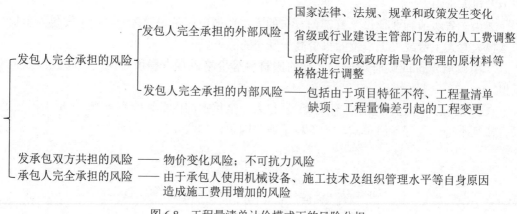

图 6.8　工程量清单计价模式下的风险分担

[**案例 6.1**]　投资的某大型建设项目，建设单位采用工程量清单公开招标方式进行施工招标。建设单位委托具有相应资质的招标代理机构编制了招标文件，招标文件包括如下规定。

（1）招标人设有最高投标限价和最低投标限价，高于最高投标限价或低于最低投标限价的投标人报价均按废标处理。

（2）投标人应对工程质量清单进行复核，招标人不对工程量清单的准确性和完整性负责。

（3）招标人将在投标截止日后的 90 日内完成评标和公布中标候选人的工作。

在投标和评标过程中发生了如下事件。

事件 1：投标人 A 对工程量清单中某分项工程工程量的准确性有异议，并于投标截止时间 15 日前向招标人书面提出了澄清申请。

事件 2：投标人 B 在投标截止时间前 10 分钟以书面形式通知招标人撤回已递交的投标文件，并要求招标人在 5 日内退还已递交的投标保证金。

事件 3：在评标过程中，投标人 D 主动对自己的投标文件向评标委员会提出了书面澄清和说明。

事件 4：在评标过程中，评标委员会发现投标人 E 和投标人 F 的投标文件中载明的项目管理成员中有一人为同一人。

问题：

（1）在招标文件中，除了投标人须知、图样、技术标准和要求、投标文件格式外，还包括哪些内容？

（2）分析招标代理机构编制的招标文件中的（1）～（3）项规定是否妥当，并说明理由。

（3）针对事件 1 和事件 2，招标人应如何处理？

（4）针对事件 3 和事件 4，评标委员会应如何处理？

解析：

问题 1：招标文件还应当包括工程量清单、评标标准和方法、施工合同条款。

问题 2：招标人设有最高投标限价，高于最高投标限价的投标人报价按照废标处理是正确的，招标人可以设定最高投标限价；另外国

案例分析思路

有资金投资建设项目必须编制招标控制价（最高投标限价），高于招标控制价的投标人报价按照废标处理；招标人设定最低投标限价是不正确的，招标人不得规定最低投标限价。

问题3：

针对事件1，招标人应该对有异议的清单进行复核，如有错误，统一修改并把修改情况通知所有投标人。

针对事件2，招标人应该在5日内退还撤回投标文件投标人的投标保证金。

问题4：

针对事件3，评标委员会不接受投标人主动提出的澄清、说明和补正，仍然按照原投标文件进行评标。

针对事件4，评标委员会可认为投标人E、F串通投标，将投标文件视为无效文件。

本章思考题 ··

一、名词解释

固定总价合同；可调总价合同；可调单价合同；固定单价合同；DB模式；EPC总承包模式；交钥匙合同；FIDIC合同条件；资格预审；资格后审；招标控制价。

二、简答题

1. 必须进行工程量清单招标的工程有哪些？

2. 业主方项目公开招标的主要过程是什么？

3. 资格预审与资格后审的区别和联系是什么？

4. 发包人有哪些工程量清单风险分担责任？承包人应承担的工程量清单风险有哪些？发包人和承包人共同承担的工程量清单风险有哪些？

5. 招标控制价的计价组成是什么？

6. 其他项目费清单包括哪几个组成部分？

扩展阅读6.2

案例分析

即测即练

第7章　投标阶段承包方工程报价的编制

本章学习目标 ··

1. 了解承包方投标文件的主要内容；
2. 了解承包方技术部分和商务部分各自的要求；
3. 了解承包方投标文件的构成；
4. 掌握承包方投标报价的文件编制方法；
5. 了解工程量清单文件的构成与工程量清单表；
6. 掌握承包方工程量清单投标综合单价的编制；
7. 掌握承包方单位工程清单投标报价的编制。

引导案例

　　广州市某广场的主体工程为一栋31层的商住楼，其中，地下2层，地上29层，占地面积为 10 691m²。工程主体为框架结构。工程的中标公司为广州市某工程有限公司。中标公司是一家有着悠久历史的国有企业。工程的总报价为103 383 387.69 元。

　　中标公司相对于其他企业，拥有雄厚的技术力量和优秀的管理人才，储备了大量脚手架、模板等设施，不需要额外的耗费资金进行购置或特意从外地运输进来使用。该中标公司对项目进行了详尽的分析，再结合自身企业情况，以自身优势为前提，对措施费进行了报价调整，仅脚手架部分就在现有预算基础上减少了 9.77% 的费用。

　　此外，中标公司在现行材料购置费上也进行了调整。中标公司规模较大，同时进行的项目较多，并且由于与供货商长期合作，在资金调度、材料到位速度等方面有着很多其他公司、企业所没有的优势，因此，该公司投标时，在原材料方面的价格优势是较明显的。例如，混凝土作为现代建筑中必不可少的一项材料，在工程中的使用量十分大，公司在该广场主体工程工程量清单报价中充分体现出了混凝土材料价格方面的投标优势。

　　该企业由于其自身突出的设备、材料及原材料管理方面的优势，充分调整了内部各个项目的报价，为顺利中标提供了良好的支持。

　　资料来源：https://bbs.zhulong.com/102010_group_200503/detail20224307。

7.1　承包方投标文件构成

7.1.1　承包方工程项目投标文件构成

投标文件是体现承包方投标报价竞争力、投标人实力和信誉状况及投标人对招标文件响应程度的重要文件，也是评标委员会和招标人评价投标人的主要依据。供应商在产品、服务和实力能够满足招标文件要求的前提下，对招标项目的招标文件中提出的价格、进度、技术规范、合同的主要条款等实质性要求和条件做出响应，不得对招标文件进行修改，不得遗漏或回避招标文件中的问题。

投标文件一般来说分为投标函部分、商务部分、技术部分。

1. 投标函部分

投标函部分文件是用以证明投标人履行了合法手续及招标人了解投标人商业资信、合法性的文件。

投标函部分包括投标函、投标函附录、法人代表证明、授权委托书、投标担保、企业各类证件、业绩等，一般还包括联合体投标人提供的联合协议。如果有分包商，还应出具资信文件供招标人审查。

投标函部分主要包括以下内容。

（1）法定代表人身份证明。

（2）法人授权委托书（正本为原件）。

（3）投标函。

（4）投标函附录。

（5）投标保证金交存凭证复印件。

（6）对招标文件及合同条款的承诺及补充意见。

（7）企业营业执照、资质证书、安全生产许可证等。

2. 商务部分

商务部分即投标报价部分，这是投标文件的核心。这部分的全部价格文件必须完全按照招标文件的规定格式编制，不允许有任何改动。

商务部分主要包括以下内容。

（1）投标报价说明。

（2）工程量清单计价表。

（3）报价表。

（4）投标文件电子版等。

3. 技术部分

技术部分包括具体的生产技术、质量、安全、资金计划等组织措施和项目管理、技术人员配备等。

如果是建设项目，则技术文件应包括全部施工组织设计内容，用以评价投标人的技术实力和经验。若是技术复杂的项目，则对技术文件的编写内容及格式均有详细要求，投标人应当认真按照规定填写。

技术部分主要包括以下内容。

（1）施工部署。

（2）施工现场平面布置图。

（3）施工方案。

（4）施工技术措施。

（5）施工组织及施工进度计划（由施工段划分、主要工序及劳动力或项目经理部组成）。

（6）施工机械设备配备情况。

（7）质量保证措施。

（8）工期保证措施。

（9）安全施工措施。

（10）文明施工措施。

7.1.2 承包方投标报价的文件编制

投标文件的编制应按招标文件的要求编写，投标文件应当对招标文件的有关工期、投标有效期、质量要求、技术标准和要求、招标范围等实质性内容做出实质性响应。

1. 投标报价的编制依据

投标报价的编制依据主要包括以下内容。

（1）建设工程设计文件及相关资料。

（2）国家或省级、行业建设主管部门颁发的计价办法。

（3）企业定额，国家或省级、行业建设主管部门颁发的计价定额和计价办法。

（4）招标文件、工程量清单及其补充通知、答疑纪要。

（5）《建设工程工程量清单计价规范》（GB 50500—2013）。

（6）施工现场情况、工程特点及拟定的投标施工组织设计或施工方案。

（7）与建设项目相关的标准、规范等技术资料。

（8）市场价格信息或工程造价管理机构发布的工程造价信息。

（9）其他的相关资料。

2. 承包方投标报价的基本程序

1）投标准备与组织编制

承包方需要根据发布的招标公告，对照本公司的资质、业绩、人员、信誉等认真研究，决定是否购买招标文件参与投标；如果决定投标，则购买招标文件，并按招标公告上规定的内容准备好报名材料。购买招标文件后，按招标文件要求，组织内部人员进行商务部分、技术部分及投标报价等的编制，并组织进行报价的审核。

2）投标文件的提交

投标人应当在招标文件要求的提交投标文件截止时间前，将投标文件密封送达投标地点。

投标文件应用不褪色的材料书写或打印，并由投标人的法定代表人或其委托代理人签字或盖单位章。

投标文件正本一份，副本份数见投标人须知前附表。正本和副本的封面上应清楚地标记"正本"或"副本"的字样。当副本和正本不一致时，以正本为准。投标文件的正本与副本应分别装订成册，并编制目录。

3）其他注意事项

（1）及时提交投标保证金。

（2）投标文件的份数和签署。

（3）应避免出现废标的情况。

以下几种情况容易出现废标，应尽量避免：

①没有按照招标文件要求提供投标担保或所提供的投标担保存在瑕疵；

②投标文件没有投标人授权代表签字和加盖公章；

③投标文件载明的招标项目完成期限超过招标文件规定的期限；

④不符合技术规格、技术标准的要求，字迹模糊，内容不全；

⑤未提交投标保证金；

⑥未附联合体协议；

⑦附两份不同的投标文件或有两个以上报价等。

7.1.3　工程量清单表构成

工程量清单表包括分部分项工程量清单表、措施项目清单表和其他项目清单表三部分。

分部分项工程量清单表是表明拟建工程的全部分项实体工程名称和相应数量的清单表，包括分部分项工程量清单工程量表、分部分项工程量清单与计价表和工程量清单综合单价分析表；措施项目清单表是为完成分项实体工程而必须采取的一些措施性的清单表，包含分析表；其他项目清单表是招标人提出的一些与拟建工程有关的特殊要求的项目清单表，包括其他项目清单与计价汇总表、暂列金额明细表、材料暂估单价表、专业工程暂估价表、计日工表、总承包服务费计价表、索赔与现场签证计价汇总表、费用索赔申请核准表和现场签证表9项表格内容。

工程量清单投标基本报价表结构如表7.1所示。

表7.1　工程量清单投标基本报价表结构

报 表 类 型	报 表 内 容
工程量清单汇总报价表	投标总价表 工程项目总价表 单项工程费汇总表 单位工程费汇总表
工程量清单基本报价表	分部分项工程量清单计价表 措施项目清单计价表 其他项目清单计价表 规费与税金清单计价表
工程量清单报价辅助分析表	分部分项工程量清单综合单价分析表 措施项目费分析表 主要材料价格表

7.1.4　工程量清单总价构成

工程量清单总价构成如图7.1所示。

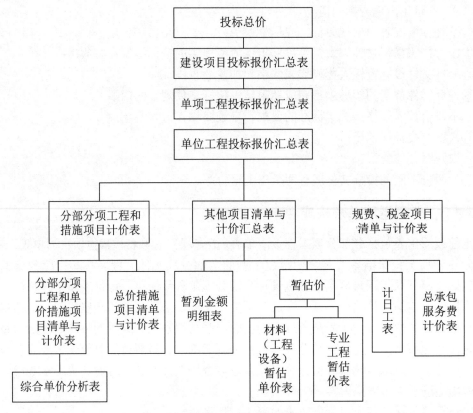

图 7.1　工程量清单总价构成

7.2　分部分项工程量清单的编制

分部分项工程是指按现行国家计量规范对各专业工程划分的项目子目，如房屋建筑与装饰工程划分的土石方工程、地基处理与桩基工程、砌筑工程、钢筋及钢筋混凝土工程等。各类专业工程的分部分项工程划分见现行国家或行业计量规范。

分部分项工程费是指各专业工程的分部分项工程应予列支的各项费用。

按照工程量清单计价规范要求，分部分项工程量清单的编制，首先要实行"四统一"的原则，即全国范围内的统一项目编码、统一项目名称、统一计量单位、统一工程量计算规则。在"四统一"的条件下工程量计算有了统一的标准，为投标提供了一个平等的报价平台，避免了因工程量计算和理解的差异而引起各方在量方面的分歧。

建设单位发布工程量清单，各投标的施工企业根据有关规范结合自身情况报出每一清单项的单价及工程的总价。采用这种方法，为投标者提供一个平等竞争的平台，避免了定额子目划分确认的分歧及对图样缺陷理解深度差异的问题，有利于中标单位确定后施工合同单价的确定与签订合同及施工过程中的进度款拨付和竣工后结算的顺利进行。分部分项工程量清单计价表如表 7.2 所示。

表 7.2 分部分项工程量清单计价表

工程名称：　　　　　　　　　　　标段：　　　　　　第 页 共 页

序 号	项目编码	项目名称	项目特征描述	计量单位	工 程 量	综合单价	合价	其中：暂估价
本页小计								
合 计								

工程量清单计价表是为了解释分部分项工程量清单计价表中综合单价的报价来源的报表，是分部分项工程量清单计价的重要组成部分。

综合单价是工程量清单计价表中的一项重要数据，包括人工费、材料费、机械使用费、管理费、利润 5 部分，并综合了一定量的风险。综合单价中的人工费、材料费、机械使用费需要根据工程预算定额或企业定额计量后套价中的人工、材料、机械费换算后来取定；综合单价中的管理费和利润的取定与工程性质有关，有的以人工费为基数，或者以人工和机械费为基数，或者直接以工程费为基数。利润也需要按照规定来取定基数。

分部分项工程量清单综合单价分析表如表 7.3 所示。

表 7.3 分部分项工程量清单综合单价分析表

工程名称：　　　　　　　　　　　标段：　　　　　　第 页 共 页

序号	项目编码	项目名称	工程内容	综合单价组成					综合单价
				人工费	材料费	机械使用费	管理费	利润	

1. 人工费、材料费和机械使用费的取得

为了获取消耗量定额中的人工、材料、机械消耗量，在编制工程量清单单价分析表时，首先要按照专业定额中分部分项工程相关的工程量预算方法进行各个分部分项工程计量，并套取工程量中的定额人工费、材料费和机械使用费。

人工费 = ∑（完成单位清单项目所需人工的定额工日数量 × 人工工日单价）

材料费 = ∑（完成单位清单项目所需各种材料半成品单价 × 各种材料半成品的定额数量）

$$机械使用费 = \sum(完成单位清单项目所需各种机械的定额台班数量 \times$$
$$各种机械的台班单价) + 仪器仪表使用费$$

2. 管理费和利润的取得

（1）以直接费为计费基础：

$$管理费 = 定额直接费 \times 管理费费率$$
$$利润 = (定额直接费 + 管理费) \times 利润率$$

这里的直接费通常包括定额人工费、定额材料费和定额机械费。

（2）以人工费为计费基础：

$$管理费 = 直接费中的定额人工费 \times 管理费费率$$
$$利润 = 直接费中的人工费 \times 利润率$$

（3）以人工费和机械费为计费基础：

$$管理费 = 直接费中的人工费和机械费 \times 管理费费率$$
$$利润 = 直接费中的人工费和机械费 \times 利润率$$

3. 综合单价的取定

1）工程量的取定

分部分项工程量清单有多个项目编号。编制综合单价时，应以业主发布的各分部分项工程量清单表中的工程量为基数。

清单单位数量是指每一计量单位的清单项目所分摊的定额计量工程内容的工程数量比。清单单位数量可以简称为数量。

$$数量 = \frac{某分部分项工程的定额工程量}{清单工程量}$$

2）综合单价的取定

在每一个分部分项工程中，可按照承包方实际施工组织设计中的定额计量所获得的工程量汇总的人工费、材料费、机械费、管理费、利润按相加的原则汇总合计后，再用定额计价获得的总价除以分部分项工程量清单工程量，便得出各分部分项工程量清单的综合单价。

$$分部分项综合单价 = \sum(分部分项工程定额人工费 + 定额材料费 + 定额施工机具使用费 +$$
$$企业管理费 + 利润) / 清单工程量$$

为了更加清晰地反映综合单价的组成，分部分项工程量清单综合单价分析表还需要编制辅助报表，具体内容如表 7.4 所示。

3）综合单价中的风险处理

综合单价中的风险处理在实际承包市场中采用如下分摊原则。

（1）市场价格波动风险。承包人承担 5% 以内的材料、工程设备价格风险，10% 以内的施工机具使用费风险。超出范围的风险由发包人承担。

（2）政策法规风险。业主承担对于法律、法规、规章或有关政策的价格调整所带来的造价风险。

（3）技术风险。承包方承担对于自身技术水平、管理、经营状况自主控制的风险，如承包人的管理费、利润的风险。

4）综合单价中的暂估价处理

当招标人提供的其他项目清单中列示了材料暂估价时，应根据招标人提供的材料费或设备费将暂估价摊入综合单价中，并在分部分项工程量清单与计价表"其中：暂估价"栏目中表现出来。

表 7.4　分部分项工程量清单综合单价分析表辅助报表

项 目 编 码				项 目 名 称			计 量 单 位				
清单综合单价组成明细											
定额编号	定额名称	定额单位	数量	单价				合价			
				人工费	材料费	机械使用费	管理费和利润	人工费	材料费	机械使用费	管理费和利润
人工单价（元/工日）			小计								
未计价材料费											
主要材料名称、规格、型号					单位	数量	单价/元	合价/元	暂估单价/元	暂估合价/元	
其他材料费											
材料费小计							—		—		

[**案例 7.1**]　在某建筑工程基础土方清单列项中，业主方招标文件中发布的自卸汽车运土工程量为 248.4 m³，承包方参与投标时依图纸计算获得的自卸汽车运土方为 277.5m³，如果人工费市场价格为 21.2 元/工日（查定额人工消耗量：0.001 8 工日/m³）；材料费（水）市场价格为 0.42 元/m³（查定额水的消耗量：0.012m³/m³）；机械（推土机、自卸汽车及洒水车）合计市场价格为 15.588 元/m³。求此工程的自卸汽车运土综合单价。（在本工程中，管理费、利润分别按工、料、机合计数的 34%、8% 计取，计算结果保留两位小数）。

问题：

（1）计算每 m³ 综合单价中的人工费。

（2）计算每 m³ 综合单价中的材料费。

（3）计算每 m³ 综合单价中的机械使用费。

（4）计算每 m³ 综合单价中的管理费和利润。

（5）计算每 m³ 自卸汽车运土综合单价。

（6）计算基础土方工程的分部分项工程清单价格合计。

解析：

$$工程数量 = \frac{277.5m^3}{248.4m^3} = 1.12$$

人工费：$1.12 \times 21.2 \times 0.001\,8 = 0.043$（元/m³）

材料费：$1.12 \times 0.42 \times 0.001\,2 = 0.0056$（元/m³）

机械使用费：$1.12 \times 15.588 = 17.46$（元/m³）

管理费：$(0.04+0.01+17.46) \times 34\% = 5.95$（元/m³）

利润：$(0.04+0.01+17.46) \times 8\% = 1.4$（元/m³）

综合单价：$0.043+0.0056+17.46+5.95+1.4 = 24.86$（元/m³）

分部分项工程清单合价 = 工程量 × 综合单价 = $248.4 \times 24.86 = 6175.22$（元）

也可以采用另一种思路：

综合单价：$(21.2 \times 0.0018+0.42 \times 0.001\,2+15.588) \times (1+34\%+8\%) \times 277.5/248.4 = 24.86$（元/m³）

分部分项工程清单合价 = 工程量 × 综合单价 = $248.4 \times 24.86 = 6175.22$（元）

扩展阅读 7.1

案例分析思路

［**案例 7.2**］某工程墙砖厚 240mm，红砖砌筑，M5 水泥砂浆，根据施工图纸测算，业主方计算得到外墙中心线长度为 33.20m，内墙净长线长度为 11.12m，外墙体积为 65.00m³，内墙体积为 25.50m³，投标方根据施工图计算得出外墙工程量为 70m³，内墙工程量为 24.00m³。

投标人在计算砌筑实心砖外墙预算价格时获得了如下数据。

人工费单价为 45.00 元/m³；材料费为 128.00 元/m³；机械费分摊为 4.50 元/m³；以人工、材料和机械费之和取管理费费率 34%；利润率为 7%。

内墙人工费单价为 40.00 元/m³；材料费为 110.00 元/m³；机械费分摊为 4.00 元/m³；人工、材料和机械费之和取管理费费率 34%；利润率为 7%。

问题：

根据以上信息，请填写实心砖墙分部分项工程量清单与计价综合分析表划线处数据，如表 7.5 所示。

表 7.5　分部分项工程量综合单价分析表

项目编号	010103001001			项目名称	实心砖墙	计 量 单 位		m³
清单综合单价组成明细								
定额号	工程内容	单位	数量	单价/元			合价/元	
				人工费	材料费	机械使用费	人工费	材料费
								机械使用费	管理费和利润
清单项目综合单价								

解析：根据综合单价获得的原则和计算方法，填写综合单价分析表，结果如表 7.6 所示。

表 7.6 实心砖墙清单综合单价分析表

项目编号	010103001001			项目名称	实心砖墙		计量单位			m³
清单综合单价组成明细										
定额号	工程内容	单位	数量	单价 /元）			合价 /元）			
				人工费	材料费	机械使用费	人工费	材料费	机械使用费	管理费和利润
4-1	砌筑实心砖外墙	m³	1.079	45.00	128.00	4.50	48.56	138.11	4.860	78.52
4-2	砌筑实心砖内墙	m³	0.941	40.00	110.00	4.00	37.64	103.51	3.764	59.41
小计							86.20	241.62	8.624	137.93
清单项目综合单价							474.37			

[**案例 7.3**] 某多层砖混住宅土方工程，土壤类别为三类土；基础为砖大放脚带形基础；垫层宽度为 920mm，挖土深度为 1.8m，基础总长度为 1590.6 m。根据施工方案，土方开挖的工作面宽度各边为 0.25m，自垫层底部放坡，放坡系数为 0.2。除沟边堆土 1000 m³ 外，现场堆土 2170.5m³，运距为 60m，采用人工运输。其余土方需装载机装，自卸汽车运，运距为 4km。已知人工挖土单价为 8.4 元 /m³，人工运土单价为 7.38 元 / m³，装卸机装自卸汽车运土需使用机械有装载机（280 元 / 台班，0.003 98 台班 /m³）、自卸汽车（340 元 / 台班，0.049 25 台班 /m³）、推土机（500 元 / 台班，0.002 96 台班 /m³）和洒水车（300 元 / 台班，0.0006 台班 /m³）。另外，装卸机装自卸汽车运土需用工（25 元 / 工日，0.012 工日 /m³）、用水（水 1.8 元 /m³，每 m³ 土方需耗水 0.012 m³）。试根据建筑工程量清单计算规则计算土方工程的综合单价（不含措施费、规费和税金），其中管理费取直接工程费的 14%，利润取直接工程费与管理费之和的 8%。

问题：试确定挖基础土方清单项目综合单价，填写分部分项工程量清单与计价表（表 7.7）；同时分析并填写挖基础土方清单项目综合单价分析表。

表 7.7 分部分项工程量清单与计价表

工程名称：某多层砖混住宅工程　　　　　　　标段：　　　　　　　　第 页 共 页

序号	项目编码	项目名称	项目特征	计量单位	工程量	金额 /元		
						综合单价	合价	其中：暂估价
	10101003001	挖基础土方	土壤类别：三类土 基础类型：砖放大脚带形基础 垫层宽度：920m 挖土深度：1.8m 弃土运距：4m	m³				
本页小计								
合计								

解析：

（1）经业主根据基础施工图计算：

基础挖土截面积为 $0.92\text{m} \times 1.8\text{m}=1.656\text{m}^2$；

基础总长度为 1590.6m；

土方挖方总量为 $1.656\text{m}^2 \times 1590.6\text{m} =2634.034\text{m}^3$。

（2）经投标人根据地质资料和施工方案计算挖土方量和运土方量

①需挖土方量。

工作面宽度各边为 0.25m，放坡系数为 0.2，则基础挖土截面积为

$（0.92\text{m}+2 \times 0.25\text{m}+0.2 \times 1.8\text{m}） \times 1.8\text{m}=1.78\text{m} \times 1.8\text{m}=3.204\text{m}^2$

基础总长度为 1590.6m；

需挖土方总量 $=3.204\text{m}^2 \times 1590.6\text{m}=5096.282\text{m}^3$。

②运土方量。

沟边堆土 1000 m^3；现场堆土 2170.5m^3，运距为 60m，采用人工运输；

装载机装自卸汽车运土，运距为 4km，运土方量为

5096.282m^3-1000 m^3-2170.5m^3=1925.782m^3

（3）人工挖土直接工程费

人工费：5096.282$\text{m}^3 \times 8.4$ 元 /m^3=42 808.77 元。

（4）人工运土（60m 内）直接工程费。

人工费：2170.5$\text{m}^3 \times 7.38$ 元 /m^3=16 018.29 元。

（5）装卸机装自卸汽车运土（4km）直接工程费。

①人工费：25 元 / 工日 $\times 0.012$ 工日 /$\text{m}^3 \times 1925.782$ m^3=577.73 元。

②材料费：1.8 元 /$\text{m}^3 \times 0.012\text{m}^3$/$\text{m}^3 \times 1925.782\text{m}^3$=41.60 元。

③机械使用费：

装载机：280 元 / 台班 $\times 0.003$ 98 台班 / $\text{m}^3 \times 1925.782$ m^3=2146.09 元；

自卸汽车：340 元 / 台班 $\times 0.049$ 25 台班 /$\text{m}^3 \times 1925.782\text{m}^3$=32 247.22 元；

推土机：500 元 / 台班 $\times 0.002$ 96 台班 / $\text{m}^3 \times 1925.782\text{m}^3$=2850.16 元；

洒水车：300 元 / 台班 $\times 0.000$ 6 台班 / $\text{m}^3 \times 1925.782\text{m}^3$=346.64 元；

小计：37 590.11 元。

④合计：38 209.44 元。

（6）综合单价计算。

①直接工程费合计。

42 808.77+16 018.29+38 209.44=97 036.50（元）

②管理费。

直接工程费 $\times 14\%$=97 036.50$\times 14\%$=13 585.11（元）

③利润。

（直接工程费 + 管理费）$\times 8\%$=（97 036.50+13 585.11）$\times 8\%$=8849.73（元）

④总计：97 036.50+13 585.11+8849.73=119 471.34（元）。

⑤综合单价。

按业主提供的土方挖方总量折算为工程量清单综合单价：

119 471.34 元 /2634.034m³=45.36 元 /m³。

将目前得到的数据填入表 7.7 中，如表 7.8 所示。

表 7.8　分部分项工程量清单与计价表

工程名称：某多层砖混住宅工程　　　　　　　　标段：　　　　　　　　　第　页　共　页

序号	项目编码	项目名称	项目特征	计量单位	工 程 量	金额 / 元		
						综合单价	合　价	其中：暂估价
	10101003001	挖基础土方	土壤类别：三类土 基础类型：砖放大脚带形基础 垫层宽度：920m 挖土深度：1.8m 弃土运距：4m	m³	2634.034	45.36	119 471.34	
			本页小计					
			合计					

（7）综合单价分析。

①人工挖土方。

单位清单工程量 =5096.282/2 634.034=1.9348（m³）

管理费 =8.40×14%=1.176（元 /m³）

利润 =（8.40+1.176）×8%=0.766（元 /m³）

管理费及利润 =1.176+0.766=1.942（元 /m³）

②人工运土方。

单位清单工程量 =2170.5/2634.034=0.8240（m³）

管理费 =7.38×14%=1.033（元 /m³）

利润 =（7.38+1.033）×8%=0.673（元 /m³）

管理费及利润 =1.033+0.673=1.706（元 /m³）

③装载机自卸汽车运土方。

单位清单工程量 =1 925.782/2 634.034=0.7311（m³）

人、料、机费用 =0.3+0.022+19.519==19.841（元 /m³）

管理费 =19.841×14%=2.778（元 /m³）

利润 =（19.841+2.778）×8%=1.8095（元 /m³）

管理费及利润 =2.778+1.809 5=4.588（元 /m³）

综上，本项目的工程量清单综合单价分析表如表 7.9 所示。

表 7.9　工程量清单综合单价分析表

工程名称：某多层砖混住宅工程　　　　　　　　标段：　　　　　　　第　页　共　页

项目编号	010103001001			项目名称		挖沟槽土方		计量单位			m³
清单综合单价组成明细											
定额号	定额名称	单位	数量	单价 / 元				合价 / 元			
				人工费	材料费	机械费	管理费和利润	人工费	材料费	机械费	管理费和利润
1-2	人工挖土	m³	1.9348	8.40			1.942	16.25			3.76
1-3	人工运土	m³	0.8240	7.38			1.706	6.08			1.41
1-7	装卸机装自卸汽车运土方	m³	0.7311	0.30	0.022	19.519	4.588	0.22	0.02	14.27	3.35
小计								22.55	0.02	14.27	8.52
清单项目综合单价								45.36			

7.3　措施项目清单表的编制

1. 措施项目清单概述

措施项目清单是指为完成工程项目施工而发生于该工程施工前和施工过程中的技术、生活、文明、安全等方面的非工程实体项目清单。措施项目清单应根据拟建工程的具体情况列项。

不同的承包商组织施工的方法、施工设备水平、施工方案和施工管理方法都不同，水平也各有差异。不同的工程，不同承包商组织施工采用的施工组织设计各有特点。在措施项目清单具体列项时，承包商应根据拟建项目自身的实际需求来列出措施清单项目。

措施项目清单为可调整的开口清单。招标人在措施清单中提供了一般技术情况下工程项目所需的措施项目，企业可以根据自身施工组织设计及管理特点适当进行增减和变更。对于拟建的项目可能发生的措施项目要进行认真的设计和论证，如果措施清单中的项目没有进行列项，但是施工中又必须发生，招标人就有凭据认为承包商所列的措施清单中的项目已经列全，已经综合在分部分项工程量清单的综合单价中。承包商所投标编制的措施项目清单列项在未来措施项目发生时不能够以任何理由提出索赔与调整。

2. 措施项目清单的编制

1）可计量措施项目和综合取费措施项目

从是否可以精确地计算工程量来看，措施项目可以划分为可计量措施项目和综合取费措施项目。

（1）可计量措施费。在能够进行精确计量，并有定额号可以查询作为计量依据的情况下，与分部分项工程量的综合单价申报是同样的操作方法，需要按照具体的相关计量规范规定，采用对应的工程量计算规则计算工程量。

国家计量规范规定应予计量的措施项目，可以计算其综合单价，人工、材料、机械等

消耗可以从定额中查用，其计算公式为

$$措施项目费 = \sum（措施项目工程量 \times 综合单价）$$

土建工程中的可计量措施费或单价措施费，包括以下主要的措施项目：

①脚手架工程；

②混凝土模板及支架；

③大型机械设备进出场及安拆；

④施工降水及排水；

⑤垂直运输；

⑥超高施工增加等。

可计量措施费可套定额计算，并能形成综合单价分析表。单价措施项目费分析表如表7.10所示。可计价的措施费类型，主要是由于施工技术而产生的。

表7.10 单价措施项目费分析表

工程名称： 标段： 第 页 共 页

序 号	措施项目 名称	单 位	数量	金额 / 元					
				人 工 费	材 料 费	机 械 费	管 理 费	利 润	小 计
合计									

（2）总价措施费。总价措施费又称为不予计量取费措施费或综合取费措施费。对于不能够进行精确计量的措施项目，即总价措施项目，措施项目清单不需报综合单价，措施项目清单中仅需要列出项目编码、项目名称，不需要列出项目特征、计量单位。在编制措施项目清单时，应按照取费基数与取费费率之积来获得。

国家计量规范规定不宜计量的措施项目主要有以下几种：安全文明施工费；夜间施工增加费；二次搬运费；冬雨季施工增加费；已完工程及设备保护费。

①安全文明施工费。安全文明施工费包含以下4类费用。

环境保护费是指施工现场为达到环保部门要求所需要的各项费用。

文明施工费是指施工现场文明施工所需要的各项费用。

安全施工费是指施工现场安全施工所需要的各项费用。

临时设施费是指施工企业为进行建筑工程施工所必须搭设的生活和生产用的临时建筑物、构筑物和其他临时设施费用等。临时设施包括临时宿舍、文化福利及公用事业房屋与构筑物，仓库、办公室、加工厂及规定范围内的道路、水、电、管线等临时设施和小型临时设施。

$$安全文明施工费 = 计算基数 \times 安全文明施工费费率（\%）$$

计算基数应为定额基价（定额分部分项工程费 + 定额中可以计量的措施项目费）、定额人工费或"定额人工费 + 定额机械费"，其费率由工程造价管理机构根据各专业工程的特点综合确定。

②夜间施工增加费。夜间施工增加费是指因夜间施工所发生的夜班补助费、夜间施工降效、夜间施工照明设备摊销及照明用电等费用。

$$夜间施工增加费 = 计算基数 \times 夜间施工增加费费率（\%）$$

③二次搬运费。二次搬运费是指因施工场地狭小等特殊情况而发生的二次搬运费用。

$$二次搬运费 = 计算基数 \times 二次搬运费费率（\%）$$

④冬雨季施工增加费。冬雨季施工组织措施费是指根据各专业、地区工程特点补充的施工组织措施费项目。

$$冬雨季施工增加费 = 计算基数 \times 冬雨季施工增加费费率（\%）$$

⑤已完工程及设备保护费。已完工程及设备保护费是指竣工验收前，对已完工程及设备进行保护所需的费用。

$$已完工程及设备保护费 = 计算基数 \times 已完工程及设备保护费费率（\%）$$

以上 5 项措施项目的计费基数应为定额人工费或"定额人工费 + 定额机械费"等，其费率由工程造价管理机构根据各专业工程特点和调查资料综合分析后确定。

总价措施项目清单与计价表的具体内容如表 7.11 所示。

表 7.11　总价措施项目清单与计价表

工程名称：　　　　　　　　　　　　标段：　　　　　　　　第　页　共　页

序　号	项目编码	项 目 名 称	计 算 基 础	费率 /%	金额 / 元
		安全文明施工费			
		夜间施工增加费			
		二次搬运费			
		冬雨季施工增加费			
		已完工程及设备保护费			
合计					

注：上表适用于以"项"计价的措施项目。

2）通用措施项目和专用措施项目

根据清单计价规范，按照措施项目的适用范围来划分，措施项目又可分为两类，第一类为通用措施项目；第二类为专用措施项目。

通用措施是指适用于所有项目的措施，通用工程措施费包括安全文明施工措施费、夜间施工增加费、二次搬运费、冬雨季施工增加费、大型机械设备进出场及安拆费，施工排水、降水费，地上、地下设施以及建筑物的临时保护设施费等。

专业措施费是适用于某一专业的措施费，如装饰工程中的空气污染测试及市政工程和安装工程中的现场施工围栏等。

通用措施和专用措施的划分如表 7.12 所示。

表 7.12　通用措施和专用措施划分

通 用 措 施	环保文明安全施工	
	施工排水、降水	
	地上、地下设施的保护加固措施	
	夜间施工增加	
	二次搬运	
	大型机械设备进出场及安拆	
	混凝土、钢筋混凝土模板及支架	
	脚手架	
	已完工程及设备保护	
专 用 措 施	建筑工程	垂直运输机械
	装饰装修工程	垂直运输机械 室内空气污染测试
	安装工程	组装平台设备、现场施工围栏、管道施工安全、压力容器和高压管道的检验、焦炉施工大棚、焦炉烘炉、热态工程、隧道内施工的通风、供水、供气、供电、照明及通信设施、长输管道临时水工保护措施、长输管道施工便道管道、长输管道跨越或穿越施工措施、长输管道地下管道穿越地上建筑物的保护措施等
	市政工程	围堰筑岛、现场施工围栏、便道便桥、洞内施工、通风管路、驳岸块石清理等
	……	

7.4　其他项目清单的编制

1. 其他项目清单概述

其他项目清单是指清单计价中除了分部分项工程量清单、措施项目清单所包含的内容以外，因招标人的特殊要求而发生的与拟建工程有关的其他费用项目和相应数量的清单。

《建设工程工程量清单计价规范》（GB 50500—2013）规定其他项目清单包含了暂列金额、暂估价、计日工、总承包服务费。工程建设标准的高低、工程的复杂程度、工程的工期长短、工程的组成内容、发包人对工程管理的要求等都直接影响其他项目清单的内容。其他项目清单与计价表如表 7.13 所示。

表 7.13　其他项目清单与计价汇总表

工程名称：　　　　　　　　　　标段：　　　　　　　　第 页　共 页

序　号	项 目 名 称	计量单位	金额/元	备　注
1	暂列金额			
2	暂估价			
2.1	材料暂估价		—	

续表

序　　号	项目名称	计量单位	金额/元	备　　注
2.2	专业工程暂估价			
3	计日工			
4	总承包服务费			
合计				

2. 其他项目清单的编制

其他项目清单中含有暂列金额、暂估价、计日工和总承包服务费。其他项目清单编制的相关规定和需要注意的事项如表 7.14 所示。

表 7.14　其他项目清单编制的相关规定与注意事项

清单内容	招标人工作	投标人工作	注　意　事　项
暂列金额	填写金额	将暂列金额计入投标总价	（1）用于施工合同签订时尚未确定或不可预见的所需材料、工程设备、服务的采购 （2）因施工中可能发生的工程变更、合同预定的调整因素出现时的工程价款调整及发生的索赔，现场签证确认等的费用 （3）建设单位估算，如有余额，归于建设单位
暂估价	填写金额	（1）材料暂估价、设备暂估价分摊后计入综合单价 （2）专业工程暂估价直接计入总价 （3）按合同约定的结算金额填写	（1）招标人在工程量清单中提供的用于支付必然发生但暂时不能确定价格的材料、工程设备的单价及专业工程的金额 （2）材料、工程设备暂估单价根据工程造价信息或参照市场价格估算，计入综合单价 （3）专业工程暂估价分不同专业，按有关计价规定估算 （4）暂估价在施工中按照合同约定可以再加以调整
计日工	项目名称、暂定数量在招标控制价时确定	（1）投标时，单价自主报价，按暂定数量计算合价计入投标总价 （2）计算时，按照双方确认的实际数量计算合价	（1）施工单位完成建设单位提出的工程合同范围以外的零星项目或工作所需的费用 （2）由建设和施工单位按施工过程中形成的有效签证计价
总承包服务费	项目名称、服务内容、费率及金额由招标人按计价规定确定	投标人自主报价，并计入总价	（1）总承包人为配合、协调建设单位进行的专业工程发包，对价方供材、甲供设备等进行保管及管理、竣工材料等服务所需的费用 （2）招标控制价中会体现出来，投标时自主报价，按签约合同价执行

1）暂列金额

暂列金额是指发包人在工程量清单中暂定并包括在工程合同价款中的一笔款项。在填列暂列金额时按照业主方在招标时其他项目清单中列出的金额填写，不得变动。

暂列金额明细如表 7.15 所示。

表 7.15　暂列金额明细

工程名称：　　　　　　　　　　　　标段：　　　　　　　　第　页　共　页

序　号	项目名称	计量单位	暂定金额／元	备　注
1				
2				
3				
4				
5				
合计				

2）计日工

计日工适用的所谓零星工作一般是指合同约定之外的或因变更而产生的、工程量清单中没有相应项目的额外工作。

计日工需要按照招标人提供的其他项目清单列出的项目和估算的数量，由承包人自主确定各项综合单价并计算费用，即由招标人提供计日工的工程量，由投标人报计日工的单价。计日工由建设单位和施工企业按施工过程中的签证计价。投标人根据自己的能力经验，按照计日工表中工程量内容自主报价，包括完成零星工作所消耗的人工工时、材料数量、施工机械台班数量所对应的相关费用，且包括管理费和利润。

3）暂估价

暂估价是指招标阶段直至签订合同协议时，招标人在招标文件中提供的用于支付必然要发生但暂时不能确定价格的材料、设备及需另行发包的专业工程金额。暂估价由业主在清单中给出，投标时按原价计入投标费用，暂估价不能变动和更改。材料暂估单价进入清单项目综合单价，在其他费清单中不汇总。

材料暂估单价表如表 7.16 所示。

表 7.16　材料暂估单价表

工程名称：　　　　　　　　　　　　标段：　　　　　　　　第　页　共　页

序　号	材料名称、规格、型号	计量单位	单价／元	备　注

专业工程暂估价必须按照招标人提供的其他项目清单中列出的金额填写，按项列支，此费用计入其他项目合计中。专业工程暂估价表如表 7.17 所示。

4）总承包服务费

总承包服务费是投标人按照发包人合同约定，计取对分包工程（含暂列金额项目）和甲供材料、构件、设备的总包管理、协调、配合、服务所发生的费用，并在"其他项目清单"中列项报价。总承包服务费需要按照招标人提出的协调、配合与服务要求和施工现场管理自主确定。

表 7.17 专业工程暂估价表

工程名称：　　　　　　　　　　标段：　　　　　　　　第　页　共　页

序　号	工程名称	工程内容	金额/元	备　注	
合计				—	

总承包服务费的记取有以下 3 种情况。

（1）招标人仅要求对分包的专业工程进行总承包管理和协调时，按分包的专业工程估算造价的 1.5% 计算。

（2）招标人要求对分包的专业工程进行总承包管理和协调，并同时要求提供配合服务时，根据招标文件中列出的配合服务内容和提出的要求，按分包的专业工程估算造价的 3% ～ 5% 计算。

（3）招标人自行供应材料的，按招标人供应材料的价值的 1% 计算。

总承包服务费计价表如表 7.18 所示。

表 7.18 总承包服务费计价表

工程名称：　　　　　　　　　　标段：　　　　　　　　第　页　共　页

序　号	工程名称	项目价值/元	服务内容	费率/%	金额/元
1	发包人发包专业工程				
2	发包人供应材料				
合计					

注：此表由招标人填写，投标人应将上述专业工程暂估价计入投标总价中。

7.5 规费与税金清单

1. 规费

规费是指按照国家法律、法规规定，由省级政府和省级有关权力机关部门规定必须缴纳或记取的费用。

规费主要包括以下几类费用。

（1）工程排污费。

（2）工程定额测定费。

（3）社会保障费：包括养老保险费、失业保险费、医疗保险费。

（4）住房公积金。

（5）危险作业意外伤害保险。

规费、税金项目清单与计价表如表 7.19 所示。

表 7.19 规费、税金项目清单与计价表

工程名称： 标段： 第 页 共 页

序 号	项 目 名 称	计 算 基 础	费率 /%	金额 / 元
1	规费			
1.1	工程排污费			
1.2	社会保障费			
（1）	养老保险费			
（2）	失业保险费			
（3）	医疗保险费			
1.3	住房公积金			
1.4	危险作业意外伤害保险			
1.5	工程定额测定费			
2	税金	分部分项工程费+措施项目费+其他项目费+规费		
	合计			

2. 税金

税金是指国家税法规定的应计入建筑安装工程造价内的营业税、城乡建设维护税、教育费附加及地方教育费附加。规费的计算基数和费率应按国家或省级、行业建设主管部门的规定计算，不得作为竞争性费用。

税金的计算基数是分部分项工程量清单费、措施项目清单费、其他项目清单费、规费之和。

[**案例 7.4**] 某小型安装工程分部分项工程量清单表如表 7.20 所示。

表 7.20 其小型安装工程分部分项工程量清单表

序 号	项目编码	项 目 名 称	单 位	工程数量	综合单价（单位: 元）
1	030901004001	金属空气调节器安装	kg	1200.00	1.02
2	030902001001	镀锌钢管安装、保温	m²	71.558	293.66
3	030903001001	吊架及法兰除锈	m²	40.437	282.09
4	030903007001	碳钢三通阀安装	个	4.00	405.95
5	030903007001	钢百叶窗	m²	0.50	460.06
6	030903007001	铝合金散流器安装	个	5.00	182.36
7	030903009001	柔性接口	m²	1.56	168.00
8	030904001001	通风工程检测、调试	系统	1.00	635.31

发生的可计量性措施费清单如表 7.21 所示。

表 7.21 可计量性措施费清单

序号	措施项目名称	人工费 单位：元	材料费 单位：元	机械费 单位：元	管理费 单位：元	利润 单位：元	小 计
1	钢筋混凝土模板及支架费	595.23	971.79	0			
2	超高施工增加费	167.14	250.33	0			
3	二次搬运费	230.57	0	0			
4	脚手架搭拆费	151.75	605.91	0			

各项费用及单价取值如下。

（1）分部分项工程中的人工费占分部分项工程总价的 11%。

（2）取费费率：文明安全施工费占定额人工费的 7%，规定费率占定额人工费的 19.85%，管理费费率为 61%；利润率为 42%；均以人工费为计算基础。

（3）税率：3.56%。

（4）其他项目清单的计价为 1134.39 元，其中人工费为 265.80 元。

问题：

（1）请编制分部分项工程量计价表，编制措施项目清单计价表。

（2）编制单位工程费用汇总，确定该空调安装单位工程造价。

解析：

问题（1）：

编制分部分项工程量计价表，如表 7.22 所示。

表 7.22 分部分项工程量计价表

序号	项目编码	项目名称	单 位	工程数量	综合单价 /元	合价 /元
1	030901004001	金属空气调节器安装	kg	1200.00	1.02	1224.00
2	030902001001	镀锌钢管安装、保温	m²	71.558	293.66	21 014.00
3	030903001001	吊架及法兰除锈	m²	40.437	282.09	11 407.00
4	030903007001	碳钢三通阀安装	个	4.00	405.95	1623.80
5	030903007001	钢百叶窗	m²	0.50	460.06	230.03
6	030903007001	铝合金散流器安装	个	5.00	182.36	911.80
7	030903009001	柔性接口	m²	1.56	168.00	262.08
8	030904001001	通风工程检测、调试	个	1.00	635.31	635.31
合计						37 308.02

分部分项工程的人工费 =37 308.02 × 11%=4103.88（元）

编制措施项目清单计价表如表 7.23 所示。

表7.23 措施项目清单计价表

金额/元

序号	措施项目名称	人工费	材料费	机械费	管理费/61%	利润/42%	小 计
1	钢筋混凝土模板及支架费	595.23	971.79	0	363.09	250.00	2180.11
2	超高施工增加费	167.14	250.33	0	101.96	70.20	589.63
3	二次搬运费	230.57	0	0	140.65	96.84	468.06
4	脚手架搭拆费	151.75	605.91	0	92.57	63.74	913.97
	合计	1144.69					4151.77

问题（2）：

分部分项工程费中的人工费为4103.88元

措施费中的人工费为1144.69

其他项目费中的人工费为265.80元

人工费=4103.88+1144.69+265.80=5514.37（元）

文明安全施工费为5514.37×7%=386.01（元）

规费=5514.37×19.85%=1094.60（元）

税金=（分部分项工程费+措施项目费+其他项目费+规费）×税率

$\qquad$ =37 308.02+4151.77+1134.39+386.01+1094.60×3.56%

$\qquad$ =42 982.14×3.56%=1 530.16（元）

单位工程报价=分部分项工程费+措施项目费+其他项目费+规费+税金

单位工程总价=37 308.02+4151.77+1134.39+386.01+1094.60+1530.16

$\qquad$ =45 604.95（元）

[案例7.5] 某医院综合门诊楼工程，总建筑面积为16 258m²，主体为现浇框架－剪力墙结构，基础结构形式为钢筋混凝土筏形基础，地下2层，地上15层，建筑檐高46.20m，基底标高-9.70m。工期为615天，该工程在医院院内施工，两侧紧邻住院楼，场地异常狭窄，为不影响正常办公，对地基处理、环境污染、施工噪声等要求非常严格。

按《建设工程工程量清单计价规范》（GB 50500—2013）的有关规定，投标方承包商经计算，分部分项工程量清单费用总计为3 600 860元。用于控制污水排放，防止扬尘产生等环境保护方面的费用为35 000元，用于安全教育等的费用为19 000元，用于临时设施的费用为220 800元。为不影响白天医院办公，夜间施工费用为254 600元，因场地异常狭窄而增加的二次搬运费为54 420元；施工过程中用于降水的费用为212 600元；脚手架费用为87 680元。

在招投标过程中，业主暂列金额为分部分项工程费的10%，专业工程分包费为343 500元，材料暂估价为65 000元，需计入综合单价的甲供设备35 000元；招标人仅要求对分包的专业工程进行总承包管理和协调；分部分项工程费和措施费及其他项目费中的定额人工费共计450 060元。规费占定额人工费的8%，税金比率为3.8%。

问题：

（1）计算措施项目清单费用。

（2）计算其他项目清单费用。

扩展阅读 7.2

案例分析思路

（3）试确定规费费用。

（4）试确定税金费用。

（5）试确定工程量清单总价。

解析：

问题（1）：

分部分项工程费：3 600 860 元

措施清单费用：35 000+19 000+220 800+254 600+54 420+212 600+87 680=88 4100（元）

问题（2）：

暂列金额：3 600 860×10%=360 086（元）

暂估价：

专业工程暂估价：343 500 元，计入其他项目清单费用；

材料暂估价：65 000+35 000=100 000（元）；计入分部分项工程清单综合单价费用，在其他项目清单中只列项，不计入；

总承包服务费：343 500×1.5%+（65 000+35 000）×1%=6152.5（元）

其他项目清单费用：360 086+343 500+343 500×1.5%+（65 000+35 000）×1%=709 738.5 元

问题（3）：

规费：450 060×8%=36 004.8（元）

问题（4）：

税金：（3 600 860+884 100+709 738.5+36 004.8）×3.8%=198 766.73（元）

问题（5）：

工程量清单总价=3 600 860+884 100+709 738.5+36 004.8+198 766.73=5 429 470.03（元）

[**案例 7.6**] 某建设项目单位工程中分部分项工程量清单共 13 项，分部分项工程量清单费用合计为 5 540 153 元，其中含设备暂估价 45 000 元、材料暂估价 800 000 元、专业工程暂估价 200 000 元。单价措施项目合计 738 257 元。此外，安全文明施工费为 209 650 万元，二次搬运费为 8368 元，夜间施工增加费为 12 479 元、冬雨季施工增加费为 5032 元，已完工程及设备保护费为 6000 元。另其他项目清单如表 7.24 所示。此外，该单位工程中分部分项工程量清单费用与措施费的人工费总计 920 000 元，规费以人工费为比率提取，共 239 001 元，税金为 868 225 元。

表 7.24　其他项目清单

项　目　名　称	金额／元
1.暂列金额	350 000
2.暂估价	
（1）材料设备暂估价	845 000
（2）专业工程暂估价	200 000
3.计日工	26 528
4.总承包服务费	20 760

问题：

请将表 7.25 的数据填写完整。

表 7.25　报价汇总表

汇 总 内 容	金额 / 元
分部分项工程	
其中：暂估价	
措施项目	
其中：安全文明施工费	209 650
其他项目	
1.暂列金额	350 000
2.暂估价	
（1）材料设备暂估价	
（2）专业工程暂估价	
3.计日工	26 528
4.总承包服务费	20 760
规费	239 001
税金	868 225
合计	

解析：

在本例题中，材料暂估价在其他项目里列出单价，意味着所有投标方都按这个价格计入分部分项的综合单价中，不计入其他项目总价中，暂估价的材料在分部分项中计入。

此外，按照《建设工程工程量清单计价规范》（GB 50500—2013），暂估价中的材料、工程设备单价需要计入综合单价。

计日工的金额需要纳入投标报价中，签合同时可以不签入合同金额。

措施费：738 257+209 650+8368+12 479+5032+6000=979 786（元）

将报价汇总表填写完整后，如表 7.26 所示。

表 7.26　报价汇总表填写

总 内 容	金额 / 元
分部分项工程	5 540 153
其中：暂估价	845 000（计入材料设备）
措施项目	979 786
其中：安全文明施工费	209 650
其他项目	587 288（1+2+3+4）
1. 暂列金额	350 000
2. 暂估价	200 000
（1）材料设备暂估价	845 000
（2）专业工程暂估价	200 000
3. 计日工	26 528
4. 总承包服务费	20 760
规费	239 001
税金	868 225
合计	8 214 453

本章思考题

一、名词解释

商务部分、技术部分；其他费清单；暂估价；暂列金额；总承包服务费；规费；税金。

二、简答题

1. 承包方投标文件的主要内容有哪些？

2. 承包方投标文件的技术部分主要构成是什么？

3. 承包方投标文件的商务部分主要构成是什么？

4. 简述措施项目清单的特点。

5. 简述可计量措施费构成特点。

6. 简述其他项目清单的特点。

7. 暂估价有几种类型，各自的编制特点是什么？

扩展阅读 7.3

审查投标书需注意
哪些问题

即测即练

第8章　施工阶段工程价款结算管理

本章学习目标 --

1. 了解工程价款结算的主要过程和结算价款构成内容；
2. 了解工程预付款的支付与返还要求；
3. 掌握工程进度款的应签证工程款与应签发付款凭证的区别和联系；
4. 掌握工程进度款结算过程中工程变更的几种典型情况及处理原则；
5. 掌握工程量清单价款结算的原则和方法；
6. 掌握工程进度款结算中的工期索赔和费用索赔。

引导案例

　　陶晶春毕业前来到南昌市新地房地产公司结算二部工作实习。她所在的房地产公司作为业主方在年初投资开发了丽水新城二期项目，目前该项目的施工承包商是南昌市的金硕建设集团公司第三分公司。

　　在这之前，陶晶春对结算的了解还停留在课堂上讲授的理论知识层面，她深知此次分派任务是难得的能够进一步丰富自己专业知识和经验的好机会。她跟随部门领导老常认真学习，贯彻执行国家及建设行政管理部门制定的各项结算相关的法规规定、定额标准和费率，掌握并熟悉各项定额及取费标准的组成和计算方法。

　　老常和陶晶春的主要工作是定期到工程项目部，参与在建项目中期和竣工后的结算工作，审核在建项目已完工程的月度用款计划和月度付款额。

　　为了做好此次丽水新城二期项目的结算工作，老常和陶晶春经常深入施工现场项目部，对设计变更、现场工程施工方法更改及材料价差调整，施工图预算中的错算、漏算等问题，及时做好调整方案。他们还根据施工图预算开展结算经济活动分析，进行两算对比，协助施工单位做好经济核算。

　　陶晶春的另一项主要工作是做好工程项目造价结算文件的汇总和存档工作，对已竣工决算完成的工程项目进行经济指标分析，帮助建立公司预结算及进度报表台账，填报与中期结算有关的报表；并且在工程竣工后，协助金硕建设集团公司第三分公司编制竣工结算。

　　资料来源：作者根据毕业生交流资料改编而成。

8.1　工程价款结算

8.1.1　工程价款结算的主要内容

1. 工程价款结算概述

工程价款结算是指依据基本建设工程承包合同等进行工程预付款、进度款、竣工价款结算等的活动。

工程价款结算需要依据《中华人民共和国合同法》《中华人民共和国建筑法》《中华人民共和国招标投标法》《中华人民共和国预算法》《中华人民共和国政府采购法》《中华人民共和国预算法实施条例》等有关法律、行政法规。从事工程价款结算活动，应当遵循合法、平等、诚信的原则，并应遵守国家有关法律、法规和政策。招标工程的合同价款应当在规定时间内，依据招标文件、中标人的投标文件，由发包人与承包人订立书面合同约定。

非招标工程的合同价款依据审定的工程预（概）算书由发、承包人在合同中约定。

竣工价款的结算一般应当在项目竣工验收后 2 个月内完成，大型项目一般不得超过 3 个月。另外，项目建设单位可以与施工单位在合同中约定按照不超过工程价款结算总额的 5% 预留工程质量保证金，待工程交付使用缺陷责任期满后清算。

项目建设单位要依据工程签订的合同约定和工程价款结算的程序进行工程款的支付，工程价款结算方法由建设单位和施工单位约定。发包人、承包人应当在合同条款中对涉及工程价款结算的下列事项进行约定。

（1）预付工程款的数额、支付时限及抵扣方式。

（2）工程进度款的支付方式、数额及时限。

（3）在工程施工中发生变更时，工程价款的调整方法、索赔方式、时限要求及金额支付方式。

（4）发生工程价款纠纷的解决方法。

（5）约定承担风险的范围、幅度及超出约定范围和幅度的调整方法。

（6）工程竣工价款的结算与支付方式、数额及时限。

（7）工程质量保证（保修）金的数额、预扣方式及时限。

（8）安全措施和意外伤害保险费用。

（9）工期及工期提前或延后的奖惩办法。

（10）与履行合同、支付价款相关的担保事项。

2. 工程价款结算的内容

工程价款结算一般要在业主与承包方签订的工程合同基础上按照预先商定的结算方式进行结算，但是实践证明，工程变更、工程索赔和结算款价格调整是工程价款结算必须涉及的部分。

$$工程结算价 = 合同价 + 合同价款调整额$$

合同价款调整额主要由工程变更、现场签证等决定。因此，工程变更与现场签证、调价等费用在很大程度上会影响承包商最终所能获得的结算价。

造成工程价款结算价与原始合同价变动调整的主要原因有以下几个方面。

1）量差

"量差"是工程结算过程中施工图预算所列工程量与实际完成的工程量不符而发生的工程量差额。量差主要有以下几方面内容。

（1）由于业主方设计修改与漏项而增减的工程量。这一部分应根据工程变更通知单或设计联系单进行调整。设计变更通知单是指在施工过程中由设计部门提出变更设计或由建设单位提出经设计部门同意发生设计变更而发出的设计变更通知单。

（2）现场工程变更。现场工程变更包括施工中无法预见的工程及施工方法与原设计不符等情况，遇到此类情况应根据设计部门、建设单位和企业签证的工程变更通知单及现场签证记录进行调增或调减。

2）价差

（1）材料代用。材料代用是指材料因供应缺口或其他原因而发生的材料替代、以优代劣等情况。

（2）材料价差。材料价差是指建筑材料在签订合同时的预算价格和实际施工时市场价格的差额，通常是由于时间差别导致的物价波动产生的。

在工程结算中材料价差的调整范围应该严格按照当地规定办理，允许调整的可以进行调整，不允许调整的不能进行调整。

由施工企业采购的材料，一般按当地的材料调差系数调整或按实调整。

3）费用

费用的调整一般是指由于工程量的增减变化，从而相应地调整措施费、间接性管理费、计划利润等。

总体而言，工程价款结算的几个主要过程要素构成如图8.1所示。

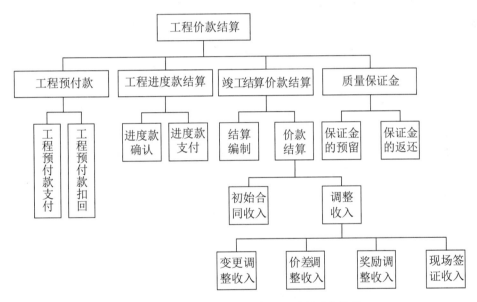

图8.1　工程价款结算的几个主要过程要素构成

8.1.2　工程预付款的支付与返还

1.预付款的含义

承包方在工程施工过程中消耗的生产资料及付给工人的报酬，必须通过预付备料款和工程进度款的形式，定期或分期向建设单位结算以得到补偿，从而保证施工企业资金的正常周转，并逐步实现赢利。

施工企业承包工程，一般实行包工包料，因此需要有一定数量的备料周转金。由建设单位在开工前拨给施工企业一定数额的预付备料款，构成施工企业为该承包工程储备和准备主要材料、结构件所需的流动资金。预付款还可以带有"动员费"的性质，以供组织人员完成临时设施工程等准备工作。预付款相当于建设单位给施工企业的无息贷款。

预付款的有关事项，如数量、支付时间和方式、支付条件、偿还（扣还）方式等，应在施工合同条款中进行明确规定。按照《建设工程施工合同示范文本》的规定，发包人应在双方签订合同后的一个月内或不迟于约定的开工日期前的 7 天内预付工程款，若发包人不按约定预付，承包人应在预付时间到期后 7 天内向发包人发出要求预付的通知；若发包人收到通知后仍不按要求预付，承包人可在发出通知 7 天后停止施工；发包人应从约定应付之日起向承包人支付应付款的利息（利率按同期银行贷款利率计），并承担违约责任。

2. 工程预付款结算的条件

工程预付款结算应注意以下问题。

（1）包工包料工程的预付款按合同约定拨付，原则上预付比例不低于合同金额的 10%，不高于合同金额的 30%；对于重大工程项目，应按年度工程计划逐年预付。对于执行《建设工程工程量清单计价规范》（GB 50500—2013）的工程，实体性消耗和非实体性消耗的部分应在合同中分别约定预付款比例。

（2）在具备施工条件的前提下，发包人应在双方签订合同后定期预付工程款，发包人不按约定预付，承包人应在预付时间到期后 7 天内向发包人发出要求预付的通知，发包人收到通知后仍不按要求预付，承包人可在发出通知 7 天后停止施工，发包人应从约定应付之日起向承包人支付应付款的利息（利率按同期银行贷款利率计）。

（3）预付的工程款必须在合同中约定抵扣方式，并在工程进度款中进行抵扣。

（4）凡是没有签订合同或不具备施工条件的工程，发包人不得预付工程款。

3. 预付款的扣留与返还

备料款具有预付性质。因为施工后期所需的材料储备逐步减少，故需要以抵充工程价款的方式陆续扣还工程预付款，但是必须按照施工合同中约定的起扣时间比例及方法来扣除。发包单位拨付给承包单位的工程预付款具有预支性质，工程开始实施以后，随着工程所需的主要材料储备的逐步减少，应以抵充工程价款的方式陆续扣回。

预付款的扣还可以有以下几种方法。

1）合同规定扣还备料款法

这种方法中的发包方和承包方双方应当在合同专用条款内约定发包方向承包方预付工程款的时间和数额，在工程开工后按约定的时间和比例逐次扣回。

2）住建部《招标文件范本》规定方法

住建部《招标文件范本》规定："在承包人完成金额累计达到合同总价的 10% 后，由承包人开始向发包人还款，发包人从每次应付给承包人的金额中扣回工程预付款，发包人至少在合同规定的完工期前 3 个月将工程预付款的总计金额按逐次分摊的办法扣回。当发包人一次付给承包人的余额少于规定扣回的金额时，其差额应转入下一次支付中作为债务结转。"

3）一次抵扣备料款法

这种情况适合于造价低、工期短的简单工程。备料款在施工前一次拨付，施工过程中不分次抵扣。当备料款与已付工程款之和累计达到合同价款的 95%，只留下 5% 的工程保修尾款时，此时停止支付工程款。

4）公式法

此种方法需要按照固定公式来计算起扣点和抵扣额。

公式法的原则是：当未完工程和未施工工程所需材料的价值相当于备料款数额时起扣。每次结算工程价款时，按材料比重扣抵工程价款，竣工前全部扣清。

预付款起扣点的基本表达公式是

$$T=P-\frac{M}{N}$$

式中：T——起扣点，即工程预付款开始扣回时的累计完成工作量金额；

M——工程预付款限额；

N——主要材料所占比重；

P——承包工程价款总额。

[例题 8.1] 2021 年某工程承包合同总额为 1000 万元。其中，主要材料及结构金额占合同总额的 62.5%，预付备料款额度为 25%，预付款从每次中间结算工程价款中按材料及构件比重扣除工程价款。工程保修金为合同总额的 5%。各月实际完成合同价值如表 8.1 所示，试按月结算工程款。

表 8.1 各月实际完成合同价值

月　份	4 月	5 月	6 月	7 月	8 月
完成计划	100 万元	150 万元	200 万元	270 万元	280 万元

问题：

（1）预付备料款为多少万元？

（2）预付备料款的起扣点为多少万元？

（3）各月份应结算的工程价款和累计结算的工程款为多少万元？

解析：

问题（1）：

预付备料款 =1000×25%=250（万元）

问题（2）：

预付备料款的起扣点 =1000-250/62.5% =600（万元）

当完成合同价值达到 600 万元时开始扣除预付备料款。

问题（3）：

4 月份完成合同价值为 100 万元，结算 100 万元。

5 月份完成合同价值为 150 万元，结算 150 万元，累计结算工程款 250 万元。

6 月份完成合同价值为 200 万元，结算 200 万元，累计结算工程款 450 万元。

7 月份完成合同价值为 270 万元，到此已累计完成合同价值 720 万元，超过了预付备料款的起扣点（600 万元），所以 7 月份应扣除预付备料款。

7 月份应扣回的预付备料款 =（720-600）×62.5%=75（万元）

7 月份应结算的工程款 =270-75=195（万元）

8 月份完成合同价值为 280 万元。

8 月份应扣回的预付备料款 =280×62.5%=175（万元）

8 月份应扣保修金 =1000×5%=50（万元）

8 月份应结算的工程款 =280-175-50=55（万元）

至此累计结算的工程款为 700 万元，预付备料款为 250 万元，共结算 950 万元，工程保修金为 50 万元。

8.2　工程进度款

8.2.1　工程进度款结算

工程进度款是指在施工过程中，按逐月、多个月份合计，或者按形象进度或控制界面等完成的工程数量计算的各项费用的总和。

1. 工程进度款结算的方法

1）竣工后一次结算

工程工期在 12 个月以内或承包合同价在 100 万元以下的，可以实行开工前预付一定的预付款、竣工后一次结算的方式。

2）按月结算与支付

按月结算是指每月由施工企业提出已完成工程月报表，连同工程价款结算账单，经建设单位签证，交由建设银行办理工程价款结算；根据工程进度，以已完分部分项工程这一假定的建筑产品为对象每月结算。按月结算实行按月支付进度款、竣工后清算的办法；合同工期在两个年度以上的工程，在年终进行工程盘点，办理年度结算。

按月结算具有以下特点。

（1）便于较准确地计算已完分部分项工程量。

（2）便于建设单位对已完工程进行验收和施工企业考核月度成本情况。

（3）使施工企业工程价款收入符合其完工进度，生产耗费能得到及时合理补偿，有利于施工企业的资金周转。

（4）有利于建设单位对建设资金实行控制，使其能根据进度控制分期拨款。

3）分段结算与支付

分段结算是指以单项（或单位）工程为对象，即当年开工、当年不能竣工的工程按照工程形象进度，划分不同阶段的支付工程进度款，按施工形象进度将其划分为不同施工阶段，再按阶段进行工程价款结算。分阶段结算的一般方法是根据工程的性质和特点，将其施工过程划分为若干施工进度阶段，以审定的施工图预算为基础，测算每个阶段的预支款数额。在施工开始时，办理第一阶段的预支款。在该阶段完成后，计算其工程价款，经建设单位签证，交由建设银行审查并办理阶段结算，同时办理下一阶段的预支款。

分段结算的具体划分需要在合同中明确，如按照工程形象进度或季度划分，分阶段进行结算。工程形象进度一般分为基础、±0.0 以上主体结构、装修、室外工程及收尾等。结算比例如下。

（1）工程开工后，拨付 10% 的合同价款。

（2）工程基础完成后，拨付 20% 的合同价款。

（3）工程主体完成后，拨付 40% 的合同价款。

（4）工程竣工验收后，拨付 15% 的合同价款。

（5）竣工结算审核后，结清余款。

4）目标结算方式

目标结算方式是在工程合同中，将承包工程的内容分解成不同的施工控制界面，以业主验收施工控制界面作为支付工程款的前提条件，即将合同中的工程内容分解成不同的验收单元，当施工单位完成单元工程内容并经业主验收后，业主支付构成单元工程内容的工程价款。

在目标结算方式下，施工单位要想获得工程价款，必须按照合同约定的质量标准完成界面内的工程内容；施工单位要想尽早获得工程价款，必须充分发挥自己的组织实施能力，在保证质量的前提下，加快施工进度。

2. 工程进度款结算的计量与确认

1）工程进度款结算的基本程序

工程进度价款支付一般需要承包人申报，由施工单位按合同约定，将支付申请并附本次结算工程量证明材料报项目监理工程师审核。监理人按照监理规划及其实施细则的要求，依据合同约定，对本期完成的合格工程量及其价款进行审核，审核的主要内容为本期预拨付的工程量是否属实，单价、形象进度是否符合合同约定，已完工程量是否有遗留的质量问题，预拨付工程款是否属实等。之后再由业主方工程部复核，由财务部负责审核累计结算工程款、预付工程款的扣回数、质量保证金累计数是否与账面一致，本期支付计算是否正确，合格后办理工程价款支付手续。工程进度款的支付过程如图8.2所示。

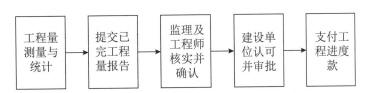

图 8.2 工程进度款的支付过程

我国《建设工程价款结算暂行办法》对于工程量计算的规定如下。

（1）承包人应当按照合同约定的方法和时间，向发包人提交已完工程量的报告。发包人接到报告后 14 天内核实已完工程量，并在核实前 1 天通知承包人，承包人应提供条件并派人参加核实，承包人收到通知后不参加核实，以发包人核实的工程量作为工程价款支付的依据。发包人不按约定时间通知承包人，致使承包人未能参加核实的，核实结果无效。

（2）发包人收到承包人报告后 14 天内未核实完工程量的，从第 15 天起，承包人报告的工程量即视为被确认，作为工程价款支付的依据，双方合同另有约定的，按合同执行。

（3）对承包人超出设计图样（含设计变更）范围和因承包人原因造成返工的工程量，发包人不予计量。

2）工程进度款支付

（1）根据确定的工程计量结果，承包人向发包人提出支付工程进度款申请，14天内，发包人应按不低于工程价款的60%，不高于工程价款的90%向承包人支付工程进度款。按约定时间发包人应扣回的预付款，与工程进度款同期结算抵扣。

（2）发包人超过约定的支付时间不支付工程进度款的，承包人应及时向发包人发出要求付款的通知，发包人收到承包人通知后仍不能按要求付款，可与承包人协商签订延期付款协议，经承包人同意后可延期支付，协议应明确延期支付的时间和从工程计量结果确认后第15天起计算应付款的利息（利率按同期银行贷款利率计）。

（3）发包人不按合同约定支付工程进度款，双方又未达成延期付款协议，导致施工无法进行的，承包人可停止施工，由发包人承担违约责任。

3. 应签证工程款与应签发付款凭证价款

工程进度支付款不仅包括合同中规定的原始收入，而且包括由于合同变更、索赔、奖励、调价等原因而形成的追加收入，同时在进度款支付时，通常预留一定比例的质量保留金作为质量保修期时的保修费用，即工程保修金。

1）应签证工程价款

应签证工程价款就是工程量价款扣减保留金后的结算款，这里的工程量价款包括当期合同价款加入变更及价格调整后的工程款。

$$应签证的工程款 = 工程量价款 - 质量保证金$$
$$工程量价款 = 实际完成的工程量 \times 单价$$

或　　　应签证工程款 = 当月实际完成工程量价款 $\times$（1- 保证金扣留比例）

工程量价款实际上含有工程量变更部分价款及索赔部分价款，单价中也含有价格调整部分。

2）应签发付款凭证

应签发付款凭证金额是指在应签证的工程款的基础上再扣除应由发包人收回的款额（如扣还预付款、罚金或违约费用等）以后，在本期结算应签发在付款凭证上的款额。

$$应签发的付款凭证 = 应签证的工程款 + 上个月未签发的工程款 - 预付款 -$$
$$甲供材料与设备 + 奖惩$$

上个月未签发的工程款通常是指由于未达到合同中规定的各月签发最低额度而未签发的工程款项。

4. 现场签证价款

现场签证价款是合同以外的零星项目工程价款。发包人要求承包人完成合同以外的零星项目，承包人应在接受发包人要求的7天内就用工数量和单价、机械台班数量和单价、使用材料和金额等向发包人提出施工签证，发包人签证后施工。如发包人未签证，承包人施工后发生争议的，责任由承包人自负。现场签证价款本质上可以归入工程变更范围。

发包人和承包人要加强施工现场签证的造价控制，及时对工程合同外的事项如实纪录并履行书面手续。凡由发包、承包双方授权的现场代表签字的现场签证及发包、承包双方协商确定的索赔等费用，应在工程竣工结算中如实办理，不得因发包、承包双方现场代表的中途变更改变其有效性。

5. 质量保证金

质量保证金又称为保留金，是指按合同条款约定用于保证在缺陷责任期内履行缺陷修复义务的金额。

质量保证金的扣留基础，就是实际完成的工程量对应的价款，包括对价格调整的部分和索赔的部分。也就是说，在原合同工程量价款的基础上，进行相应价格调整之后，加上变更索赔价款，然后在此基础上扣留质量保证金。

1）质量保证金的扣留

一般来说，监理工程师应从第一个付款周期开始，在业主支付给承包人的进度付款中，按项目专用合同条款数据表规定的百分比扣留质量保证金，直至扣留的质量保证金总额达到项目专用合同条款数据表规定的限额为止。小型工程也可以在竣工后一次扣留质量保证金。

2）质量保证金的使用

在缺陷责任期内，若工程存在缺陷或已修复的缺陷部位或部件又遭损坏，承包人应负责修复，直至检验合格为止。监理工程师和承包人应共同查清工程缺陷和（或）损坏的原因。经查明属承包人原因造成的，应用承包人提供的质量保证金来承担修复和查验的费用。

3）质量保证金的退还

在合同条款约定的缺陷责任期满时，承包人向业主申请到期应返还承包人剩余的质量保证金金额，业主应在 14 天内会同承包人按照合同约定的内容核实承包人是否完成缺陷责任。如无异议，业主应当在核实后将剩余保证金返还承包人。

［**例题 8.2**］ 某工程项目施工合同价为 560 万元，合同工期为 6 个月，施工合同中的规定如下。

（1）开工前业主向施工单位支付合同价 20% 的预付款。

（2）业主自第 1 个月起，从施工单位的应得工程款中按 10% 的比例扣留保留金，保留金限额暂定为合同价的 5%，保留金到第 3 个月底全部扣完。

（3）预付款在最后两个月扣除，每月扣除 50%。

（4）工程进度款按月结算，不考虑调价。

（5）业主供料价款在发生当月的工程款中扣回。

（6）若施工单位每月实际完成产值不足计划产值的 90% 时，业主可按实际完成产值的 8% 的比例扣留工程进度款，在工程竣工结算时将扣留的工程进度款退还施工单位。

（7）经业主签认的施工进度计划和实际完成产值如表 8.2 所示。

表 8.2　施工进度计划和实际完成产值　　　　　　单位：万元

时间 / 月	1	2	3	4	5	6
计划完成产值	70	90	110	100	100	80
实际完成产值	70	80	120			
业主供料价款	8	12	15			

问题：

（1）该工程的工程预付款是多少万元？应扣留的保留金为多少万元？

（2）从第 1 个月到第 3 个月，造价工程师各月签证的工程款是多少？应签发的付款凭证金额是多少？

解析：

问题（1）：

工程预付款 =560×20%=112（万元）

保留金 =560×5%=28（万元）

问题（2）：

第 1 个月：

签证的工程款：70×（1-0.1）=63（万元）

应签发的付款凭证金额：63-8=55（万元）

第 2 个月：

本月实际完成的产值不足计划产值的 90%，即（90-80）/90=11.1%。

签证的工程款 =80×（1-0.1）-80×8%=65.60（万元）

应签发的付款凭证金额 =65.60-12=53.60（万元）

第 3 个月：

本月扣保留金 =28-（70+80）×10%=13（万元）

签证的工程款 =120-13=107（万元）

应签发的付款凭证金额 =107-15=92（万元）

[例题 8.3] 某项工程项目业主与承包商签订工程施工承包合同。合同中估算工程量为 5 300m³，全费用单价为 180 元 /m³。合同工期为 6 个月。有关付款条款如下。

（1）开工前业主应向承包商支付估算合同总价 20% 的工程预付款。

（2）业主自第 1 个月起，从承包商的工程款中，按 5% 的比例扣留质量保证金。

（3）当实际完成工程量超过（或低于）估算工程量的 10% 时，可进行调价，调价系数为 0.9（或 1.1）。

（4）每月支付工程款最低金额 15 万元。

（5）工程预付款从乙方获得累计工程款超过估算合同价的 30% 以后的下 1 个月起，至第 5 个月均匀扣除。

承包商每月实际完成并经签证确认的工程量如表 8.3 所示。

表 8.3　各月实际完成工程量表

月　份	1 月份	2 月份	3 月份	4 月份	5 月份	6 月份
完成工程量 /m³	800	1000	1200	1200	1200	500
累计完成工程量 /m³	800	1800	3000	4200	5400	5900

问题：

（1）估算合同总价是多少？

（2）工程预付款为多少？第 1、2 两月的累计工程款是多少？每月应扣工程预付款为多少？

（3）每月工程量价款为多少？业主应支付承包商的工程款是多少？

解析：

问题（1）：

估算合同总价：5300×180=95.4（万元）

问题（2）：

预付款金额：95.4×20%=19.08（万元）

第1、2两个月的累计工程款：1800×180=32.4（万元）>95.4×30%=28.62（万元）

每月应扣工程预付款：19.08/3=6.36（万元）

问题（3）：

第1个月：

工程量价款：800×180=14.40（万元）

应扣留质量保证金：14.40×5%=0.72（万元）

本月支付工程款：14.40-0.72=13.68（万元）小于15（万元）

第1个月：

不支付工程款。

第2个月：

工程量价款：1000×180=18.00（万元）

应扣留质量保证金：18.00×5%=0.9（万元）

本月应支付工程款：18.00-0.9=17.10（万元）

13.68+17.1=30.78（万元）大于15（万元）

业主应支付给承包商的工程款为30.78万元。

第3个月：

工程量价款：1200×180=21.60（万元）

应扣留质量保证金：21.6×5%=1.08（万元）

应扣工程预付款：6.36（万元）

本月应支付工程款：21.6-1.08-6.36=14.16（万元）小于15（万元）

第3个月不支付工程款。

第4个月：

工程量价款：1200×180=21.60（万元）

应扣留质量保证金：1.08（万元）

应扣工程预付款：6.36（万元）

本月应支付工程款：14.16（万元）

14.16+14.16=28.32（万元）大于15（万元）

第4个月：

业主应支付给承包商的工程款为28.32万元。

第5个月：

累计完成工程量为5400m³，比原估算工程量超出100m³，但未超出估算工程量的10%，所以仍按原单价结算。

本月工程量价款：1200×180=21.60（万元）

应扣留质量保证金：1.08 万元

应扣工程预付款：6.36 万元

本月应支付工程款：14.16（万元）小于 15（万元）

第 5 个月不予支付工程款。

第 6 个月：

累计完成工程量为 5900m³，比原估算工程量超出 600m³，已超出估算工程量的 10%，对超出的部分应调整单价。

应按调整后的单价结算工程量：

$5900-5300 \times (1+10\%) = 70（m³）$

本月工程量价款：$70 \times 180 \times 0.9 + (500-70) \times 180 = 8.874（万元）$

应扣留质量保证金：$8.874 \times 5\% = 0.444（万元）$

本月应支付工程款：$8.874-0.444 = 8.43（万元）$

第 6 个月业主应支付给承包商的工程款：$14.16+8.43 = 22.59（万元）$

8.2.2 工程价款的价差调整

工程价款的动态结算主要是指工程价款中的价差调整，其方法主要有工程造价指数调整法、实际价格调整法、调价文件调整法、调值公式法等。

1. 工程造价指数调整法

甲乙方采用承包合同订立时的预算单价计算出承包合同价，待竣工时，根据合理的工期及当地工程造价管理部门所公布的该月度（或季度）的工程造价指数，对原承包合同价予以调整，重点调整那些由于实际人工费、材料费、施工机械费等费用上涨及工程变更因素造成的价差，并对承包商给以调价补偿。

$$调价值 = 直接工程费调整部分 \times 调价系数$$

工程造价指数调整法的特点是对人工费、材料费、施工机械费等直接性费用进行调价，依据的是工程造价信息的发布，整体调价范围大，调价值也较多。此方法对业主要求较高，需要在合同中提前规定下来。

2. 实际价格调整法

如果地方政府规定对钢材、木材、水泥三大材料的价格按实际价格结算，工程承包商可凭市场材料采购证明对实际价格进行调整。地方主管部门要定期发布最高限价，建设单位或工程师有权要求承包商选择更廉价的供应来源。

实际价格调整法的特点是对主材费用进行调价，整体调价范围涉及重要主材，调价范围相对缩小。此方法也需要在合同中提前规定下来。

3. 调价文件调整法

甲乙方按当时的预算价格承包，在合同工期内，按照造价管理部门调价文件的规定，进行抽料补差，在同一价格期内按所完成的材料用量乘以价差。也有的地方定期发布主要材料供应价格和管理价格，可对这一时期的工程进行抽料补差。

调价文件调整法的特点是对造价管理部分规定的抽料补差部分进行调价。

4. 调值公式法

调值公式法是一种国际惯例采用的价差调整方法，价格调值公式一般包括固定部分、材料部分和人工部分。固定要素通常的取值范围为 0.15 ～ 0.35，一般选择用量大、价格高且有代表性的典型人工费和材料费，各部分的比重系数应在招标文件中要求承包方在投标中提出，并论证其合理性。调值公式一般为

$$P=P_0\left(a_0+a_1\frac{A}{A_0}+a_2\frac{B}{B_0}+a_3\frac{C}{C_0}+a_4\frac{D}{D_0}\right)$$

式中：P——调值后合同价款或工程实际结算款；

$\quad\quad P_0$——合同价款中工程预算进度款；

$\quad\quad a_0$——固定要素，代表合同支付中不能调整的部分占合同总价中的比重；

$\quad\quad a_1$、a_2、a_3、a_4——代表有关各项费用（如人工费用、钢材费用、水泥费用、运输费等）在合同总价中所占比重，$a_0+a_1+a_2+a_3+a_4+\cdots=1$；

$\quad\quad A_0$、B_0、C_0、D_0——基准价格指数或价格；

$\quad\quad A$、B、C、D——报告期各项费用的现行价格指数或价格。

[例题 8.4] 某承包商于某年承包某外资工程项目施工任务。该工程施工时间从当年 5 月开始至 9 月，与造价相关的合同内容有以下 4 项。

（1）合同价为 2000 万元，工程价款采用调值公式动态结算。该工程人工费占工程价款的 35%，材料费占 50%，不调值费用占 15%。具体的调值公式为

$$P=P_0\times(0.15+0.35A/A_0+0.23B/B_0+0.12C/C_0+0.08D/D_0+0.07E/E_0)$$

（2）开工前业主向承包商支付合同价 20% 的工程预付款，在工程最后两个月平均扣回。

（3）工程进度款逐月结算。

（4）业主自第 1 个月起，从承包商的工程价款中按 5% 的比例扣留质量保证金。工程质量缺陷责任期为 12 个月。该合同的原始报价日期为当年 3 月 1 日。结算各月份工资、材料价格指数如表 8.4 所示。

表 8.4 工资、材料物价指数表

代 号	A_0	B_0	C_0	D_0	E_0
3 月 指 数	100	153.4	154.4	160.3	144.4
代 号	A	B	C	D	E
5 月 指 数	110	156.2	154.4	162.2	160.2
6 月 指 数	108	158.2	156.2	162.2	162.2
7 月 指 数	108	158.4	158.4	162.2	164.2
8 月 指 数	110	160.2	158.4	164.2	162.4
9 月 指 数	110	160.2	160.2	164.2	162.8

未调值前各月完成的工程情况如下。

5 月份完成工程 200 万元，本月业主供料部分材料费为 5 万元。

6 月份完成工程 300 万元。

7 月份完成工程 400 万元，另外由于业主方设计变更，导致工程局部返工，造成拆除材料费损失 1500 元，人工费损失 1000 元，重新施工的人工、材料等费用合计 1.5 万元。

8 月份完成工程 600 万元，另外由于施工中采用的模板形式与定额不同，造成模板增加费用 3000 元。

9 月份完成工程 500 万元，另有批准的工程索赔款 1 万元。

问题：

（1）工程预付款是多少？工程预付款从哪个月开始起扣？每月应扣多少？

（2）确定每月业主应支付给承包商的工程款。

解析：

问题（1）：

工程预付款 =2000×20%=400（万元）

工程预付款从 8 月起扣，每次扣 400×50%=200（万元）

问题（2）：

每月业主支付的工程款：

5 月份：

200×（0.15+0.35×110/100+0.23×156.2/153.4+0.12×154.4/154.4+0.08×162.2/160.3+0.07×160.2/144.4）×（1-5%）-5=194.08（万元）

6 月份：

300×（0.15+0.35×108/100+0.23×158.2/153.4+0.12×156.2/154.4+0.08×162.2/160.3+0.07×162.2/144.4）×（1-5%）=298.16（万元）

7 月份：

$\big[$ 400×（0.15+0.35×108/100+0.23×158.4/153.4+0.12×158.4/154.4+0.08×162.2/160.3+0.07×164.2/144.4）+0.15+0.1+1.5 $\big]$ ×（1-5%）=400.34（万元）

8 月份：

600×（0.15+0.35×110/100+0.23×160.2/153.4+0.12×158.4/154.4+0.08×164.2/160.3+0.07×162.4/144.4）×（1-5%）-200=403.92（万元）

9 月份：

500×（0.15+0.35×110/100+0.23×160.2/153.4+0.12×160.2/154.4+0.08×164.2/160.3+0.07×162.8/144.4）+1 $\big]$ ×（1-5%）-200=304.72（万元）

8.2.3 工程竣工结算

工程完工后，双方应按照约定的合同价款、合同价款调整内容及索赔事项，进行工程竣工结算。发包人收到竣工结算报告及完整的结算资料后，如在合同约定期限内，对结算报告及资料没有提出意见，则视同认可。

承包人如未在规定时间内提供完整的工程竣工结算资料，经发包人催促后 14 天内仍未提供或没有明确答复，发包人有权根据已有资料进行审查，责任由承包人自负。

根据确认的竣工结算报告，承包人向发包人申请支付工程竣工结算款。发包人应在收到申请后 15 天内支付结算款，到期没有支付的应承担违约责任。承包人可以催告发包人支付结算价款，如达成延期支付协议，发包人应按同期银行贷款利率支付拖欠工程价款的利息；如未达成延期支付协议，承包人可以与发包人协商将该工程折价，或者申请人民法院将该工程依法拍卖，承包人就该工程折价或拍卖的价款优先受偿。

工程竣工后，发包、承包双方应及时办清工程竣工结算。否则，工程不得交付使用，有关部门不予办理权属登记。

1. 工程竣工结算的基本要求

1）工程竣工结算方式

工程竣工结算方式分为单位工程竣工结算、单项工程竣工结算和建设项目竣工总结算。

2）工程竣工结算编审

（1）单位工程竣工结算。单位工程竣工结算由承包人编制，发包人审查；实行总承包的工程，由具体承包人编制，在总承包人审查的基础上，由发包人审查。

（2）单项工程竣工结算。单项工程竣工结算或建设项目竣工总结算由总承包人编制，发包人可直接进行审查，也可以委托具有相应资质的工程造价咨询机构进行审查。政府投资项目，由同级财政部门审查。单项工程竣工结算或建设项目竣工总结算经发包、承包人签字盖章后有效。

承包人应在合同约定期限内完成项目竣工结算编制工作，未在规定期限内完成的并且无法提出正当理由延期的，责任自负。

3）建设项目竣工总结算

单项工程竣工后，承包人应在提交竣工验收报告的同时，向发包人递交竣工结算报告及完整的结算资料，发包人应按以下规定时限进行核对并提出审查意见。发包人收到承包人递交的竣工结算报告及完整的结算资料后，应按规定的期限进行核实，给予确认或提出修改意见。发包人根据确认的竣工结算报告向承包人支付工程竣工结算价款，保留5%左右的质量保证（保修）金，待工程交付使用一年质保期到期后清算，质保期内如有返修，发生费用应在质量保证金内扣除。

根据工程款不同，工程竣工结算报告金额审查时间主要分为以下几种情况。

（1）500万元以下，从接到竣工结算报告和完整的竣工结算资料之日起20天。

（2）500万元～2000万元，从接到竣工结算报告和完整的竣工结算资料之日起30天。

（3）2000万元～5000万元，从接到竣工结算报告和完整的竣工结算资料之日起45天。

（4）5000万元以上，从接到竣工结算报告和完整的竣工结算资料之日起60天。

建设项目竣工总结算在最后一个单项工程竣工结算审查确认后15天内汇总，送发包人后30天内审查完成。

4）工程竣工结算的审核

无论是哪一个级别的工程竣工结算，工程竣工结算的审核均包括以下方面。

（1）核对合同条款。

（2）检查隐蔽验收记录。

（3）落实设计变更签证。

（4）按图核实工程数量。

（5）严格执行合同约定单价。

（6）注意各项费用计取。

（7）防止各种计算误差。

工程竣工结算子目多、篇幅大，往往有计算误差。在工程竣工结算过程中，应认真核算，防止因计算误差多计或少算。

2. 竣工结算的方式与原则

1）竣工结算方式

竣工结算方式主要是指施工图预算加现场签证方式。

发包方与承包方双方就中标报价、承包方式、承包范围、工期、质量标准、奖惩规定、付款及结算方式等内容签订承包合同。工程竣工结算时，奖惩费用、包干范围外增加的工程项目另行计算。

施工图预算加现场签证方式就是把经过审定的原施工图预算作为工程竣工结算的主要依据。凡原施工图预算或工程量清单中未包括的"新增工程"，在施工过程中历次发生的由于设计变更、进度变更、施工条件变更所增减的费用等，经设计单位、建设单位、监理单位签证后，与原施工图预算一起构成竣工结算文件，交付建设单位经审计后办理竣工结算。

这种结算方式，在原合同价款或审定的施工图预算造价基础上，根据原始变更资料的计算，在合同价基础上做出调整，但是由于难以预先估计工程总的费用变化幅度，往往会造成追加工程投资的现象。

$$竣工结算价款总额 = 合同价款 + 施工过程中合同价款调整数额$$

2）竣工结算价款的计算

合同收入包括两部分内容：一是合同中规定的初始收入，即建造承包商与客户在双方签订的合同中最初商定的合同总金额，它构成了合同收入的基本内容；二是因合同变更、索赔、奖励等构成的收入。

$$\frac{竣工结算}{工程价款} = 合同价款 + \frac{施工过程中合同}{价款调整数额} - \frac{预付及已结算}{工程价款} - 保修金$$

其中，施工过程中的合同价款调整数额包括工程变更、索赔、现场签证费用、工程价款调整等金额。

[**例题 8.5**] 某施工单位承包某内资工程项目，甲、乙双方签订的关于工程价款的合同内容如下。

（1）建筑安装工程造价为 660 万元，建筑材料及设备费占施工产值的比重为 60%。

（2）预付工程款为建筑安装工程造价的 20%，工程实施后，预付工程款从未施工工程尚需的主要材料及购件的价值相当于工程款数额时起扣。

（3）工程进度款逐月计算。

（4）工程保证金为建筑安装工程造价的 3%，竣工结算月一次扣留。

（5）材料价差调整按规定进行（按有关规定上半年材料价差上调 10%，在 6 月份一次调增）。

工程各月实际完成产值如表 8.5 所示。

表 8.5 各月实际完成产值

月　份	2 月份	3 月份	4 月份	5 月份	6 月份
完成产值 / 万元	55	110	165	220	110

问题：

（1）该工程的预付工程款、起扣点为多少？

（2）该工程2月至5月每月拨付工程款为多少？累计工程款为多少？

（3）6月份办理工程竣工结算，该工程结算造价为多少？甲方应付工程结算款为多少？

（4）该工程在保修期间发生屋面漏水，甲方多次催促乙方修理，乙方一再拖延，最后甲方另请施工单位修理，修理费为1.5万元，该项费用如何处理？

解析：

问题（1）：

预付工程款 =660×20%=132（万元）

起扣点 =660-132/60%=440（万元）

问题（2）：

各月拨付工程款为

2月：工程款55万元，累计工程款55万元；

3月：工程款110万元，累计工程款165万元；

4月：工程款165万元，累计工程款330万元；

5月：工程款220-（220+330-440）×60%=154（万元），

累计工程款484万元。

问题（3）：

工程结算总造价为

660+660×0.6×10%=699.6（万元）

甲方应付工程结算款：

699.6-484-（699.6×3%）-132=62.612（万元）

问题（4）：

1.5万元维修费应从乙方（承包方）的保证金中扣除。

[例题8.6] 某建筑公司3月10日与建设单位签订了施工合同，其主要内容如下。

（1）合同总价为600万元，某种主要材料和结构件占60%。

（2）预付备料款占合同总价的25%，于3月20日拨付给乙方。

（3）工程进度款在每月的月末申报，于次月的5日支付。

（4）工程竣工报告批准后30日内支付工程总价款的95%，留5%的保修金，保修期（半年）后结清。工程于4月10日开工，9月20日竣工。如果工程款逾期支付，则按每日8‰的利率计息，逾期竣工按1 000元/日罚款。

根据甲方代表批准的施工进度计划，各月计划完成产值如表8.6所示。

表8.6　施工进度计划完成产值

月　　份	4月	5月	6月	7月	8月	9月
完成产值/万元	80	100	120	120	100	80

工程施工到 8 月 16 日，设备出现故障，停工两天，窝工 15 工日，每工日单价为 19.5 元/工日，8 月份实际完成产值比计划少 3 万元。工程施工到 9 月 6 日，甲方提供的室外装饰面层材料质量不合格，粘贴不上；甲方决定换成板材，拆除工日 60 工日，每工日单位价为 19.5 元/工日，机械闲置 3 台班，每台班 400 元，材料损失 5 万元，其他各项损失为 1 万元，重新粘贴预算价为 10 万元，工期延长 6 天，最终工程于 9 月 29 日竣工。

问题：

（1）请按原施工进度计划拟定一份甲方逐月拨款计划。

（2）乙方分别于 8 月 20 日和 9 月 16 日提出两次索赔报告，要求第一次延长工期 2 天、索赔费用 1092 元，第二次延长工期 6 天、索赔费用 162 070 元。请问这两次索赔能否成立？应批准延长几天工期，索赔费用应是多少？

（3）8 月、9 月乙方应申报的工程结算款应分别是多少？

解析：

问题（1）：

编制一份付款进度计划，累计达到工程总价款的 95%；

预付备料款：$600 \times 25\% = 150$（万元）

预付备料款起扣点：$T = P - M/N = 600 - 150/60\% = 350$（万元）

各月进度款：

4 月份：

80 万元，5 月 5 日前支付，累计拨款额为 80 万元。

5 月份：

100 万元，6 月 5 日前支付，累计拨款额为 180 万元。

6 月份：

120 万元，7 月 5 日前支付，累计拨款额为 300 万元。

7 月份：

累计拨款额为 $80 + 100 + 120 + 120 = 420$（万元）$> 350$（万元）。

$420 - 350 = 70$（万元），因此应从 7 月份的 70 万元工程款中扣除预付备料款。

7 月份应结算的工程款为 $[120 - 70] + 70 \times (1 - 60\%) = 50 + 28 = 78$（万元）。8 月 5 日前支付，累计拨款额为 378 万元。

8 月份：

应结算工程款为 $100 \times (1 - 60\%) = 40$（万元），9 月 5 日前支付，8 月份累计拨款额为 418 万元。

9 月份：

应结算工程款为 $80 \times (1 - 60\%) = 32$（万元），留 30 万元保修金，则 9 月份累计拨款额为 420 万元。

以上详见甲方逐月拨款计划，如表 8.7 所示。

表 8.7　各月实际完成产值

月　　份	4月	5月	6月	7月	8月	9月	10月	11月	12月	1～3月	4月
拨款额度/万元	预付150	80	100	120	78	40	2				
累计拨付工程款/万元		80	180	300	378	418	420				
扣预付备料款/万元				42	60						
实际累计拨款/万元	150	230	330	450	528	568	570				30

问题（2）：

第一次索赔不成立，应由乙方自行负责；第二次索赔成立，因为是由甲方的原因造成的。第二次索赔应批准延长工期6天，应于9月26日竣工，应索赔费用为

$60 \times 19.5 + 3 \times 400 + 5 + 1 + 10 = 16.327$（万元）

问题（3）：

8月份申报工程结算款为 $(100 - 3) \times (1 - 60\%) = 38.8$（万元）

9月份申报工程结算款为 $[(80 + 3) + 16.237] - 83 \times 60\% - [(600 + 16.237) \times 5\%] - (29 - 26) \times 0.1 = 18.325$（万元）。

8.3　工程量清单价款结算

8.3.1　工程量清单价款结算范围

工程量清单价款结算包括项目清单内费用的结算造价和项目清单外费用的结算造价两大部分。

工程量清单价款结算模式下工程款支付的构成如图 8.3 所示。

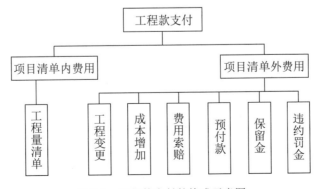

图 8.3　工程款支付的构成示意图

1. 项目清单内费用的结算造价

依据当前的建设工程量清单计价规范，对于已经完成施工的工程项目，需要进行过程结算时，当项目特征与招投标文件中的清单项目所描述的项目特征一致时，若合同已有适用的综合单价，按合同已有的综合单价确定，即应用原合同中的固定单价，依据完成的工程项目分部分项工程量按实结算。

（1）综合单价的获得。已有的综合单价，是指投标报价文件中的综合单价，它通常是工程量清单招标采用的固定单价，也是合同的重要组成部分。在结算时，应对照当时承包方投标报价文件中的数据，以原投标各清单项目的人材机费用，同时按投标时的各项取费费率进行设置，保持结算时清单综合单价与投标报价文件中的一致。

（2）依据结算工程量，获得清单费用。结算工程量应按照实际完成工程量计入综合单价。

2. 重新进行清单组价的结算造价

如果已经完成清单项目，与原招标文件中的清单项目特征不符合，需要重新进行清单组价。针对实际完成清单项目的项目特征与招投标文件中不一致的项目，如果项目特征对比后，有"质"的区别，则原投标单价已经不能作为重要参考，而原来对应的投标清单项目及单价也都不能作为结算的依据。这时，需要重新依据预算定额对清单项目进行综合单价的重新组价和确定，人工、材料、机械单价中的材料单价要按该清单项目具体施工期的当期信息发布价格或施工期间的平均发布信息价格来取定，工程量按照实际完成工程量计入即可。

重新进行清单组价的结算造价部分，依据的原则是建设工程量清单计价规范中"合同中有类似的综合单价，参照类似的综合单价确定；合同中没有适用或类似综合单价的，由承包人提出综合单价，经发包人确认后执行；若施工中出现施工图样的设计变更与工程量清单项目特征描述不符的，发包、承包双方应按新的项目特征确定相应工程量清单的综合单价"。

3. 价差调整

招投标清单项目内的人工、材料和机械价格，在需要项目清单结算过程中，当它们的价格波动超出一定幅度时，为了避免承包人承担市场价格风险过大的不合理情况，应按合同约定调整工程价款，合同没有约定或约定不明确的，应按各省建设主管部门或其授权的工程造价管理机构的规定进行调整。例如，建设工程工程量清单计价规范某地区实施细则中规定：由于市场物价波动影响合同价款的，应由发承包双方合理分摊；当合同中没有约定的，发承包双方发生争议时，应按材料、工程设备单价变化范围的5%，机械费的10%调整合同价款。例如，对于主要由市场价格波动导致的价格风险，承包人可承担5%以内（含5%）的材料基期价格风险，发包人承担5%幅度以外的材料基期价格风险。

价差调整造价部分的计算方法可按以下步骤进行。

1）调价

（1）人工价格。在一般情况下，针对人工价格的调整相对较少，一般均要有建设主管部门颁布的关于人工单价政策性调整文件，才能进行相应调整。

（2）机械台班价格。机械台班价格一般是不调整的，除非承包方和发包方有特殊的合同约定。

（3）材料价差。将原投标文件中清单项目的所需材料项目、基期单价、用量、合价等信息准备好记录，同时参考施工期各期的材料信息价，获得各材料施工期的平均价，将材料的报告期价格对比它们的基期单价，即投标时材料单价，得到材料的变化幅度，对超出合同约定幅度的那些材料进行补差。补差可能是正值，也可能是负值，补偿超出价格风险范围之外的差额，这里的差额是超出合同约定幅度的价差。

2）取费

一般将人工、材料、机械价差值作为基础数据，在清单计价过程中作为基价提取取费费率，获得调整费用。

8.3.2　工程量清单价款结算一般规定

在采用工程量清单招标投标的建设项目中，需要进行工程量清单价款结算。

由于施工过程时间长，随着技术环境条件的变化，会出现工程变更问题。一般来说，工程变更、项目特征不符、工程量清单缺项、工程量偏差均属于变更类风险，该类风险引起的工程变更发生属于发包人的主动行为，即变更的执行须经过发包人或监理人指令的允许，因此变更类风险是相对可控的，发包人应承担完全的内部风险。

1. 工程变更

"当发包人提出的工程变更因非承包人原因删减了合同中的某项原定工作或工程，致使承包人发生的费用或（和）得到的收益不能被包括在其他已支付或应支付的项目中，也未被包括在任何替代的工作或工程中时，承包人有权提出并应得到合理的费用及利润补偿。"在工程设计变更确定后，设计变更涉及工程价款调整的，由承包人向发包人提出，经发包人审核同意后调整合同价款。按照我国现行的工程量清单计价规范的规定，变更合同价款按下列方法进行。

（1）合同中已有适用于变更工程的价格，按合同已有的价格变更合同价款；但工程量超过 15% 以上，综合单价调低，工程量低于 15% 以上，综合单价调高。

（2）合同中只有类似变更工程的价格，可以参照类似价格合理地变更合同价款。

（3）合同中没有适用或类似变更工程的价格，由承包人或发包人提出适当的变更价格，经对方确认后执行。

2. 项目特征不符

由于工程量清单项目的特征描述决定了工程实体的实质内容，清单项目特征描述的准确与否，必然关系综合单价的准确确定。如果项目特征描述不清甚至漏项、错误，会引起施工过程中的更改，从而导致纠纷、索赔。

造成特征描述与图样不符的原因有两个：其一是清单编制人编制清单时特征描述错误或是特征描述不完善；其二是特征描述没有错误，但开工后变更引起了特征变化。

发包人在招标工程量清单中对清单特征的描述必须是准确和全面的，并且与实际施工要求相符合，承包人应按发包人提供的招标工程量清单，根据其项目特征描述的内容及有关要求实施合同工程，直到项目被改变为止。

但是，依据清单计价规范规定，承包人在合同履行期间发现项目特征与设计图样不符时，投标人需要和发包人共同协商重新组价，并按新的特征确定项目的综合单价。

新综合单价确定的主要原则如下。

（1）原清单中有适用单价的情况。工程量变动量在15%内的，采用原有的适用单价；工程量变动量在15%外的，按调整后的单价。

（2）原清单中无适用单价但有类似单价的，可参照类似单价。

（3）原清单中既无适用也无类似单价的情况。

①有信息价的，根据信息价和报价浮动率双方确定。

$$承包人报价浮动率 L=（1-中标价/招标控制价）$$

对于缺项漏项、变更签证等合同中没有价格但需要确定价格的，要考虑报价浮动率因素。

②无信息价的，应根据市场调查取得合法依据，由双方价确定。

信息价是政府造价主管部门根据各类典型工程材料用量和社会供货量，通过市场调研经过加权平均计算得到的平均价格，属于社会平均价格，并且是对外公布的价格。因此，一般可将其视为预算价格。

3. 工程量偏差

由于发包人原因或因非承包人原因引起的工程量增减，针对招投标清单项目内的清单工程量，当某项工程量变化在合同约定的幅度以内的，应执行原有的综合单价；当某项工程量变化在合同约定的幅度以外的，其综合单价应予调整。合同中应该约定调或不调综合单价的工程量变化幅度范围及单价的调整百分比。

在调整过程中，需要获得"工程量差额""需调整单价的工程量""执行原单价的工程量""调整单价"这些必须涉及的数据。

$$工程量差额=（结算工程量-招投标工程量）/招投标工程量$$

综合单价调整会导致结算价格与原项目投标价格发生改变，一般的调整原则包括以下几个方面。

增加部分工程量的综合单价应较原综合单价低，一般调低10%；减少后剩余部分工程量的综合单价应较原综合单价高，一般提高10%。如果合同中未做约定，综合单价是否调整可按工程量变化的15%作为风险幅度范围。

当"最终完成的工程量"大于工程量清单中列的工程量的15%时：

$$需调整单价的工程量=最终完成的工程量-1.15×工程量清单列出工程量$$
$$执行原单价的工程量=最终完成的工程量-需调整单价的工程量$$
$$调整后合计值=投标综合单价×执行原单价工程量+调整后的清单项目综合单价×$$
$$需调整单价的工程量$$

或

$$分部分项工程清单项目结算价=1.15×工程量清单列出工程量×承包人在工程量清单$$
$$中填报的综合单价+（最终完成的工程量-1.15×工程量$$
$$清单列出工程量）×调整后的清单项目综合单价$$

如果用数学公式来表示工程量偏差超过15%时的调整方法，可参照如下公式。

（1）当 $Q_1>1.15Q_0$ 时：

$$S=1.15Q_0P_0+（Q_1-1.15Q_0）P_1$$

（2）当 $Q_1<0.85Q_0$ 时：

$$S=Q_1P_1$$

式中：S——调整后的某一分部分项工程费结算价；

Q_1——最终完成的工程量；

Q_0——招标工程量清单列出的工程量；

P_1——按照最终完成工程量重新调整后的综合单价；

P_0——承包人在工程量清单中填报的综合单价。

采用上述两式的关键是确定新的综合单价，即确定 P_1 的方法，一是承发包双方协商确定，二是与招标控制价相联系。

（3）当 $P_0 < P_2（1-L）×（1-15\%）$ 时，该类项目的综合单价 P_1 按照 $P_2（1-L）×（1-15\%）$ 调整；

（4）当 $P_0 > P_2 ×（1+15\%）$ 时，该类项目的综合单价 P_1 按照 $P_2（1+15\%）$ 调整；

（5）当 $P_0 > P_2 ×（1-L）×（1-15\%）$ 或 $P_0 < P_2（1+15\%）$ 时，可不予以调整；

式中：P_0——承包人在工程量清单中填报的综合单价；

P_2——发包人在招标控制价相应项目的综合单价；

L——计价规范中定义的承包人报价浮动率。

[**例题8.7**]某工程项目招标控制价的综合单价为350元，投标报价的综合单价为287元，该工程的投标报价浮动率为6%，则其综合单价是否要调整？该如何调整？

解析：

根据公式，当 $P_0 > P_2（1-L）×（1-15\%）$ 或 $P_0 < P_2（1+15\%）$ 时，可不予以调整。

由此，287/350=82%，偏差为18%；

$350×（1-6\%）×（1-15\%）$=279.65（元）

由于287元大于279.65元，所以该项目变更后的综合单价可以不用调整。

[**例题8.8**] 某工程项目招标工程量清单数量为1520m³，施工中由于设计变更调整为1824m³，增加了20%。该项目招标控制价的综合单价为350元，投标报价为406元，应如何调整综合单价？调整后的结算费用为多少？

解析：

综合单价 P_1 应调整为402.50元；

S=1.15×1520×406+（1824-1.15×1520）×402.50

　=709 608+76×402.50

　=740 278（元）

4. 措施项目发生变化

措施费调整价款是针对因分部分项工程量清单漏项或非承包人原因的工程变更，引起措施项目发生变化的情况。

施工组织设计或施工方案变更，会导致分部分项工程量清单部分发生工程量和工程内容改变，分部分项工程费的变化通常也会导致措施项目费的变化。例如，分部分项工程量清单中钢筋构件工程量的增加会间接导致措施项目工程中的脚手架工程量增加，从而使措施费调整价款。

措施项目清单为可调整的开口清单，招标人在措施清单中提供了一般技术情况下工程项目所需的措施项目，企业可以根据自身施工组织设计及管理特点适当地进行增减和变更。拟建的项目应对可能发生的措施项目进行认真设计和论证，如果措施清单中的项目没有进行列项，但是施工中又必须发生，招标人就有凭据认为承包商所列的措施清单中的项目已经列全，并已经综合在分部分项工程量清单的综合单价中。承包商所投标编制的措施项目清单列项在未来措施项目发生时不能够以任何理由提出索赔与调整。但是如果由于非承包商原因造成措施费变更的，措施项目费调整价款被认为是必须且合理的。

1）措施项目费调整的基本原则

（1）如果是新增分部分项工程清单项目后，引起措施项目发生变化的，应按照规范的工程变更规定，在承包人提交的实施方案被发包人批准后调整合同价款。

（2）如果是因分部分项工程量清单漏项或非承包人原因的工程变更，则需要增加新的工程量清单项目。措施项目发生变化，造成施工组织设计或施工方案变更时：

①原措施项目中已有的措施项目，按原有措施费的组价方法调整。

②原措施项目中没有的措施项目，由承包人根据措施项目变更情况，提出适当的措施费变更，经发包人确认后调整。

如果工程量出现规范的变化，且该变化引起相关措施项目发生相应变化，如按系数或单一总价方式计价的，则工程量增加的措施项目费调增，工程量减少的措施项目费调减。

2）措施项目费调整的类别

根据《建设工程工程量清单计价规范》（GB 50500—2013）关于措施项目的分类可将措施费分为以下3类：安全文明施工费、按单价计算的措施项目费和按总价计算的措施费。

（1）安全文明施工费。实际发生变化的措施项目必须按照国家或省级、行业建设主管部门的规定计算安全文明施工费，其不得作为竞争性费用。

（2）按单价计算的措施项目费，是指实际发生变化的措施项目按清单规范的规定确定单价。实际发生变化的措施项目按单价计算的措施项目的工程变更价款与分部分项工程费的工程变更价款的确定原则一致，即

①合同中已有的综合单价，按合同中已有的综合单价确定。

②合同中有类似的综合单价，参照类似的综合单价确定。

③合同中没有适用或类似的综合单价，由承包人提出综合单价，经发包人确认后执行。

（3）按照总价计算的措施项目费，应按照实际发生变化的措施项目费调增，但是应该考虑承包人报价浮动率因素，即按照实际调整金额乘以承包人报价浮动率来计算。

如果承包人事先未将拟定实施的方案提交给发包人确认，则视为工程变更不引起措施项目费的调整或承包人放弃调整措施项目费的权利。

3）措施项目费调整计算

当工程缺项或变更造成单价措施项目发生变化时，承包人有权提出调整措施项目费。承包人提出调整措施项目费，应事先将拟实施的方案提交监理工程师确认，并详细说明与原方案措施项目的变化情况；拟实施的方案经监理工程师认可，并报发包人批准后执行工程缺项或变更部分的单价措施项目费；由承包人按实际发生的措施项目并依据变更工程资料、计量规则和计价办法、工程造价管理机构发布的参考价格和承包人报价浮动率提出调整价款。该情况下发包人、承包人按以下方法计算合同工程结算的措施项目费。

（1）当工程缺项或变更增加措施项目时，由承包人在递交竣工结算文件时按下述公式向发包人提出申请，并经发包人确认后执行：

$$M_1=M_0+\Delta M$$

（2）当工程变更减少措施项目时，由监理工程师在核实竣工结算文件时按下述公式向承包人提出申请，并经发包人、承包人确认后执行：

$$M_1=M_0-\Delta M\times L\%$$

式中：M_1——工程结算的措施项目费；

M_0——承包人在工程量清单中填报的措施项目费；

ΔM——工程变更部分的措施项目费；

$L\%$——上述的承包人报价浮动率。

如果承包人未按规定事先将拟实施的方案提交监理工程师确认，则认为工程缺项或变更不引起措施项目费的调整或承包人放弃调整措施项目费的权利。

[案例8.1] 某工程项目由A、B、C 3个分项工程组成，采用工程量清单招标法确定中标人，合同工期为5个月。各月计划完成工程量及综合单价如表8.8所示。

承包合同规定如下。

（1）开工前，发包方向承包方支付分部分项工程费的15%作为材料预付款。预付款从工程开工后的第2个月开始，分3个月均摊抵扣。

（2）工程进度款按月结算，发包方每月支付承包方应得工程款的90%。

（3）措施项目工程款在开工前和开工后第1个月月末分两次平均支付。开工前承包商应得措施项目工程款。

（4）当分项工程累计实际完成工程量超过计划完成工程量的10%时，该分项工程超出部分的工程量的综合单价调整系数为0.95。

（5）措施项目费以分部分项工程费的2%计取，其他项目费为20.86万元，规费以分部分项工程费、措施项目费、其他项目费之和为基数，综合费费率为3.5%，税金税率为3.35%。

1月、2月、3月实际完成工程量及综合单价如表8.9所示。

表8.8 各月计划完成工程量及综合单价表

工程名称	第1月	第2月	第3月	第4月	第5月	综合单价/（元/m²）
分项工程A	500	600				180
分项工程B		750	800			480
分项工程C			950	1100	1000	375

表8.9 1月、2月、3月实际完成工程量及综合单价表

工程名称	第1月	第2月	第3月
分项工程A	630	600	
分项工程B		750	1000
分项工程C			950

问题：

（1）工程合同价为多少万元？

（2）计算材料预付款和开工前承包商应得的措施项目工程款。

（3）根据表8.9计算第1月、第2月造价工程师应确认的工程进度款各为多少万元？

解析：

问题1：分部分项工程费：

（500+600）×180+（750+800）×480+（950+1100+1000）×375=208.58（万元）

措施项目费：208.58×2%=4.17（万元）

其他项目费：20.86（万元）

工程合同价：（208.58+4.17+20.86）×（1+3.5%）×（1+3.35%）

扩展阅读8.1

案例分析思路

=233.61×1.035×1.0335=249.89（万元）

问题2：

材料预付款：208.58×15%=31.29（万元）

开工前承包商应得措施项目工程款：

4.17×（1+3.5%）×（1+3.35%）×50%=2.23（万元）

问题3：

第1月：

630×180/10 000×（1+3.5%）×（1+3.35%）×90%+4.17×50%×（1+3.5%）×（1+3.35%）

=13.15（万元）

第2月：

A分项：630+600=1230

（1230-1100）÷1100=11.82%>10%

［1230-1100×（1+10%）］×180×0.95+580×180=107 820.00（元）

B分项：750×480=360 000.00（元）

合计：（107 820+360 000）×（1+3.5%）×（1+3.35%）×90%-312 900/3

=34.61（万元）

［**案例8.2**］某工程项目发承包双方签订了工程施工合同，工期为5个月，合同约定的工程内容及其价款包括分部分项工程项目（含单价措施项目）4项。费用数据与施工进度计划如表8.10所示；总价措施项目费用为10万元（其中含安全文明施工费6万元）；暂列金额费用为5万元；管理费和利润为不含税人材机费用之和的12%；规费为不含税人材机费用与管理费、利润之和的6%；增值税税率为10%。

表8.10 分部分项工程项目费用数据与施工进度计划表

分部分项工程项目（含单价措施项目）				施工进度计划/月				
名称	工程量	综合单价	费用/万元	1	2	3	4	5
A	800m³	360元/m³	28.8					
B	900m³	420元/m³	37.8					
C	1200m³	280元/m³	33.6					

续表

分部分项工程项目（含单价措施项目）				施工进度计划 / 月				
D	1000m³	200 元 /m³	20.0					
合计			120.2					

注：计划和实际施工进度均为匀速进度。

有关工程价款的支付条款如下。

（1）开工前，发包人按签约含税合同价（扣除文明施工费和暂列金额）的20%作为预付款支付给承包人。

预付款在施工期间的第2～5个月平均扣回，同时将安全文明施工费的70%作为提前支付的工程款。

（2）分部分项工程项目工程款在施工期间逐月结算支付。

（3）分部分项工程C所需的工程材料C1用量1 250m²，承包人的投标报价为60元/m²（不含税）。

当工程材料C1的实际采购价格在投标报价的±5%以内时，分部分项工程C的综合单价不予调整；当变动幅度超过该范围时，按超过的部分调整分部分项工程C的综合单价。

（4）除开工前提前支付的安全文明施工费工程款之外的总价措施项目工程款，在施工期间的第1～4个月平均支付。

（5）发包人按每次承包人应得工程款的90%支付。

（6）竣工验收通过后45天内办理竣工结算，扣除实际工程含税总价款的3%作为工程质量保证金，其余工程款发承包双方一次性结清。

该工程如期开工，施工中分部分项工程B的实际施工时间为第2～4月。

问题：

（1）该工程签约合同价（含税）为多少万元？开工前发包人应支付给承包人的预付款和安全文明施工措施费工程款分别为多少万元？

（2）第2个月，发包人应支付给承包人的工程款为多少万元？截止到第2个月月末，分部分项工程的拟完成工程计划投资、已完工程计划投资分别为多少万元？工程进度偏差为多少万元？并根据计算结果说明进度快慢情况。

解析：

问题（1）：

签约合同价 =（120.2+10+5）×（1+6%）×（1+10%）=157.643（万元）

预付款 =（157.643-6×1.06×1.1-5×1.06×1.1）×20%=28.963（万元）

安全文明施工措施费工程款 =6×70%×（1+6%）×（1+10%）×90%=4.987×90%=4.407（万元）

问题（2）：

第2个月应支付的工程款 ={（28.8/2）+（37.8/3）×（1+6%）×（1+10%）+［10×（1+6%）×（1+10%）-4.897］/4}×90%-28.963/4=22.615（万元）

拟完工程计划投资：

（28.8+37.8/2）×（1+6%）×（1+10%）=55.618（万元）

已完工程计划投资：

（28.8+37.8/3）×（1+6%）×（1+10%）=48.272（万元）

进度偏差 =48.272-55.618=-7.346（万元），进度滞后 7.346 万元。

[案例 8.3] 某施工项目发承包双方签订了工程合同，工期为 5 个月。合同约定的工程内容及其价款包括分项工程(含单价措施)项目 4 项，费用数据与施工进度计划如表 8.11 所示；安全文明施工费为分项工程费用的 6%，其余总价措施项目费用为 8 万元；暂列金额为 12 万元；管理费和利润为不含税人材机费用之和的 12%；规费为人材机费用和管理费、利润之和的 7%；增值税税率为 9%。

表 8.11 分项工程项目费用数据与施工进度计划表

分项工程项目				施工进度计划 / 月				
名称	工程量	综合单价	费用 / 万元	1	2	3	4	5
A	600m³	300 元 /m³	18.0					
B	900m³	450 元 /m³	40.5					
C	1200m³	320 元 /m³	38.4					
D	1000m³	240 元 /m³	24.0					
合计			120.9	每项分项工程计划进度均为匀速进度				

有关工程价款支付约定如下。

（1）开工前，发包人按签约合同价（扣除安全文明施工费和暂列金额）的 20% 支付给承包人作为工程预付款（在施工期间第 2～4 月的工程款中平均扣回），同时将安全文明施工费按工程款方式提前支付给承包人。

（2）分项工程进度款在施工期间逐月结算支付。

（3）总价措施项目工程款（不包括安全文明施工费工程款）按签约合同价在施工期间第 1～4 月平均支付。

（4）其他项目工程款在发生当月按时结算支付。

（5）发包人按每次承包人应得工程款的 85% 支付。

（6）发包人在承包人提交竣工结算报告后 45 日内完成审查工作，并在承包人提供所在开户行出具的工程质量保函（保函额为竣工结算价的 3%）后，支付竣工结算款。

该工程如期开工，施工期间发生了经发承包双方确认的下列事项。

（1）分项工程 B 在第 2 月、第 3 月、第 4 月分别完成总工程量的 20%、30%、50%。

（2）第 3 个月新增分项工程 E，工程量为 300m²，每 m² 不含税人工、材料、机械的费用分别为 60 元、150 元、40 元，相应的除安全文明施工费之外的其余总价措施项目费用为 4500 元。

（3）第 4 个月发生现场签证、索赔等工程款 3.5 万元。

其余工程内容的施工时间和价款均与原合同约定相符。

问题：

（1）该工程签约合同价中的安全文明施工费为多少万元？签约合同价为多少万元？

（2）开工前发包人应支付给承包人的工程预付款和安全文明施工费工程款分别为多少万元？

（3）施工至第2月月末，承包人累计完成分项工程的费用为多少万元？发包人累积应支付的工程进度款为多少万元？

（4）分项工程E的综合单价为多少？

解析：

问题（1）：

安全文明施工费合同价：120.9×6%×（1+7%）×（1+9%）=8.460（万元）

签约合同价：［120.9（1+6%）+8+12］×（1+7%）×（1+9%）=172.792（万元）

问题（2）：

工程预付款：（120.9+8）×（1+7%）×（1+9%）×20%=30.067（万元）

月扣回：30.067/3=10.022（万元）

安全文明施工费预付款：8.460×85%=7.191（万元）

问题（3）：

A工作全部完成，B工作完成20%，C工作完成1/3，故累计完成分部分项工程费：600×300+900×20%×450+1200×320/3=389 000.00（元）=38.900（万元）

累计应支付：（38.9+8×2/4）×（1+7%）×（1+9%）×85%-10.022=32.507（万元）

累计已支付：32.507+7.191=39.698（万元）

问题（4）：

综合单价：（60+150+40）×1.12=280（元/m²）

8.4 工程价款结算的索赔管理

8.4.1 工程索赔概述

工程索赔通常是指在工程合同履行过程中，合同当事人一方因对方不履行或未能正确履行合同，或者由于其他非自身因素而受到经济损失或权利损害，通过合同规定的程序向对方提出经济或时间补偿要求的行为。

工程索赔通常是在合同履行过程中由对方承担责任的情况造成的实际损失，向对方提出经济补偿和（或）工期顺延的要求。在工程建设的任何阶段，都可能发生索赔。但发生索赔最集中、处理最复杂的情况一般是在施工阶段，因此，通常所说的工程索赔主要指工程施工的索赔。

索赔的处理必须以合同为依据，及时、合理地进行处理，以完整、真实的索赔证据为基础，同时应加强主动控制，尽量减少索赔现象的产生。

工程索赔可以按索赔目的、索赔处理方式、索赔产生的原因等情况进行分类。

1. 按索赔目的分类

按索赔目的分类，工程索赔可以分为工期索赔和费用索赔。

1）工期索赔

工期索赔是指承包商向业主要求延长施工的时间，将原定的工程竣工日期顺延一段合理的时间。

2）费用索赔

费用索赔就是承包商向业主要求补偿不应该由承包商自己承担的经济损失或额外开支，也就是取得合理的经济补偿。

2. 按索赔处理方式分类

按索赔处理方式分类，工程索赔可以分为单项索赔和综合索赔。

1）单项索赔

单项索赔就是采取一事一索赔的方式，即在每一件索赔事项发生后，报送索赔通知书，编报索赔报告书，要求单项解决支付，不与其他的索赔事项混在一起。

2）综合索赔

综合索赔又称为总索赔，俗称一揽子索赔，即把整个工程（或某项工程）中所发生的数起索赔事项综合在一起进行索赔。综合索赔也是总成本索赔，它是对整个工程（或某项目工程）的实际总成本与原预算成本的差额提出的索赔。

3. 按索赔产生的原因分类

按索赔产生的原因分类，工程索赔可以分为合同索赔、施工索赔和价款索赔。

1）合同索赔

（1）有关合同文件的组成问题引起的索赔。

（2）关于合同文件有效性引起的索赔。

（3）因图样或工程量表中的错误而引起的索赔。

2）施工索赔

（1）地质条件变化引起的索赔。

（2）工程中人为障碍引起的索赔。

（3）增减工程量的索赔。

（4）各种额外的试验和检查费用偿付。

（5）工程质量要求变更引起的索赔。

（6）关于变更命令有效期引起的索赔或拒绝。

（7）指定分包商违约或延误造成的索赔。

（8）其他有关施工的索赔。

3）价款索赔

价款索赔主要是关于价格调整方面的索赔。

4. 按索赔对象分类

按索赔对象分类，工程索赔可以分为以下4种。

（1）承包人与发包人之间的索赔。

（2）承包人与分包人之间的索赔。

（3）承包人或发包人与供货人之间的索赔。

（4）承包人或发包人与保险人之间的索赔。

8.4.2 项目工期索赔管理

1. 工期索赔概念

工程索赔是指在合同履行过程中，对于并非己方的过错，而是应由对方承担责任的情况造成的实际损失向对方提出经济补偿和（或）时间补偿的要求。

工期索赔是工程承包中经常发生的正常现象。由于施工现场条件、气候条件的变化、施工进度、物价的变化及合同条款、规范、标准文件和施工图纸的变更、差异、延误等因素的影响，使得工程承包中不可避免地出现索赔。

2. 工期延误的原因

工期延误产生的原因包括承包商自身原因和非承包商自身原因两类。在发生工期延迟的情况下，承包人有愿望要求延长工期，这是因为根据合同条款的规定，非承包商自身原因导致的工期延迟可以免去或推卸自己承担误期损害赔偿的责任，还可以确定新的工程竣工日期及其相应的缺陷责任期，同时可以确定与工期延长有关的赔偿费用。例如，由于工期延长而产生的人工费、材料费、机械费、分包费、现场管理费、总部管理费、利息、利润等额外费用。

工程延期的影响因素及处理原则主要分为 3 个类型。

1）不可抗力因素

第一类是业主和承包商双方都无过错的情况，如不可抗力因素等，一般这种情况承包商只能索赔工期。

2）业主方或工程师的原因

第二类是因业主或工程师导致的非承包商原因的工期延误，一般这种情况承包商对工期和费用都可以要求索赔。一般情况下，只要关键线路中任何一项工程延误，都将导致总工期的延误，而其他工程只要延误的时间没有超过其自由时间，不会影响总工期。但是如果是非关键线路上发生的工期延误，并没有导致其转变为关键线路并由此产生关键线路上的工期延迟，那么一般可结合具体情况进行工程认定或通过司法鉴定来确认。通常来讲，一般实践中合同约定，非承包商原因导致的非关键线路上的工期延误也不需进行工程赔付，此时索赔应根据总时差来进行判断。总时差会延误总工期，关键线路的延误必须进行索赔。

国际上关于工期索赔的一般做法可分为可索赔工期的延误、可索赔费用的延误和可以索赔工期和费用的延误 3 种情况。

可索赔工期的延误，是指社会、自然等不可抗力导致的延误，合同双方共识为只索赔工期。

可索赔费用的延误，是指由于发包人原因导致的工期延误，对总工期没有影响，承包方却因此承担了额外的费用，这种情况承包方只能要求发包方赔付费用但是不能获得工期索赔。

可以索赔工期和费用的延误，是指由于发包人原因导致的工期延误，对总工期有影响，是关键线路上的工期延误，既影响了承包方工期，又造成了承包方的利益损失，此时承包方可以同时索赔工期和费用。

3）共同延误

在实际施工过程中，工期延期很少是只由一方造成的，往往是多种原因同时发生（或相互作用）而形成的，故称为"共同延误"。如果初始延误者是发包人原因，则在发包人原因造成的延误期内，承包人既可得到工期延长，又可得到经济补偿。

共同延误的处理原则主要有 4 个方面。

（1）确定初始延误者，它应对工程拖期负责。

（2）如果初始延误者是发包人，则承包人既可得到工期延长，又可得到经济补偿。

（3）如果初始延误者是客观原因，如不可抗力原因等，则承包人可以得到工期延长，但很难得到费用补偿。

（4）如果初始延误者是承包人，则承包人既不能得到工期补偿，又不能得到费用补偿。

3. 工期索赔的具体依据

承包商向业主提出工期索赔的具体依据主要有以下 7 项。

（1）合同中约定或双方认可的施工总进度计划。

（2）合同双方认可的详细进度计划。

（3）合同双方认可的对工期进行修改的文件。

（4）施工日志、气象资料。

（5）业主或工程师的变更指令。

（6）影响工期的干扰事件。

（7）受干扰后的实际工程进度。

4. 工程索赔的程序

《建设工程施工合同（示范文本）》（GF—2013-0201）规定：根据合同约定，承包人认为有权得到追加付款和（或）延长工期的，应按以下程序向发包人提出索赔。

（1）承包人应在知道或应当知道索赔事件发生后 28 天内，向监理人递交索赔意向通知书，并说明发生索赔事件的事由；承包人未在前述 28 天内发出索赔意向通知书的，丧失要求追加付款和（或）延长工期的权利。

（2）承包人应在发出索赔意向通知书后 28 天内，向监理人正式递交索赔报告；索赔报告应详细说明索赔理由及要求追加的付款金额和（或）延长的工期，并附必要的记录和证明材料。

（3）索赔事件具有持续影响的，承包人应按合理时间间隔继续递交延续索赔通知，说明持续影响的实际情况和记录，列出累计的追加付款金额和（或）工期延长天数。

（4）在索赔事件影响结束后 28 天内，承包人应向监理人递交最终索赔报告，说明最终要求索赔的追加付款金额和（或）延长的工期，并附必要的记录和证明材料。

5. 工期索赔的确定方法

1）网络分析法

通过分析延误前后的施工网络计划，比较两种计算结果，计算出工程应顺延的工期。

2）比例分析法

通过分析增加或减少的单项工程量（工程造价）与合同总量（合同总造价）的比值，推断出增加或减少的工期。

3）其他方法

在工程现场施工中，可以根据索赔事件的实际增加天数确定索赔工期；通过发包方与承包方协议确定索赔工期。

8.4.3　费用索赔管理

1. 费用索赔的含义

费用索赔是指承包单位在因外界干扰事件的影响而使自身工程成本增加并蒙受经济损

失的情况下，按照合同规定提出的补偿损失的要求。

费用索赔通常是非承包商自身原因造成的，是合同无法确定的业主风险导致的资金索赔。费用索赔的成功与否关系承包商的盈亏、业主的建设成本，因此双方往往会出现较大分歧；而在工程实践中，许多干扰事件常常交织在一起，导致成本增加和工期延误的原因交错，所以费用计算相对烦琐。

费用索赔的原因包括以下内容。

（1）业主方或工程师主导的工程变更或工程量增减。

（2）业主或工程师责任造成的可索赔费用的工期延误。

（3）业主方工程违约责任。

（4）工程加速施工。

（5）业主拖延支付工程款或预付款。

（6）非承包人原因的工程中断或终止。

2. 索赔费用的确定方法

1）总费用法

总费用法又称为总成本法。通过计算出某项工程的总费用，减去单项工程的合同费用，剩余费用为索赔费用。

2）分项法

按工程造价的确定方法，可逐项进行工程费用索赔。此时逐项进行的索赔费用可以分为人工费、机械费、管理费、利润、材料费、保险费、设备费等。

3. 索赔费用的分项构成及处理

1）人工费

索赔费用中的人工费是指完成合同之外的额外工作所花费的人工费用，主要包括由于非承包商责任的工效降低所增加的人工费用；超过法定工作时间的加班劳动；法定人工费增长及非承包商责任产生的工程延期导致的人员窝工费和工资上涨费等。

2）材料费

材料费的索赔主要包含由于索赔事件的发生造成材料实际用量超过计划用量而产生的材料费、由于非承包商责任即发包人原因导致的工程延期产生的材料价格上涨和超期储存费用。

材料费索赔中应包括运输费、仓储费及合理的损耗费用。

如果由于承包商管理不善，造成材料损坏失效的，则不能列入索赔计价。

3）施工机械使用费

施工机械使用费索赔是指对因工期延误引起的折旧费、保养费、进出场费及租赁费等的索赔。

施工机械使用费的索赔原因包括由于完成额外工作增加的机械使用费、非承包商责任工效降低增加的机械使用费及由于业主或监理工程师指令错误或延迟原因导致机械停工的窝工费。

窝工费的计算，如属于租赁设备，一般按实际租金和调进调出费的分摊计算；若承包商自有设备，一般按台班折旧费计算，而不能按台班费计算，因为机械费中包括了设备使用费。

4）分包费用

分包费用索赔是指分包商的索赔费，一般也包括人工、材料、机械使用费的索赔。分包商的索赔应如数列入总承包商的索赔款总额以内。

5）现场管理费

索赔款中的现场管理费是指承包商完成额外工程、索赔事项工作及工期延长期间的现场管理费，包括管理人员工资、办公费、通信费、交通费等。

现场管理费索赔金额的计算公式为

$$现场管理费索赔金额 = 索赔的直接成本费用 \times 现场管理费费率$$

其中，现场管理费费率的确定可以选用以下方法。

（1）合同百分比法，即管理费比率在合同中的规定。

（2）行业平均水平法，即采用公开认可的行业标准费率。

（3）原始估价法，即采用投标报价时确定的费率。

（4）历史数据法，即采用以往相似工程的管理费费率。

6）利息

在索赔款额的计算中，经常包括利息。利息的索赔通常在下列情况中发生：拖期付款的利息、错误扣款的利息。

7）总部管理费

索赔款中的总部管理费主要指发包人原因导致工程延期期间所增加的承包人向公司总部提交的管理费。总部管理费包括总职工工资、办公大楼、办公用品、财务管理、通信设施及总部领导人员赴工地检查指导工作等开支。

总部管理费索赔金额的计算，通常可采用以下几种方法。

（1）按总部管理费的比率计算：

$$总部管理费索赔金额 = （直接费索赔金额 + 现场管理费索赔金额）\times 总部管理费比率（\%）$$

其中，总部管理费的比率可以按照投标书中的总部管理费比率计算，一般为3%～8%，也可以按照承包人公司总部统一规定的管理费比率计算。

（2）按已获补偿的工程延期天数为基础计算，该公式是在承包人已经获得工程延期索赔的批准后，进一步获得总部管理费索赔的计算方法，计算步骤如下：

①计算被延期工程应当分摊的总部管理费：

$$延期工程应分摊的总部管理费 = 同期公司计划总部管理费 \times \frac{延期工程合同价格}{同期公司所有工程合同总价}$$

②计算被延期工程的日平均总部管理费：

$$延期工程的日平均总部管理费 = \frac{延期工程应分摊的总部管理费}{延期工程计划工期}$$

8）利润

一般来讲，对于因设计变更等引起的工程范围的变更、发包人提供的文件有缺陷或技术性错误、业主未能提供施工场地等引起的索赔，承包商可以索赔利润。承包商一般可以提出利润索赔的具体情况，通常包括变更引起的工程量增加；以及施工条件变化导致的索赔、施工范围变更导致的索赔；因为合同延期导致机会利润损失、合同终止带来的预期利润损失等。此外，对于因发包人暂停施工导致的工期延误，承包人有权要求发包人支付合理的利润。索赔利润的计算通常与原报价单中的利润百分率保持一致。

我国《建设工程施工合同（示范文本）》（GF—2013-0201）中确定的可以顺延工期的条件规定，"在合同履行过程中，因下列情况导致工期延误和（或）费用增加的，由发包人承担由此延误的工期和（或）增加的费用，且发包人应支付承包人合理的利润。"

（1）发包人未能按合同约定提供图样或所提供图纸不符合合同约定的。

（2）发包人未能按合同约定提供施工现场、施工条件、基础资料、许可、批准等开工条件的。

（3）发包人提供的测量基准点、基准线和水准点及其书面资料存在错误或疏漏的。

（4）发包人未能在计划开工日期之日起7天内同意下达开工通知的。

（5）发包人未能按合同约定日期支付工程预付款、进度款或竣工结算款的。

（6）监理人未按合同约定发出指示、批准等文件的。

（7）专用合同条款中约定的其他情形。

因发包人原因未按计划开工日期开工的，发包人应按实际开工日期顺延竣工日期，确保实际工期不低于合同约定的工期总日历天数。

[**案例8.4**] 某环保工程项目，发承包双方签订了工程施工合同，合同约定工期为270天；管理费和利润按人材机费用之和的20%计取；规费和增值税税金按人材机费、管理费和利润之和的13%计取；人工单价按150元/工日计，人工窝工补偿按其单价的60%计；施工机械台班单价按1200元/台班计，施工机械闲置补偿按其台班单价的70%计；人工窝工和施工机械闲置补偿均不计取管理费和利润；各分部分项工程的措施费按其相应工程费的25%计取。

承包人编制的施工进度计划获得了监理工程师批准，如图8.4所示。

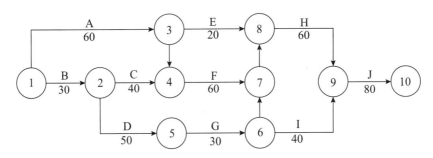

图8.4　承包方经批准的施工进度计划

该工程项目施工过程中发生了如下事件。

事件1：分项工程A施工至第15天时，发现地下埋藏文物，由相关部门进行了处置，造成承包人停工10天，人员窝工110个工日，施工机械闲置20个台班；配合文物处置，承包人发生人工费3000元、保护措施费1600元，承包人及时向发包人提出工期延期和费用索赔。

事件2：文物处置工作完成后：①发包人提出了地基夯实设计变更，致使分项工程A延长5天工作时间，承包人增加用工50个工日、增加施工机械5个台班、增加材料费35 000元；②为了确保工程质量，承包人将地基夯实处理设计变更的范围扩大了20%，由此增加了5天工作时间，增加人工费2000元、材料费3500元、施工机械使用费2000元。承包人针对①、②两项内容及时提出工期延期和费用索赔。

事件3：分项工程C、G、H共用同一台专用施工机械顺序施工，承包人计划第30天末租赁该专用施工机械进场，第190天末退场。

事件4：分项工程H施工中，使用的某种暂估价材料的价格上涨了30%，该材料的暂估单价为392.4元/m²（含可抵扣进项税9%），监理工程师确认该材料使用数量为800m²。

问题：

（1）事件1中，承包人提出的工期延期和费用索赔是否成立？请说明理由。如果成立，承包人应获得的工期延期为多少天？费用索赔额为多少元？

（2）事件2中，分别指出承包人针对①、②两项内容所提出的工期延期和费用索赔是否成立，请说明理由。承包人应获得的工期延期为多少天？请说明理由。费用索赔额为多少元？

（3）继事件1、事件2发生后，承包人实际工期为多少天？事件3中专用施工机械最迟须第几天末进场？在此情况下，该机械在施工现场的闲置时间最短为多少天？

（4）分项工程H施工中，材料的不含税暂估单价为多少元？分项工程H的工程价款增加金额是多少？

解析：

问题（1）：

事件1中，工期索赔不成立。理由：A工作为非关键工作，其总时差为10天，停工10天未超过其总时差，对总工期无影响。所以工期索赔不成立。

事件1中，费用索赔成立。理由：因事件1发现地下埋藏文物属于发包人应该承担的责任，可以进行费用的索赔。

费用索赔额=（110×150×60%+20×1200×70%）×（1+13%）+3000×（1+20%）×（1+13%）+1600×（1+13%）=36 047（元）

问题（2）：

①工期索赔成立。发包人提出地基夯实设计变更属于发包人应该承担的责任。事件1发生后A变为关键工作，所以A延长5天影响总工期推后5天。

费用索赔成立。发包人提出地基夯实设计变更属于发包人应该承担的责任，应给予承包人合理费用。

②工期索赔和费用索赔均不成立。承包人扩大夯实处理范围是为了确保工作质量的施工措施，属于承包人应该承担的责任。

如果成立，承包人应获得的工期延期为5天。理由：事件1、2发生后，关键线路为：A—F—H—J，业主同意的工期为275天，所以A延长5天应当索赔。

如果成立，费用索赔额=（50×150+5×1200+35 000）×（1+20%）×（1+25%）×（1+13%）=82 207.5（元）

问题（3）：

（1）继事件1、事件2发生后承包人实际工期为280天。

（2）事件3中专用施工机械最迟须第40天末进场。

（3）在此情况下，该机械在场时间=200-40=160（天），机械的工作时间=40+30+

60=130，机械的闲置时间最短为 =160-130=30（天）。

问题（4）：

不含税暂估单价 =392.4/（1+9%）=360（元）

分项工程 H 的工程价款增加金额 =360×30%×800×（1+20%）×（1+13%）=117 158.4（元）

[案例8.5] 某工程项目发承包双方签订了施工合同，工期为 4 个月。有关工程价款及其支付条款约定如下。

对于工程价款方面的约定如下。

（1）分项工程项目费用合计 59.2 万元，包括分项工程 A、B、C 3 项，清单工程量分别为 600m³、800m³、900m²，综合单价分别为 300 元 /m³、380 元 /m³、120 元 /m²。

（2）单价措施项目费用为 6 万元，不予调整。

（3）总价措施项目费用为 8 万元，其中，安全文明施工费按分项工程和单价措施项目费用之和的 5% 计取（随计取基数的变化在第 4 个月调整），除安全文明施工费之外的其他总价措施项目费用不予调整。

（4）暂列金额为 5 万元。

（5）管理费和利润按人材机费用之和的 18% 计取，规费按人材机费和管理费、利润之和的 5% 计取，增值税率为 11%。

（6）上述费用均不包含增值税可抵扣进项税额。

对于工程款支付方面的约定如下。

（1）开工前，发包人按分项工程和单价措施项目工程款的 20% 支付给承包人作为预付款（在第 2～4 个月的工程款中平均扣回），同时将安全文明施工费工程款全额支付给承包人。

（2）分项工程价款按完成工程价款的 85% 逐月支付。

（3）单价措施项目工程款和除安全文明施工费之外的总价措施项目工程款在工期第 1～4 个月均衡考虑，按 85% 的比例逐月支付。

（4）其他项目工程款的 85% 在发生当月支付。

（5）第 4 个月调整安全文明施工费工程款，增（减）额当月全额支付（扣除）。

（6）竣工验收通过后 30 天内进行工程结算，扣留工程总造价的 3% 作为质量保证金，其余工程款作为竣工结算最终付款一次性结清。

施工期间分项工程的计划和实际进度如表 8.12 所示。

表 8.12 分项工程的计划和实际进度

分项工程及工程量		第 1 月	第 2 月	第 3 月	第 4 月	合　计
A	计划工程量 /m³	300	300			600
	实际工程量 /m³	200	200	200		600
B	计划工程量 /m³	200	300	300		800
	实际工程量 /m³		300	300	300	900
C	计划工程量 /m³		300	300	300	900
	实际工程量 /m³		200	400	300	900

在施工期间第 3 个月，发生一项新增分项工程 D。经发承包双方核实确认，其工程量为 300m²，每 m² 所需不含税人工和机械费用为 110 元，每 m² 机械费可抵扣进项税额为 10 元；每 m² 所需甲、乙、丙 3 种材料不含税费用分别为 80 元、50 元、30 元，可抵扣进项税率分别为 3%、11%、17%。

问题：

（1）该工程签约合同价为多少万元？开工前发包人应支付给承包人的预付款和安全文明施工费工程款分别为多少万元？

（2）第 2 个月，承包人完成合同价款为多少万元？发包人应支付合同价款为多少万元？截止到第 2 个月月末，分项工程 B 的进度偏差为多少万元？

（3）该工程竣工结算合同价增减额为多少万元？如果发包人在施工期间均已按合同约定支付给承包商各项工程款，假定累计已支付合同价款 87.099 万元，则竣工结算最终付款为多少万元？

解析：

问题（1）：

签约合同价 =（59.2+6+8+5）×（1+5%）×（1+11%）=78.2×1.165 5=91.142（万元）

发包人应支付给承包人的预付款 =（59.2+6）×1.165 5×20%=15.198（万元）

发包人应支付给承包人的安全文明施工费工程款 =（59.2+6）×5%×1.165 5=3.800（万元）

问题（2）：

承包人完成合同价款为

[（200×300+300×380+200×120）/10 000+（6+8-65.2×5%）/4]×1.165 5=（19.8+2.685）×1.165 5=26.206（万元）

发包人应支付合同价款为

26.206×85%-15.198/3=17.209（万元）

分项工程 B 的进度偏差为

已完工程计划投资 =300×380×1.165 5=13.287（万元）

拟完工程计划投资 =（200+300）×380×1.165 5=22.145（万元）

进度偏差 = 已完工程计划投资 - 拟完工程计划投资 =13.287-22.145=-8.858（万元）

进度拖后 8.858 万元。

问题（3）：

增加分项工程费 =100×380/10 000+9.558=13.358（万元）

增加安全文明施工费 =13.358×5%=0.668（万元）

合同价增减额 =[13.358×（1+5%）-5]×（1+5%）×（1+11%）=10.520（万元）

竣工结算最终付款额 =（91.142+10.520）×（1-3%）-87.099=11.513（万元）

本章思考题

一、名词解释

预付备料款；起扣点；调值公式法；质量保证金；应签证工程款；应签发付款凭证；共同延误；初始延误。

二、简答题

1. 导致工程价款结算变动的原因有哪些？

2. 工程量清单结算情况下工程变更的处理原则是什么？

3. 工程量清单结算情况下工程量偏差的处理原则是什么？

4. 工程量清单结算情况下项目特征不符的处理原则是什么？

5. 工程量清单结算情况下措施项目发生变化的处理原则是什么？

6. 应签证工程款与应签发付款凭证款的区别和联系是什么？

7. 工期延误的主要原因有哪些？

8. 索赔费用的确定方法主要有哪几种？

扩展阅读 8.2

业主方的工程量
清单审核

即测即练

第9章 建设项目竣工决算

本章学习目标

1. 了解竣工决算的含义和作用；
2. 了解竣工决算编制的主要工作过程和编制内容；
3. 了解建设项目竣工财务决算报表的分类；
4. 认识新增资产的类型；
5. 了解新增固定资产的确定；
6. 掌握竣工决算表的编制方法。

引导案例

泰安市广源化肥厂扩建工程项目占地 $24.8 \times 10^4 m^2$，设计生产能力为 20 吨 / 年合成氢和 10 吨 / 年尿素。工程由合成氨、尿素两套主要装置和水处理、空分、循环水、主配电等公用配套工程组成，分为 7 个设计单元。合成氨、尿素装置的专利及核心设备从国外引进，原批准的概算总投资为 143 522.72 万元，工程由 A 油田分公司进行建设。

经审计，初步认定完成投资 116 879.93 万元，与概算投资的 143 522.72 万元相比，节余约 26 642.79 万元。截至审计时，建设资金已发生 103 639.73 万元，若按本次审计初步认定的投资金额，则还需发生 13 240.20 万元。

各项投资的实际支出与概算金额对照如表 9.1 所示。

表 9.1 化肥厂各项投资的实际支出与概算金额对照   单位：万元

序　号	工程费用名称	竣工实际发生金额	概 算 金 额	投资节超金额
一	建筑工程费	30 275.20	32 378.10	-2102.90
二	设备购置费	60 341.92	72 003.81	-11 661.89
1	进口设备购置费	35 347.89	33 770.61	1577.28
2	国产设备购置费	24 994.03	38 233.20	-13 239.17
三	其他费用	16 429.18	12 700.14	3729.04
1	建设单位管理费	5524.65	2665.57	2859.08
2	联合试运转费	5052.08	1083.00	3969.08
3	设计费等	5852.45	8951.57	-3099.12
四	预备费		13 588.97	-13 588.97
1	基本预备费		6664.03	-6664.03
2	价差预备费		6924.94	-6924.94
五	财务费用	9325.43	11 757.00	-2431.57
六	铺底流动资金	508.20	1094.70	-586.50
	投资费用合计	116 879.93	143 522.72	-26 642.79

经分析审核，工程的投资节余主要由设备购置费、建安工程费、贷款利息和工程造价调整预备费等工程费用形成。根据审计调查与分析判断，认为投资节余的主要原因有以下3个方面。

第一，强化了工程建设管理，对工程项目施工及主要设备的采购均采用了招投标制，并充分发挥工程监理专业化的优势，注重对主要装置施工方案技术经济的论证，优化施工方案，有效降低了施工成本和设备购置费。

第二，概算金额中的建设期贷款利息是按银行贷款计算的，而实际上由于工程投资为投资主体拨入，因此，建设期贷款利息部分有节余。

第三，工程初期设计概算的物价水平稍高，而在工程设备、材料的主要采购期，生产厂家的产品的报价相对设计概算时期较低。

因此，在建设过程中不仅概算中的全部工程造价预备费没有发生，而且主要设备的采购价格也普遍低于概算价，这些因素一起导致了投资的结余。

资料来源：作者根据毕业生交流资料改编而成。

9.1　竣工决算概述

9.1.1　竣工决算概念

1. 竣工决算的含义

竣工决算是指在工程建设项目竣工验收后，由业主组织有关部门，以竣工结算等资料为依据进行投资控制的经济技术文件。

竣工决算需要反映主要工程的全部数量和实际成本，其涵盖了从开始筹建至竣工为止全部资金的运用情况和工程建成后新增固定资产和流动资产价值。

2. 竣工决算的作用

1）全面反映工程投资使用情况

建设单位项目竣工决算全面反映了建设项目从筹建到竣工交付使用全过程中各项费用实际发生数额和投资计划执行情况。

通过把竣工决算的各项费用与设计概算中的相应费用指标对比，可以得出节约或超支情况。然后分析原因，总结经验和教训，加强管理，以提高投资效益。通过竣工验收和竣工决算，可检查落实是否已达到设计要求，以及资金使用是否合理等情况。

2）为确定竣工验收合格提供依据

在竣工验收之前，建设单位应向主管部门提出验收报告，其主要组成部分是建设单位编制的竣工决算文件。

审查竣工决算文件中的有关内容和指标，可为建设项目验收提供依据。竣工决算是反映建设项目实际造价和投资效果的文件，是竣工验收报告的重要组成部分。所有竣工验收的项目，都应在办理手续之前，对所有建设项目的财产和物资进行认真清理，及时、正确地编制竣工决算文件。

3）为确定建设单位新增固定资产价值提供依据

在竣工决算中，详细地计算了建设项目所有的建筑安装费、设备购置费、工程建设其他费等新增固定资产总额及流动资金，这可以为建设主管部门向企业使用单位移交财产提供依据。

4）为工程档案建设和参考提供依据

竣工决算为工程基本建设技术经济档案、工程定额修订提供了资料和依据。竣工决算也可以为以后各项费用开支标准的编制提供参考；还可以为以后的国家基本建设项目投资提供参考。

某些工程项目由于改进了施工方法，采用了新技术、新工艺、新设备、新结构，所以降低了材料消耗，提高了劳动生产率，降低了成本。通过决算资料的分析和积累，就可以为以后编制新定额或补充定额提供必要的依据。

3. 编制竣工决算的依据

竣工决算需要按照规定及时组织竣工验收，并且要确保积累整理竣工项目资料，以保证竣工决算的完整性；同时也需要清理、核对各项账目，以保证竣工决算的正确性。

编制竣工决算的依据主要有以下几个方面。

（1）建设工程项目可行性研究报告和有关文件。

（2）建设工程项目总概算书和单项工程综合概算书及施工图预算文件。

（3）建设工程项目设计图样及说明，其中包括总平面图、建筑工程施工图、安装工程施工图及相应竣工图纸。

（4）建筑工程竣工结算文件、安装工程竣工结算文件及设备购置文件。

（5）招标文件、工程结算资料、图纸会审纪要或设计交底、工程承包合同。

（6）其他国家和地方主管部门颁发的有关建设工程竣工决算文件。

（7）施工中发生的各种材料施工记录、验收资料、会议记要、施工签证、验收资料、工程停工复工报告及设备、材料调价文件和调价记录等。

竣工结算是业主编制竣工决算的主要资料，它与竣工决算的区别如表9.2所示。

表9.2　竣工结算与竣工决算的区别

区别项目	竣工结算	竣工决算
编制单位	承包方的预算部门	项目业主的财务部门
内容	是承包方承包施工的建筑安装工程的全部费用，它最终反映承包方完成的施工产值	是建设工程从筹建到竣工交付使用为止的全部建设费用，它反映建设工程的投资效益
作用和性质	是承包方与业主办理工程价款最终结算的依据，以及双方签订的建安工程合同终结的凭证，也是业主编制竣工决算的主要资料	是业主办理交付、验收、动用新增各类资产的依据以及竣工验收报告的重要组成部分

4. 竣工决算的编制程序

1）决算准备

建设单位首先应收集、整理有关资料。有关资料主要包括建设项目档案资料，如设计文件、施工记录、上级批文、概预算文件、工程结算的归集整理，财务处理、财产物资的盘点核算及债权债务的清偿。必须做到账表相符。

2）核实造价

将竣工资料与原始设计图样进行对比，必要时可实地测量，以确认实际变更情况；根据经审定的施工单位竣工结算的原始资料，按照有关规定，对原概预算进行增减调整，重新核定工程造价，包括重新核定各单项工程和单位工程的造价。

3）编制竣工决算报告说明书

竣工决算报告说明书反映竣工工程建设的成果和经验，它不仅是全面考核与分析工程投资与造价的书面总结，也是竣工决算报告的重要组成部分，其主要内容包括以下几方面。

（1）对工程总的评价，包括对工程进度、质量、安全、造价完成情况的总体评价。应对照概算造价，说明工程的节约或超支情况，可用金额和百分比进行分析说明。

（2）各项财务和技术经济指标的分析。各项财务和技术经济指标的分析主要包括以下几个方面。

①概算执行情况分析。根据实际投资完成额与概算进行对比分析。

②新增资产的情况说明。分析交付使用财产占总投资额的比例、固定资产占交付使用财产的比例、递延资产占投资总数的比例，分析构成和成果。

③列出基本建设投资的基建支出和占用项目，列出历年的资金来源和资金占用情况。

④财务分析。

⑤工程建设的经验教训及有待解决的问题和需要说明的其他事项。

4）编制竣工决算报表

如果按大、中、小型建设项目区分来进行报表编制，竣工决算报表包括建设项目竣工工程概况表、建设项目竣工财务决算总表、建设项目竣工财务决算明细表、交付使用固定资产明细表、交付使用流动资产明细表、交付使用无形资产明细表等。

5）进行工程造价比较分析

在竣工决算报告中，应分析所采用的工程造价控制措施及执行的效果，并且进行概算与决算的分析比较，与实际工程造价进行对比，找出节约或超支的具体内容和原因，阐述经验教训；按国家规定上报概算、预算指标并进行对比，考核总投资控制水平，提出改进措施。

为考核概算执行情况，正确核算建设工程造价，财务部门首先必须积累概算动态变化资料（如材料价差、设备价差、人工价差、费率价差等）和设计方案变化及对工程造价有重大影响的设计变更资料。

6）分析基建支出和资金占用情况

经审定的待摊投资、其他投资、待核销基建支出和非经营项目的转出投资，在按照国家规定严格划分和核定后，分别计入相应的基建支出（占用）栏目内，据此分析基建支出和资金占用情况并进行指标分析。

9.1.2　竣工决算编制的内容

竣工决算由竣工决算报表、竣工决算报告说明书、建设工程竣工图、工程造价比较分析 4 部分组成。竣工决算的主要内容如图 9.1 所示。

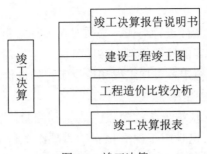

图 9.1　竣工决算

1）竣工决算报告说明书

竹工决算报告说明书的具体内容主要包括：建设项目概况；会计账务的处理、财产物资情况及债权债务的清偿情况；资金来源、资金节余、基建结余资金等上交分配情况；主要经济技术指标的分析计算情况；工程建设经验及项目管理和财务管理工作及竣工财务决算中有待解决的问题；决算与概算的差异和原因分析；需要说明的其他事项。

2）建设工程竣工图

建设工程竣工图是真实地记录各种地上地下建筑物、构筑物等情况的技术文件，是工程进行竣工验收、维护改建和扩建的依据，是国家的重要技术档案。国家规定各项新建、扩建、改建的基本建设工程，特别是基础建筑、地下建筑、管线、结构、井巷、桥梁、隧道、港口、水坝及设备安装等隐蔽部位，都要编制竣工图。为确保竣工图质量，必须在施工过程中（不能在竣工后）及时做好隐蔽工程检查记录，整理好设计变更文件。

竣工图是建设项目的实际反映，是工程的重要档案资料。施工单位在施工中要做好施工记录、检验记录，整理好变更文件，并及时绘制竣工图，保证竣工图质量。

凡按图施工没有变动的，可由建设单位（包括总包和分包）在原施工图上加盖"竣工图"标志，即作为竣工图。

凡在施工过程中，虽有一般性设计变更但能将原施工图加以修改补充作为竣工图的，可不重新绘制，由施工单位负责在原施工图（必须是新蓝图）上注明修改部分，并附以设计变更通知单和施工说明，加盖"竣工图"标志后，即作为竣工图。

凡在施工过程中，结构形式、施工工艺、平面布置等有重大改变的，要重新绘制竣工图。为了满足竣工验收和竣工决算需要，还应绘制反映竣工工程全部内容的工程设计平面示意图。

3）工程造价比较分析

需要对控制工程造价所采取的措施、效果及其动态的变化进行认真对比，总结经验教训。批准的概算是考核建设工程造价的依据。在分析时，可先对比整个项目的总概算，然后将建筑安装工程费、设备工器具费和其他工程费用逐一与竣工决算表中所提供的实际数据和相关资料及批准的概算、预算指标、实际的工程造价进行对比分析，以确定竣工项目总造价是节约还是超支；并在对比的基础上，总结先进经验，找出节约或超支的内容和原因，提出改进措施。

4）竣工决算报表

大、中型建设项目竣工决算报表包括建设项目竣工财务决算审批表，大、中型建设项目概况表，大、中型建设项目竣工财务决算表，大、中型建设项目交付使用资产总表。

小型建设项目竣工决算报表包括建设项目竣工财务决算审批表、竣工财务决算总表、建设项目交付使用资产明细表。

9.2　建设项目竣工财务决算报表编制

1. 大、中型建设项目工程概况表

大、中型建设项目工程概况表反映了建设单位即将竣工的建设项目的基本情况，并显示填列的竣工决算审批所要求的概况数据和信息。

大、中型建设项目概况表的填写内容如表 9.3 所示。

表 9.3　大、中型建设项目概况表

建设项目（单项工程）名称			建设地址					项目	概算	实际	主要指标
主要设计单位			主要施工企业				基建支出	建筑安装工程 设备工具器具 待摊投资 其中：建设单位管理费 其他投资 待核销基建支出 非经营项目转出投资 合计			
占地面积	计划	实际	总投资/万元	设计		实际					
				固定资产	流动资金	国宝资产	流动资金				
新增生产能力	能力（效益）名称		设计	实际							
建设起止时间	设计		从　年　月开工至 年　月竣工								
	实际		从　年　月开工至 年　月竣工								
设计概算批准文号	钢材吨						主要材料消耗	名称	单位	概算	实际
	木材立方米										
	水泥吨										
完成主要工程量	建筑面积/平方米		设备/台、套、吨								
	设计	实际	设计	实际							
							主要技术经济指标				
收尾工程	工程内容		投资额	完成时间							

大、中型建设项目工程概况表中的初步设计和概算批准日期必须按最后批准日期填写；各有关项目的设计、概算、计划等指标，根据批准的设计文件和概算、计划等确定的数字填列。表9.3中的新增生产能力、完成主要工程量、主要材料消耗等指标的实际数，根据建设单位统计资料和施工企业提供的有关成本核算资料填列。

此外，表9.3中的"主要技术经济指标"根据概算和主管部门规定的内容分别按概算数和实际数填列。填列包括单位面积造价、单位生产能力投资、单位投资增加的生产能力、单位生产成本、投资回收年限等反映投资效果的综合指标。

大、中型建设项目工程概况表中的基建支出是指建设项目从开工起至竣工为止发生的全部基本建设支出，包括形成资产价值的交付使用资产如固定资产、流动资产、无形资产、递延资产及不形成资产价值、按规定应核销的非经营性项目的待核销基建支出和转出投资，根据财政部门历年批准的"基建投资表"中的有关数字填写。

2. 大、中型建设项目竣工财务决算表

大、中型建设项目竣工财务决算表是用来反映建设项目全部资金来源和资金占用情况的，它是考核和分析投资效果的依据。

大、中型建设项目竣工财务决算表的构成内容如表9.4所示。

表 9.4　大、中型建设项目竣工财务决算表

资　金　来　源	金　　额	资　金　占　用	金　　额
一、基建拨款		一、基本建设支出	
1. 预算拨款		1. 交付使用资产	
2. 基建基金拨款		2. 在建工程	
其中：国债专项资金拨款		3. 待核销基建支出	
3. 专项建设基金拨款		4. 非经营性项目转出投资	
4. 进口设备转账拨款		二、应收生产单位投资借款	
5. 器材转账拨款		三、拨付所属投资借款	
6. 煤代油专用基金拨款		四、库存器材	
7. 自筹资金拨款		其中：待处理器材损失	
8. 其他拨款		五、货币资金	
二、项目资本金		六、预付及应收款	
1. 国家资本		七、有价证券	
2. 法人资本		八、固定资产	
3. 个人资本		固定资产原价	
4. 外商资本		减：累计折旧	
三、项目资本公积金		固定资产净值	
四、基建借款		固定资产清理	
其中：国债转贷		待处理固定资产损失	
五、上级拨入投资借款			
六、企业债券资金			
七、待冲基建支出			
八、应付款			

续表

资金来源	金 额	资金占用	金 额
九、未交款			
1.未交税金			
2.其他未交款			
十、上级拨入资金			
十一、留成收入			
合计		合计	

大、中型建设项目竣工财务决算表反映竣工的大、中型建设项目从开工到竣工为止全部资金来源和资金运用的情况。它是考核和分析投资效果、落实结余资金,并作为报告上级核销基本建设支出和基本建设拨款的依据。在编制该表前,应先编制出项目竣工年度财务决算,根据编制出的竣工年度财务决算和历年财务决算编制项目的竣工财务决算。此表采用平衡表形式,即资金来源合计等于资金支出合计。大、中型建设项目竣工财务决算表的具体内容包括以下几方面。

1)资金来源

资金来源包括基建拨款、项目资本金、项目资本公积金、基建借款、上级拨入投资借款、企业债券资金、待冲基建支出、应付款和未交款及上级拨入资金和留成收入等。

(1)项目资本金。项目资本金是指经营性项目投资者按国家有关项目资本金的规定,筹集并投入项目的非负债资金。在项目竣工后,项目资本金相应地转为生产经营企业的国家资本金、法人资本金、个人资本金和外商资本金。

(2)项目资本公积金。项目资本公积金是指经营性项目对投资者实际缴付的出资额超过其资金的差额,包括发行股票的溢价净收入、资产评估确认价值或合同协议约定价值与原账面净值的差额、接收捐赠的财产、资本汇率折算差额等,在项目建设期间作为资本公积金,在项目建成交付使用并办理竣工决算后,转为生产经营企业的资本公积金。

(3)预算拨款。预算拨款是指纳入基本建设支出预算并列报"基本建设支出"科目的预算内拨款。

(4)自筹资金拨款。自筹资金拨款主要是地方财政性资金,单位、部门资金。

(5)其他拨款。其他拨款主要是指社会集资、个人资金、其他单位拨入资金、捐赠等。

(6)待冲基建支出。待冲基建支出是基本建设投资借款的建设单位,待冲销的已转至生产、使用单位的各项基本建设支出。

资金来源中的基建拨款、项目资本金、项目资本公积金、基建借款、上级拨入投资借款、企业债券资金和资金占用项下交付使用资产、待核销基建支出等项目,填列自项目开工建设至竣工为止的累计数。其余各项目填列办理竣工验收时的结余数。

2)资金占用

资金占用反映建设项目从开工准备到竣工全过程中的资金支出情况,其内容包括基建支出、应收生产单位投资借款、库存器材、货币资金、有价证券和预付及应收款,以及拨付所属投资借款和固定资产等。资金占用总额应等于资金来源总额。

(1)基建支出。基建支出是指建设项目从开工起至竣工为止发生的全部基本建设支出,包括形成资产价值的交付使用资产如固定资产、流动资产、无形资产、递延资产及不形成资产价值、按规定应核销的非经营性项目的待核销基建支出和转出投资。

（2）非经营性项目转出投资。非经营性项目转出投资是非经营性建设项目为建设项目配套的专用设施投资，包括专用道路、专用通信设施、送变电站、地下管道等。对于产权不属于本单位的，做转出投资处理。

（3）待核销基建支出。待核销基建支出是建设单位发生的构成基本建设投资完成额，不能计入基本建设工程的建造成本，但应该予以核销的投资支出。这部分投资支出和固定资产的建造没有直接联系，所以不应该计入交付使用资产成本。拨款单位应该在基建拨款中冲转；投资借款单位应该转给生产单位，由生产单位从规定的还款资金来源中归还银行借款。

待核销基建支出的主要内容如下。

①生产职工培训费。生产职工培训费是指新建单位和新增生产过程的扩建单位为培训生产工人、技术人员和管理人员发生的各项支出。

②施工机构转移费。施工机构转移费是指按照规定支付给施工机构前来承建本单位工程而发生的一次性搬迁费用。

③样品样机购置费。样品样机购置费是指交付验收以前，为生产单位购置样品样机所支付的费用。

④非常损失。非常损失是指受自然灾害造成的损失，如水灾损失等。

⑤报废工程损失。报废工程损失是指由于计划安排不当、设计方案变更、重大灾害事故等造成工程报废所发生的扣除残值后的净损失。报废工程要经有关部门鉴定，经当地建设银行审查签证，并按规定报经有关部门批准后，才能报废清理。

⑥取消项目的可行性研究费。

为了核算待核销基建支出的发生及其冲转的情况，建设单位应设置"待核销基建支出"账户。借方登记发生的各项待核销基建支出，贷方登记报废工程回收的设备和材料的作价收入。本年借方发生额减去本年贷方发生额后的数额，就是当年发生的全部待核销基建支出。本账户应该按照待核销基建支出的构成内容分别设置明细账，进行明细核算。

3）基建结余

基建结余是指建设单位在一定时期（年、季、月）内基建资金的实际结余额，包括各种处在储备资金形态的设备、工器具和材料，处在货币资金形态的现金和银行存款及处在结算资金形态的应收未收款项等。基建结余是建设单位以前拨入或贷入的基建投资中，尚未投入工程实体（包括应核销基建支出）所结余的物资和资金。在建设单位资金平衡表上，基建结余资金表现为"基建拨款"期末合计数加"基建投资借款"期末合计数，再加上"待冲基建支出"期末合计数，减去"基建支出"期末合计数，再减去"应收生产单位投资借款"期末合计数。即基建结余资金只能用来抵充预算拨款或投资借款，用于以后年度储备，不能随意挪作他用或自行安排计划外项目。

基建结余资金可以按下列公式计算：

基建结余资金＝基建拨款＋项目资本金＋项目资本公积金＋基建投资借款＋企业债券基金＋待冲基建支出－基本建设支出－应收生产单位投资借款

4）平衡表特征

大、中型建设项目竣工财务决算表中的"交付使用资产""预算拨款""自筹资金拨款""其他拨款""项目资本""基建投资借款""其他借款"等项目，是指自开工建设至竣工为止的累计数。上述有关指标应根据历年批复的年度基本建设财务决算和竣工年度的基本建设财务决算中资金平衡表相应项目的数字进行汇总填写。

表中其余的项目费用办理竣工验收时的结余数，应根据竣工年度财务决算中资金平衡表的有关项目期末数填写。

3. 大、中型建设项目交付使用资产总表

该表反映建设项目建成后的新增固定资产、无形资产、流动资产、递延资产。小型项目不编制建设项目交付使用资产总表；大、中型项目和小型项目均编制建设项目交付使用资产明细表。小型项目不编制"交付使用资产总表"，直接编制"交付使用资产明细表"。

大、中型建设项目交付使用资产总表中的各栏目数据根据"交付使用明细表"中的固定资产、流动资产、无形资产、其他资产的各相应项目的汇总数分别填写，表中总计栏的总计数应与竣工财务决算表中的交付使用资产的金额一致，即与竣工财务决算表交付使用的固定资产、流动资产、无形资产、其他资产的数据相符。

交付使用资产是指建设单位已经完成购置和建造过程，并已交付或结转给生产、使用单位的各项资产，包括固定资产，为生产准备的不够固定资产标准的工具、器具、家具等流动资产，无形资产和递延资产的实际成本。"交付使用资产明细表"是建设单位办理竣工决算的主要文件，是生产、使用单位确定资产价值，登记固定资产、流动资产、无形资产和递延资产总账和明细账的主要依据。建设单位要在清点各项资产数量、落实各项资产实际成本的基础上，根据有关投资科目的明细记录，认真编制。

交付使用资产主要包括以下内容。

1）固定资产

固定资产是指已经完成购置和建造过程，并交付生产、使用单位的符合固定资产标准的各种房屋、建筑物和设备。

2）流动资产

流动资产是指由建设单位购置并交付生产、使用单位且低于固定资产标准的各种工具、器具、家具等。

3）无形资产

无形资产是指由建设单位购置并单独交付生产单位的土地使用权、专利权和专有技术等。

4）递延资产

递延资产是指在基本建设过程中发生的，并单独交付生产单位的各种递延费用，包括生产职工培训费等。

建设项目在工程竣工后，必须按照有关规定编制竣工决算，办妥竣工验收和资产交接手续，才能作为交付使用资产入账。为了核算交付使用资产的实际成本，反映当年各种资产的交付情况，建设单位应按交付"固定资产""流动资产""无形资产"和"递延资产"的类别和名称设置明细科目，进行明细核算。大、中型建设项目交付使用资产总表如表9.5所示。

表 9.5　大、中型建设项目交付使用资产总表

单位：元

序　号	单项工程项目名称	总　计	固定资产				流动资产	无形资产	其他资产
			合　计	建安工程	设　备	其　他			

4. 建设项目交付使用资产明细表

该表反映交付使用的固定资产、流动资产、无形资产和其他资产及其价值的明细情况，是办理资产交接和接收单位登记资产账目的依据，是使用单位建立资产明细账和登记新增资产价值的依据。大、中型建设项目和小型建设项目均需编制此表。在编制时要做到齐全完整、数字准确，各栏目价值应与会计账目中相应科目的数据保持一致。

建设项目交付使用资产明细表如表 9.6 所示。

表 9.6　建设项目交付使用资产明细表

单项工程名称	建 筑 工 程			设备、工具、器具、家具						流动资产		无形资产		其他资产	
	结构	面积/m²	价值/元	名称	规格型号	单位	数量	价值/元	设备安装费/元	名称	价值/元	名称	价值/元	名称	价值/元

建设项目交付使用资产明细表的具体编制需要注意以下几个方面。

（1）表 9.6 中的"建筑工程"项目应按单项工程名称填列其结构、面积和价值。其中的"结构"按钢结构、钢筋混凝土结构、混合结构等结构形式填写；面积则按各项目实际完成面积填列；价值按交付使用资产的实际价值填写。

（2）表 9.6 中的"固定资产"部分要在逐项盘点后，根据盘点的实际情况填写，工具、器具和家具等低值易耗品可分类填写。

（3）表 9.6 中的"流动资产""无形资产""其他资产"项目应根据建设单位实际交付的名称和价值分别填列。

5. 小型建设项目竣工财务决算总表

小型建设项目竣工决算是反映全部竣工的小型建设项目的工程概况和财务情况的报表，是竣工决算文件的主要内容。小型建设项目的建设规模较小，业务比较简单，所以在

编制竣工决算时,将大、中型建设项目的"竣工工程概况表"和"竣工财务决算表"合并为一张"竣工决算总表"。它既反映建设项目的名称、地址、建设时间和建设规模等概况,又反映基本建设投资的概算数与实际数及建设项目从开工建设起至竣工交付为止的全部基本建设资金来源和资金运用的情况。该表的编制方法,与竣工工程概况表和竣工财务决算表基本相同。在具体编制该表时,可参照大、中型建设项目概况表指标和大、中型建设项目竣工财务决算表的相应指标内容进行填写。

小型基本建设项目竣工财务决算总表如表 9.7 所示。

表 9.7 小型基本建设项目竣工财务决算总表

建设项目名称			建设地址				资金来源		资金运用	
初步设计概算批准文号							项目	金额/元	项目	金额(元)
占地面积	计划	实际	总投资/万元	计划		实际		一、基建拨款	一、交付使用资产	
				固定资产	流动资金	固定资产	流动资金	其中:预算拨款 二、项目资本金 三、项目资本公积金 四、基建借款	二、待核销基建支出 三、非经营项目转出投资 四、应收生产单位投资借款 五、拨付所属投资借款 六、器材 七、货币资金 八、预付及应收款 九、有价证券 十、固定资产
新增生产能力	能力(效益)名称		设计		实际					
建设起止时间	计划		从 年 月开工至 年 月竣工					五、上级拨入借款 六、企业债券资金 七、待冲基建支出 八、应付款 九、未交款 其中:未交基建收入 未交包干节余 十、上级拨入资金 十一、留成收入		
	实际		从 年 月开工至 年 月竣工							
基建支出	项目			概算/元		实际/元				
	建筑安装工程 设备工具器具 待摊投资 其中:建设单位管理费 其他投资 待核销基建支出 非经营性项目转出投资 合计 合计 合计									
							合计		合计	

通过小型建设项目竣工决算总表,可以检查建设项目的概算执行情况,分析基本建设资金来源及其运用状况,考核基本建设投资效果。

9.3　新增资产的确定

建设项目竣工投入运营后，所花费的总投资形成相应的资产。按照新的财务制度和企业会计准则，新增资产按资产性质可分为固定资产、流动资产、无形资产和其他资产四大类。

新增固定资产价值是建设项目竣工投产后所增加的固定资产的价值，它是以价值形态表示的固定资产投资最终成果的综合性指标。新增固定资产价值的计算是以独立发挥生产能力的单项工程为对象的。单项工程建成并经有关部门验收鉴定合格后，正式移交生产或使用，即应计算新增固定资产价值。一次性交付生产或使用的工程，一次性计算新增固定资产价值；分期分批交付生产或使用的工程，应分期分批计算新增固定资产价值。

9.3.1　新增流动资产范围

1. 新增流动资产价值的确定

（1）对于为了提高产品质量、改善劳动条件、节约材料消耗、保护环境而建设的附属辅助工程，只要全部建成，正式验收交付使用后就要计入新增固定资产价值。

（2）对于单项工程中不构成生产系统，但能独立发挥效益的非生产性项目，如住宅、食堂、医务所、托儿所、生活服务网点等，在建成并交付使用后，也要计算新增固定资产价值。

（3）凡购置达到固定资产标准且不需安装的设备、工器具，应在交付使用后计入新增固定资产价值。

（4）属于新增固定资产价值的其他投资，应随同受益工程交付使用的同时一并计入。

（5）交付使用财产的成本，应按下列内容计算。

①房屋、建筑物、管道、线路等固定资产的成本包括建筑工程成果和待分摊的待摊投资。

②动力设备和生产设备等固定资产的成本包括需要安装设备的采购成本、安装工程成本、设备基础支柱等建筑工程成本或砌筑锅炉及各种特殊炉的建筑工程成本和应分摊的待摊投资。

③运输设备及其他不需要安装的设备、工具、器具、家具等固定资产一般仅计算采购成本，不计分摊的"待摊投资"。

2. 新增流动资产价值的内容

流动资产是指可以在一年内或超过一年的一个营业周期内变现或运用的资产，包括现金、各种存款及其他货币资金、短期投资、存货、应收及预付款项和其他流动资产等。

1）货币性资金

货币性资金是指现金、各种银行存款及其他货币资金。其中，现金是指企业的库存现金，包括企业内部各部门用于周转使用的备用金；各种存款是指企业的各种不同类型的银行存款；其他货币资金是指除现金和银行存款以外的其他货币资金，根据实际入账价值核定。

2）应收及预付款项

应收账款是指企业因销售商品、提供劳务等应向购货单位或受益单位收取的款项；预付款项是指企业按照购货合同预付给供货单位的购货定金或部分货款。应收及预付款项包括应收票据、应收款项、其他应收款、预付货款和待摊费用。一般情况下，应收及预付款项按企业销售商品、产品或提供劳务时的实际成交金额入账核算。

3）短期投资

短期投资包括股票、债券、基金。股票和债券根据是否可以上市流通分别采用市场法和收益法确定其价值。

4）存货

存货是指企业的库存材料、在产品、产成品等。各种存货应当按照取得时的实际成本计价。存货的形成，主要有外购和自制两个途径。外购的存货，按照买价加运输费、装卸费、保险费、途中合理损耗和入库前加工、整理及挑选的费用及缴纳的税金等计价；自制的存货，按照制造过程中的各项实际支出计价。

3. 新增无形资产价值的确定

无形资产包括矿产资源勘探权和采矿权、特许经营权、土地使用权、商标权、版权、专利、专利技术、商誉等。

1）无形资产的计价原则

（1）投资者按无形资产作为资本金或合作条件投入时，按评估确认或合同协议约定的金额计价。

（2）购入的无形资产，按照实际支付的价款计价。

（3）企业自创并依法申请取得的，按开发过程中的实际支出计价。

（4）企业接受捐赠的无形资产，按照发票账单所载金额或同类无形资产市场价作价。

（5）无形资产计价入账后，应在其有效使用期内分期摊销，即企业为无形资产支出的费用应在无形资产的有效期内得到及时补偿。

2）无形资产的计价方法

（1）专利权的计价。专利权分为自创和外购两类。自创专利权的价值为开发过程中的实际支出，主要包括专利的研制成本和交易成本。由于专利权是具有独占性并能带来超额利润的生产要素，因此，专利权的转让价格不按成本估价，而是按照其所能带来的超额收益计价。

（2）非专利技术。如果非专利技术是自创的，则一般不作为无形资产入账，在自创过程中发生的费用，按当期费用处理。对于外购非专利技术，应由法定评估机构确认后再进行估价，其往往采用收益法进行估价。

（3）商标权的计价。如果商标权是自创的，则一般不作为无形资产入账，而将商标设计、制作、注册、广告宣传等发生的费用直接作为销售费用计入当期损益。只有当企业购入或转让商标时，才需要对商标权计价。

（4）土地使用权。当建设单位向土地管理部门申请土地使用权并为之支付一笔出让金时，土地使用权作为无形资产核算；当建设单位通过行政划拨获得土地使用权时，土地使用权就不能作为无形资产核算；在将土地使用权有偿转让、出租、抵押、作价入股和投资，并按规定补交土地出让价款时，土地使用权才作为无形资产核算。

9.3.2 共同费用的分摊

新增固定资产的其他费用,如果是属于整个建设项目或两个以上单项工程的,在计算新增固定资产价值时,应在各单项工程中按比例分摊。一般情况下,建设单位管理费按建筑工程、安装工程、需安装设备价值总额作比例分摊,而土地征用费、勘察设计费等费用按建筑工程造价分摊。

[例题 9.1] 某工业建设项目及其总装车间的建筑工程费、安装工程费、需安装设备费及应摊入费用如表9.8所示,试计算总装车间新增固定资产价值。

表 9.8　分摊费用计算表　　　　　　　　　　　　单位:万元

项 目 名 称	建筑工程费	安装工程费	需安装设备费	建设单位管理费	土地征用费	勘察设计费
建设单位竣工决算	2 000	400	800	60	70	50
总装车间竣工决算	500	180	320			

$$应分摊的建设单位管理费 = \frac{500+180+320}{2000+400+800} \times 60 = 18.75（万元）$$

$$应分摊的土地征用费 = \frac{500}{2000} \times 60 = 18.75（万元）$$

$$应分摊的勘察设计费 = \frac{500}{2000} \times 50 = 12.5（万元）$$

$$总装车间新增固定资产价值 = （500+180+320）+（18.75+17.5+12.5）$$
$$= 1000+48.75 = 1048.75（万元）$$

扩展阅读 9.1

案例分析思路

[例题 9.2] 某工业建设项目及其总装车间的建筑工程费、安装工程费、需安装的设备费及应摊入费用如表9.9所示,试计算总装车间新增固定资产价值。

表 9.9　总装车间新增固定资产　　　　　　　　　单位:万元

项 目 名 称	建筑工程费	安装工程费	需安装设备费	建设单位管理费	土地征用费	勘察设计费	工艺设计费
建设项目竣工决算	5000	1000	1200	105	120	60	40
总装车间竣工决算	1000	500	600				

解析:

共同费用的分摊方法如表9.10所示。

表 9.10　共同费用的分摊方法与原则

被分摊费用	方　　法
建设单位管理费	按建筑工程、安装工程、需安装设备价值总额等按比例分摊

续表

被分摊费用	方　　法
土地征用费、地质勘察和建筑工程设计费	按建筑工程造价比例分摊
生产工艺流程系统设计费	按安装工程造价比例分摊

$$总装车间新增固定资产价值 = （1000+500+600）+（30.625+24+12+20）$$
$$=2100+86.625=2186.625（万元）$$

[案例9.3] 为贯彻落实国家西部大开发的伟大战略，某建设单位决定在西部某地建设一项大型特色经济生产基地项目。该项目从 2013 年开始实施，到 2015 年年底的财务核算资料如下。

（1）已经完成部分单项工程，经验收合格后，交付的资产包括：

①固定资产 74 739 万元；

②为生产准备的使用期限在 1 年以内的随机备件、工具、器具 29 361 万元，期限在 1 年以上、单件价值 2000 元以上的工具 61 万元；

③建造期内购置的专利权、非专利技术 1700 万元，摊销期为 5 年；

④筹建期间发生的开办费 79 万元。

（2）基建支出的项目包括：

①建筑工程和安装工程支出 15 800 万元；

②设备工器具投资 43 800 万元；

③建设单位管理费、勘察设计费等待摊投资 2392 万元；

④通过出让方式购置的土地使用权形成的其他投资 108 万元；

⑤非经营项目发生的待核销基建支出 40 万元；

⑥应收生产单位投资借款 1500 万元；

⑦购置需要安装的器材 50 万元，其中待处理器材损失 15 万元；

⑧货币资金 470 万元；

⑨工程预付款及应收有偿调出器材款 18 万元；

⑩建设单位自用的固定资产原价 60 550 万元，累计折旧 10 022 万元；

⑪反映在"资金平衡表"上的各类资金来源的期末余额。

（3）预算拨款 48 000 万元。

（4）自筹资金拨款 60 508 万元。

（5）其他拨款 300 万元。

（6）建设单位向商业银行借入的借款 109 287 万元。

（7）在建设单位当年完成交付生产单位使用的资产价值中，有利用投资借款形成的待冲基建支出 560 万元。

（8）应付工程款 1963 万元尚未支付。

（9）未交税金 28 万元。

问题：

（1）计算交付使用资产与在建工程有关数据，并将其填入表 9.11 中。

表 9.11　交付使用资产与在建工程表

资 金 项 目	金　额	资 金 项 目	金　额
（一）交付使用资产		（二）在建工程	
1. 固定资产		1. 建筑安装工程投资	
2. 流动资产		2. 设备投资	
3. 无形资产		3. 待摊投资	
4. 其他资产		4. 其他投资	

（2）编制大、中型基本建设项目竣工财务决算表，如表 9.12 所示。

表 9.12　竣工财务决算表

资 金 来 源	金　额	资 金 占 用	金　额
一、基建拨款		一、基本建设支出	
1. 预算拨款		1. 交付使用资产	
2. 基建基金拨款		2. 在建工程	
其中：国债专项资金拨款		3. 待核销基建支出	
3. 专项建设基金拨款		4. 非经营性项目转出投资	
4. 进口设备转账拨款		二、应收生产单位投资借款	
5. 器材转账拨款		三、拨付所属投资借款	
6. 煤代油专用基金拨款		四、器材	
7. 自筹资金拨款		其中：待处理器材损失	
8. 其他拨款		五、货币资金	
二、项目资产		六、预付及应收款	
1. 国家资本		七、有价证券	
2. 法人资本		八、固定资产	
3. 个人资本		固定资产原价	
4. 外商资本		减：累计折旧	
三、项目资本公积金		固定资产净值	
四、基建借款		固定资产清理	
其中：国债转贷		待处理固定资产损失	
五、上级拨入投资借款			
六、企业债券资金			
七、待冲基建支出			
八、应付款			
九、未交款			
1. 未交税金			
2. 其他未交			
十、上级拨入资金			
十一、留成收入			
合计		合计	

解析：

大、中型建设项目竣工财务决算表是反映建设单位所有建设项目在某一特定日期的投资来源及其分布状态的财会信息资料。它通过对建设项目中形成的大量数据整理后编制而成。通过编制该表，可以为考核和分析投资效果提供依据。

建设期的在建工程的核算主要在"建筑安装工程投资""设备投资""待摊投资""其他投资"4 个会计科目中反映。当年已经完工并交付生产使用资产的核算主要在"交付使用资产"科目中反映，并分成固定资产、流动资产、无形资产及其他资产等明细科目反映。

问题（1）：

固定资产 =74 739+61=74 800（万元）。

交付使用资产与在建工程表如表 9.13 所示。

表 9.13　交付使用资产与在建工程表　　　单元：万元

资金项目	金　额	资金项目	金　额
（一）交付使用资产	105 940	（二）在建工程	62 100
1. 固定资产	74 800	1. 建筑安装工程投资	15 800
2. 流动资产	29 361	2. 设备投资	43 800
3. 无形资产	1700	3. 待摊投资	2392
4. 其他资产	79	4. 其他投资	108

问题（2）：

大、中型基本建设项目竣工财务决算表如表 9.14 所示。

表 9.14　大、中型建设项目竣工财务决算表　　　单元：万元

资金来源	金　额	资金占用	金　额
一、基建拨款	108 808	一、基本建设支出	168 080
1. 预算拨款	48 000	1. 交付使用资产	105 940
2. 基建基金拨款		2. 在建工程	62 100
其中：国债专项资金拨款		3. 待核销基建支出	40
3. 专项建设基金拨款		4. 非经营性项目转出投资	
4. 进口设备转账拨款		二、应收生产单位投资借款	1500
5. 器材转账拨款		三、拨付所属投资借款	
6. 煤代油专用基金拨款		四、器材	50
7. 自筹资金拨款	60 508	其中：待处理器材损失	15
8. 其他拨款	300	五、货币资金	470
二、项目资产		六、预付及应收款	18
1. 国家资本		七、有价证券	
2. 法人资本		八、固定资产	50 528
3. 个人资本		固定资产原价	60 550
4. 外商资本		减：累计折旧	10 022
三、项目资本公积金		固定资产净值	50 528
四、基建借款	109 287	固定资产清理	

续表

资 金 来 源	金　　额	资 金 占 用	金　　额
其中：国债转贷		待处理固定资产损失	
五、上级拨入投资借款			
六、企业债券资金			
七、待冲基建支出	560		
八、应付款	1963		
九、未交款	28		
1.未交税金	28		
2.其他未交款			
十、上级拨入资金			
十一、留成收入			
合计	220 646	合计	220 646

本章思考题 --

一、名词解释

竣工决算；竣工决算报表；竣工图；工程造价对比分析；待摊费用；新增资产；资金来源；资金占用；基建结余。

二、简答题

1.竣工决算主要有哪几个方面的编制内容？

2.大、中型建设项目竣工财务决算表的编制原则是什么？

3.大、中型建设项目交付使用资产总表的编制原则是什么？

4.工程造价对比分析的主要内容是什么？

5.竣工图的编制有哪些注意事项？

6.竣工财务决算表中的资金来源包括哪些内容？资金占用包括哪些内容？

7.新增固定资产的共同费用分摊处理原则是什么？

扩展阅读9.2

案例分析

即测即练

第10章 工程造价信息化管理

本章学习目标 --

1. 了解云计价的概念和内涵；
2. 了解云计价平台管理的主要功能；
3. 掌握 BIM 及 BIM5D 的概念和内涵；
4. 掌握 BIM5D 的概念和平台构造；
5. 掌握 BIM5D 在施工阶段的应用。

引导案例

　　新华集团数据中心推行了数字展厅实施服务，在数字设计方案基础上，综合应用多样的数字化展示技术，如数字沙盘、人机交互、沉浸式体验等，开展数字展厅实施服务；基于总控中心（enterprise command center, ECC）设计方案，应用多种数字化展示技术，开展 ECC 精细化工程管控，为客户打造 ECC 工程总控中心。

　　同时，新华集团数据中心全生命周期采用建筑信息模型（building information model, BIM）技术，服务于数据中心工程全生命周期的规划、咨询、设计、实施、运营各个阶段，将各个阶段的工程信息进行整合共享；同时将信息化应用到建设项目的管理中，可以为客户提供建筑工程的一整套数字化解决方案，助力新华集团成为数字化解决方案领导者。例如，数字展厅设计服务通过主题营造和空间设计，以前沿、先进的技术及理念，构建贴合客户展示需求的数字化展厅设计方案。新华集团的 BIM 全生命周期服务工作的主要内容如图 10.1 所示。

　　全生命周期 BIM 技术实行"BIM"信息化管理模式，建立建筑信息模型，利用数字技术包括计算机辅助设计（computer aided design, CAD）、可视化、参数化、地理信息系统（geographic information system, GIS）、精益建造、流程、互联网、移动通讯等来表达建设项目的几何、物理和功能信息，以支持项目生命周期建设、运营、管理决策的技术、方法或过程。BIM 全生命周期服务工作的重点内容有以下 6 个方面。

　　（1）与三维地理信息系统（3D GIS）联合应用。针对区域内需要管理的各类建筑和设施建立三维 GIS 系统平台，并建立所需要管理的建筑物和设施的空间模型和数据信息，为需要监测的参数建立传感系统并在平台内展现，最终提供由 BIM 生成的 3D GIS 成果，并交付运营部门。

　　（2）在施工过程中，实现运用 BIM 建立室内外管线模型，并进行三维管线的碰撞检查及提交综合管线节点的 3D 图示。应用 BIM 技术进行三维管线的碰撞检查，不仅能够彻底消除硬碰撞、软碰撞，优化工程设计，减少在建筑施工阶段可能存在的错误损失和返工的可能性，而且施工人员可以利用碰撞优化后的三维管线方案，进行施工交底、施工模拟，提高施工质量。

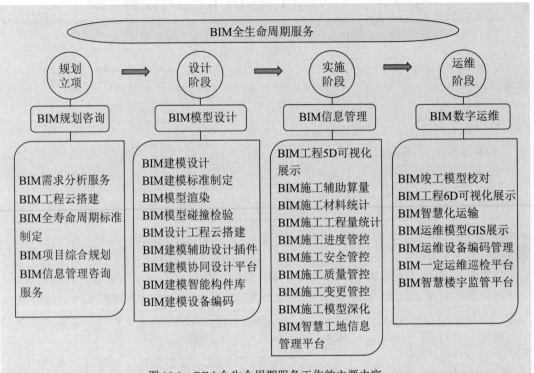

图 10.1　BIM 全生命周期服务工作的主要内容

（3）实现基于 BIM 的三维虚拟施工。通过 BIM 技术结合施工方案、施工模拟和现场视频监测，能够大大减少建筑质量问题、安全问题，减少返工和整改。

（4）对材料进场实现信息化监控。使用数字化条形码可记录施工项目主要材料的进出场情况，并在 BIM 系统上实时显示。

（5）基于 BIM 模型的文档管理。将文档等通过手工操作和 BIM 模型中的相应部位进行链接，对文档进行搜索、查阅、定位功能，并且所有操作在基于四维 BIM 可视化模型的界面中，可充分提高数据检索的直观性，提高相关资料的利用率。当施工结束后，可自动形成完整的信息数据库，为工程管理人员提供快速查询定位。

（6）基于 BIM 模型的 5D 成本管理，能够进行工程的辅助算量和工程量统计，可以实现 5D 成本可视化展示。

资料来源：http://www.h3c.com/cn/Technical_Service/DataCenter/Digital_Transformation(BIM)。

10.1　云计价概述

10.1.1　云计价平台概述

目前，计算机及网络技术已经逐步实现了工程造价管理的计算机化、软件化。工程造价和管理的信息化是在云技术、大数据等新一代技术到来的背景下得以推动实现的。建筑行业向数字化转变是一个必须经历的渐进过程。云计价是一类造价信息化平台产品，主要为计价客户群提供概算、预算、结算阶段的数据编制、审核、积累、分析和挖掘再利用等，对概算、招标及投标、施工及竣工验收 4 个造价过程的实际运行进行综合管理和控制，涵盖了工程造价管理活动在云造价平台上的工作过程，对建筑业工程造价领域的整体工作水平和效率提高有积极意义，同时数据信息资源技术综合利用能力水平与建筑信息技术服务应用能力水平也将得到明显提升。

云计价为计价客户群提供概算、预算、结算阶段的数据编制、审核、积累、分析和挖掘再利用等，继承发展了一种新的计算方式——云计算。基于云平台的造价工作实现了建筑物的全生命周期内各个相关的造价信息的收集和共享，同时可以对工程进行造价指标分析，帮助工作人员更好地把控工作成本；在这个新的云计算平台上，可以同时实现对建筑造价行业数据和统计信息的自动实时分析和使用。

1. 云计价平台

云计价平台是指将工程项目在制定和实施的过程中所产生的与商务、技术、生产等密切相关的信息和数据通过云端协同的多种方式对其进行统一的汇总和计算，利用云端高效精准的数字化分析计算和虚拟集成的功能，将各种数据维度的统计和分析综合起来形成数字化，然后集中到云端，形成一个统一的云平台，为各位用户提供获取信息的多种便捷渠道，令用户随时掌握整个项目的实施流程和数据，实现工程项目的全过程调控。

造价信息云服务平台是将桌面客户端、数据信息、价格信息网站、人工询价等各个来源的信息统筹搭建的统一客户端，方便用户进行信息检索，而且平台主界面入口统一、各业务阶段工程统一管理，方便用户快速找到正在编辑的工程，迅速看到该工程的简单信息。云计价服务平台应用如图 10.2 所示。

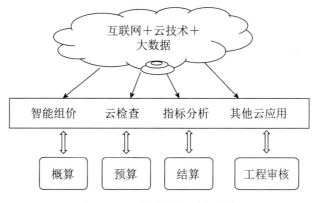

图 10.2　云计价服务平台应用

2. 云计价管理的主要功能

当前云计算网络平台软件的主要产品是"广联达云计价平台 GCCP"系列软件，其主要功能包括下面的内容。

1）用户管理

该云计价管理平台的用户通过用户管理中的角色设置，可以设置自己在造价活动中的身份，软件将从不同角度为造价活动中的各方提供相应的、专业的工程造价管理业务。

2）新建项目

在"新建"功能中可以新建概算项目，招标、投标项目，竣工结算项目。

3）智能组价

在新建的工程项目界面可以根据项目具体要求编制相应信息。云计价管理平台为用户提供准确的工程量和定额组价，用大数据技术与云端数据库相关联，从而使用户随时可以直接轻松地实现计价流程的实时智能组价，并能够便利地优化组价方案。

4）指标分析

通过招标标准项和投标标准项的设置，可以进行指标分析，有利于对项目成本进行更好的把控。

5）审查统计

审查功能是为工程审计人员准备的，在审核项目时可以使用。云计价管理平台利用"云检查"功能，以多家建筑公司、行业内的统计数据作为指标，智能地完成施工质量的检查，清晰地呈现各项检查结果，方便从业人员及时消除错项、漏项及违规操作。

6）资料管理

该造价管理平台可以进行工程资料的保存、导入、导出和转化应用，同时在造价管理云平台界面可进入"工作台""项目库""企业数据库"共享数据库"和"员工数据库"，在里面可查看归档的工程项目。

7）协同管理

在云计价平台中，造价工作不受时间、地区的限制，联网可以保证造价业务的连续性。下载并安装"云计价软件助手"客户端就可以在任何时候、任何地点对云计价软件进行在线浏览和下载查看，对计价工程、批量信息进行批注、更改和决策。

10.1.2　云计价平台的信息化造价管理

1. 概算阶段

概算业务在云计价平台软件中的操作处理流程主要分为 5 个步骤：

（1）新建工程；

（2）编制建筑安装工程费；

（3）编制设备购置费；

（4）编制建设其他费；

（5）概算调整。

概算业务在云计价平台上的操作处理过程如图 10.3 所示。

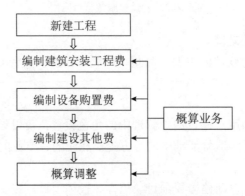

图 10.3　概算业务在云计价平台上的操作流程

可以通过云计价平台的概算功能查找想要的费用文件。在云计价平台的"工作空间"界面中可以查找概算信息云服务的功能，此功能利于造价工作人员应用不同地区的概算定额。

2. 招投标阶段

招投标阶段需要将工程量计算书表格、工程量清单和构建好的 Revit 工程模型导入云造价平台。招、投标双方提交的所有招投标相关文件都能够进行审查，云端数据使评标方的审核流程变得简单，有利于提高审核时间和效率及审核的准确性和公平性。

电子招投标是云计价平台的一种应用方式。在广联达云计价平台上进行的招标、投标活动属于电子招投标。

1）招标方

业主方可以利用云计价平台生成电子招标书、在线审核、登记备案、发布招标公告，这可以节约时间，保证招标活动的高效性和公平性。

招标方在云平台上组织造价专业从业人员编制分部分项工程量清单、措施项目清单等清单文件，可利用云端数据库取得当前项目所在地区的人工、材料、机械价格，确定招标控制价；同时编制人员利用大数据从云造价平台的数据库中收集已完工程的造价数据，可检查当前工程的清单计价的合理性，并发布招标公告。

2）投标方

对于承包商而言，其可以利用云计价平台进行线上投标，包括线上阅读电子招标公告、填写电子投标书、提交电子文件，这节约了承包商参与投标的时间，提高了工作效率。

投标方在云计价平台上需要编制投标文件，可以利用云平台的云端数据库收集类似工程的造价数据并掌握实时的人工、材料、机械材料的市场动态，再利用 Revit、BIM 5D 等软件审核工程量清单，通过组价功能确定工程投标价格。

3）评标方

对于评标方而言，其在云造价平台上的操作步骤和界面与业主方和承包方不同。评标方可以进入评标界面，借助广域网环境，实时便捷审查，使评标更加安全、公平和高效。

3. 施工阶段

发包方在施工阶段收到承包方的工程量进度报告后，需要在云平台上复核实际工程进度。承包方在施工阶段按照实际工程进度定期向发包方提供工程量进度报告，并通过云端数据库将造价数据上传到云计价平台的企业空间模块，本项目的其他造价工作人员可以同步查看并监控数据，也为项目施工人员的工作提供了实时数据支持。造价人员和施工人员可据此完善和调整当前工程造价模型，观测偏差分析、中期支付等实时状态。

云计价平台的验工计价功能是指在输入每个进度的工程量后，由软件自动计价。软件可以快速计算人工、材料等价差并将结果反映出来。

4. 竣工验收阶段

工程项目模型在竣工阶段已成为最终交付待审核的模型。设计概算阶段、招标阶段和施工阶段的造价数据已汇总完毕，审核人员核实工程量并使用 Revit、BIM5D 等平台软件查看、审核工程模型，可比较设计模型与竣工模型偏差之处，并汇总综合数据上传给平台终端数据库以作为企业历史工程数据保存。

云计价平台竣工阶段的造价管理过程如图 10.4 所示。

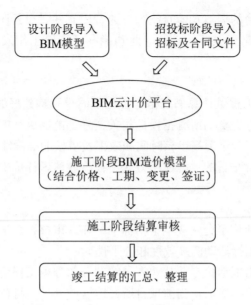

图 10.4　云计价平台上竣工阶段的造价管理过程

10.1.3　云计价平台的计价模式

云计价平台中的计价模式主要包括定额计价模式和工程量清单计价模式两种。在现阶段的造价工作中，定额计价模式与工程量清单计价模式有时也需结合运用，例如，工程量清单计价过程中的组价也会用到定额计价的原理。

1. 定额计价模式

云计价平台应用定额计价模式的具体过程如下。

（1）在云计价平台的终端数据库获得当时当地的人工、材料、机械台班单价，并获得概预算定额和消耗量信息，将消耗量与单价相结合形成单位估价表。

（2）对土建工程、安装工程等编制工程量汇总表。

（3）将单位估价表和工程量信息及工程设计图纸信息输入云计价平台软件。

（4）计算直接费和间接费。

（5）在云计价平台上的费用汇总功能界面将工程的直接费数据、间接费、利润及税金输入相应位置，并得到单位工程造价。

2. 工程量清单计价模式

云计价平台应用工程量清单计价模式的主要流程如下。

（1）进入云计价平台软件的云端数据库，确定工程施工的图样信息及工程量设置规则，编制工程量清单。

（2）将编制好的工程量清单导入云计价平台。

（3）业主方结合工程量清单与工程造价指数及价格信息资源、相应的行业定额及政策取费信息，编制招标控制价；承包方根据招标文件结合企业定额得出投标报价。

（4）在结算过程中利用云计价平台的调整价差功能模块进行价格调整，导出工程结算费用文件，并最终获得工程竣工价格。

10.2 BIM5D 信息化管理

10.2.1 BIM 定义及相关理论

1. BIM 概述

依据我国《建筑信息模型应用统一标准》（GB/T 51212—2016）中的阐述，BIM 是指在建设项目全生命周期内，以三维数字技术为基础，集成了建筑工程项目各种相关信息的工程数据模型。BIM 技术不仅可以应用于三维空间，在四维与五维等多维空间中也能运用。BIM 技术是一项多维模型信息集成技术。项目的各个参与方在从设计阶段到施工阶段再到收尾阶段的建筑工程施工过程中都可以操作模型与信息，平台人员可以直观地看到建设效果。BIM 涵盖了从二维图样到项目全生命周期的多维管理，提高了管理效率和准确性。

BIM 技术是信息化时代的产物，是一种集合各项工作数据于一身的数据化工具，它实现了工程项目寿命期的数据整合、信息共享。

2. BIM5D

BIM5D 是一种将三维可视化设计提升到五维成本管理的多维管理技术，是 3D 立体模型和时间进度、成本 3 个维度的集成融合。

设计阶段可以利用可视化 BIM3D 进行优化设计；项目施工阶段相比设计阶段增加了时间维度，这一阶段对项目的进度进行管理，实现了 BIM4D 的四维管理，使项目工期安排和工期检查合理化，能够动漫演示工程实施进度；BIM5D 则是在时间维度的基础上，增加成本控制的新维度，这一阶段可以对成本进行更加精细化的管理。BIM5D 的管理内容包括了四大控制，分别为进度控制、成本控制、质量控制和安全控制。BIM5D 技术可以实时跟踪项目的花费金额，对成本进行可视化管理，在施工过程中，详细准确地掌握工程数量和材料用量，实时将预算与实际资金进度做对比，将预算和结算进行实时分析，增强成本报告的精确性。

BIM5D 技术借助其可视化、精准度高、高效高能的特点，对工程数量及材料用量进行精准的把控，实现了精细化管理，从而节约了成本。

10.2.2 BIM5D 下的成本管理应用

1. BIM5D 模型的构建

当前由于建筑类型多样化，BIM 模型包括幕墙、装修、建筑、结构、机电、钢结构、场地等专业模型。建模前应根据需求选择专业模型，然后进行软件的选择。根据不同的施工专业选择不同的模型，各专业人员可选择与其对应的专业模型进行建模，如土建模型、钢筋模型等，并完成模型集成，然后利用三维模型的碰撞检测功能在施工前消除各种碰撞，以减少返工。

因为 BIM 技术的广泛应用，其软件种类也很多，要根据模型的特点和需求选择软件。BIM3D 的建模功能软件如表 10.1 所示。

建模完成后，将各专业模型导出到 5D 集成文件，最后进行 BIM5D 的应用。

BIM 5D 模型的构建流程如图 10.5 所示。

表 10.1　BIM3D 建模软件

专 业	建 模 工 具
建筑	Revit
	广联达土建算量GCL
结构	Revit
	广联达土建算量GCL
	广联达钢筋算量GGJ
机电	MagiCAD
	Revit MEP
钢结构	Tekla
幕墙	Revit
	GCL
场地	GSL
	Revit
模板设计	BIM模板脚手架设计软件
支架设计	BIM模板脚手架设计软件

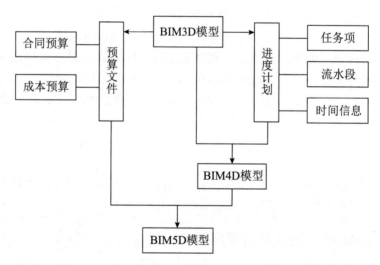

图 10.5　BIM5D 模型的构建流程

2. BIM5D 在施工阶段的应用

在施工阶段，技术人员通过 BIM5D 动态模拟可以清晰直观地看到施工的全过程。这些过程主要包括以下几个方面。

1）模型计量

BIM5D 平台可以快速识别出模型中的构建信息，甚至精确到每一分项工程内容在某一时间段的工程量，有利于帮助项目人员及时解决施工过程中出现的工程量审核问题。

2）材料管理

BIM5D 平台可以依据流水段范围、进度信息获取各个施工过程或工序的各种物资的需求量，并管理物资数量，便于采购物资、减少损耗率，节约成本。例如，物资采购部门的成员借助 BIM5D 平台的流水段划分，获知各月份所需要的混凝土材料用量，将库存与总用量进行对比，若发现库存较少，便提前进行采购。

3）进度监控

BIM5D 软件结合进度导入和成本信息，能够实现进度成本的实时监控；由于可视化特点，进度滞后时可以第一时间查找原因，采取措施，并进行项目资源优化，避免延期。

4）安全管理

利用 BIM5D 软件模拟施工流程，安全质量问题可以被提前分析和预控；并可以在施工过程中实时监控，制定解决方案，避免安全质量问题造成的成本增加。

5）成本监控

成本动态监控主要用于施工阶段，可避免由于计划成本与实际成本的偏差而造成的资源浪费。成本动态监控分析通常运用挣值分析法。

将挣值分析法与 BIM5D 相结合，用挣值分析法中的参数来表达 BIM5D 中预算模型和实际模型的进度成本信息，进而可判断工程的成本与进度情况。

本章思考题

一、名词解释

云计价；云计价平台；BIM；BIM3D；BIM4D；BIM5D。

二、简答题

1. 云计价管理有哪些特点？

2. 云计价平台的主要构成方式是什么？

3. 云计价平台的主要功能有哪些？

4. BIM 体系的工作特点是什么？

5. BIM3D 中各类型专业的主要建模软件有哪些？

6. BIM5D 在施工阶段的应用过程是什么？

7. BIM5D 在施工阶段成本管理的主要作用是什么？

扩展阅读 10.1

BIM 如何做好造价管理

即测即练

教师服务

感谢您选用清华大学出版社的教材！为了更好地服务教学，我们为授课教师提供本书的教学辅助资源，以及本学科重点教材信息。请您扫码获取。

≫ 教辅获取

本书教辅资源，授课教师扫码获取

≫ 样书赠送

管理科学与工程类重点教材，教师扫码获取样书

 清华大学出版社

E-mail: tupfuwu@163.com
电话: 010-83470332 / 83470142
地址: 北京市海淀区双清路学研大厦 B 座 509

网址: http://www.tup.com.cn/
传真: 8610-83470107
邮编: 100084